DIANWANG SHEBEI JINSHU JIANDU
YU DIANXING ANLI

电网设备金属监督
与典型案例

龙会国　邱爱军　编著

中国电力出版社
CHINA ELECTRIC POWER PRESS

内容提要

本书系统阐释能源互联网建设新形势下电网设备金属材料、成型工艺、电网设备部件等金属监督要点及检验检测方法，重点介绍了电网设备金属监督项目、方法、要求及典型案例，涵盖了电网设计、制造、安装施工、维修改造、运行等全过程金属监督要点及要求、典型案例、分析及解决处置方法。本书主要内容由电网设备金属材料基础、电网设备加工成型工艺、电网设备金属监督检验检测技术、结构支撑类设备金属监督与典型案例、电气类设备金属监督与典型案例、连接类设备金属监督与典型案例等组成。

本书原理阐述简明，案例丰富，既提供了大量解决电网设备金属监督复杂疑难技术问题分析方法和典型案例详解，又汇集了国内外大量的新资料，实际应用性较强，适用于从事电网设计、制造、安装施工、运行检修、检验检测、物资检测、质量监督等工作的广大技术人员使用，也可以作为高校相关专业的学习教材。

图书在版编目（CIP）数据

电网设备金属监督与典型案例 / 龙会国，邱爱军编著 . -- 北京：
中国电力出版社，2021.9
ISBN 978-7-5198-5800-1

Ⅰ.①电…　Ⅱ.①龙…　Ⅲ.①电网—电力设备—金属
材料—质量监督—案例　Ⅳ.① TM241

中国版本图书馆 CIP 数据核字（2021）第 143851 号

出版发行：中国电力出版社
地　　址：北京市东城区北京站西街 19 号（邮政编码 100005）
网　　址：http://www.cepp.sgcc.com.cn
责任编辑：孙　芳（010-63412381）
责任校对：黄　蓓　　郝军燕
装帧设计：赵丽媛
责任印制：吴　迪

印　　刷：三河市万龙印装有限公司
版　　次：2021 年 9 月第一版
印　　次：2021 年 9 月北京第一次印刷
开　　本：787 毫米 ×1092 毫米　16 开本
印　　张：14.5
字　　数：335 千字
印　　数：0001-1000 册
定　　价：68.00 元

前言

电网设备金属监督与典型案例

实施电能替代是优化能源结构、减少大气污染、实现"双碳"目标的重要举措，电能在终端能源消费占比越来越重，而电网作为高效快捷的能源输送通道和优化配置的平台，是能源电力可持续发展的关键环节，在现代能源供应体系中发挥着重要的枢纽作用，其安全稳定可靠持续供电关系国民经济命脉和国家能源安全。

电网正面向特高压、智能化、数字化、能源互联互通等快速发展，大容量、远距离、智能化数字化输变配电快速发展，电网设备材料、结构及运行环境越来越复杂，长期运行过程中易产生新的问题；新能源、新材料、新设备和新技术的快速发展与应用，必将带来新的电网运行风险。因此，如何提前预控并有效监督，这些都是从事电网设计、制造、安装施工、运行、检修、检验检测、物资检测、质量监督等相关技术人员共同关心的问题。

本书编者参考了国内外电网设备材料、结构及典型案例等公开资料的基础上，总结了近十余年电网金属监督经验，并吸收近年来重大研究成果，按类归纳总结了电网设备金属监督要点、典型案例，提出基建或改扩建阶段、在役阶段金属监督重点、检测方法及要求，避免电网设备金属失效问题的发生，保障电网设备安全可靠。在此，对资料提供者、专家等一并表示感谢！

本书以电网设备金属监督为出发点，从电网设备金属监督工作原理分析和例举实例入手，全面细致讲解了电网设备金属监督的技术要求，同时为金属监督方面存在一些通病和重点质量问题进行总结和分析，简明说理，力求帮助读者对电网设备金属监督范围、要点及难点有一个系统的了解，相信会对读者的工作起到很好的借鉴作用。

由于编者水平有限，再加上时间仓促，书中难免存在不足与疏漏之处，恳请读者指正。

编者

2021 年 8 月于长沙

目 录

前言

第一章

电网设备金属材料基础

第一节　电网设备金属材料概述

材料是人类赖以生存和发展的物质基础，一直是人类进步的重要里程碑，石器时代、青铜器时代、铁器时代均是以材料作为标志。通常情况下，我们按材料所含化学物质不同将材料分为四类：金属材料、非金属材料、高分子材料及由此三类材料相互组合而成的复合材料。

具有导热、导电、可塑性及金属光泽的元素叫金属元素，只有一种金属元素的物质叫纯金属，由两种或两种以上的金属元素（或金属与非金属元素）熔合在一起形成的具有金属特性的物质叫合金，金属材料就是指金属及其合金。金属材料是目前使用量最大、最广的材料，金属材料按性质特点分为黑色金属材料和有色金属材料。黑色金属材料是指铁、铬、锰及其合金，其中以铁为基体的合金应用最广。有色金属通常指除铁、铬、锰以外的金属及其合金，这类材料大多具有不同的色泽，故称为有色金属材料。

金属材料性能包含使用性能和工艺性能，使用性能即为了保证机械零件、设备、结构件等能正常工作，材料所应具备的性能，主要有力学性能（强度、硬度、刚度、塑性、韧性等），物理性能（密度、熔点、导热性、热膨胀性等），化学性能（耐蚀性、热稳定性等）。使用性能决定了材料的应用范围、使用安全可靠性和使用寿命。工艺性能即材料在被制成机械零件、设备、结构件的过程中适应各种冷、热加工的性能，例如铸造、焊接、热处理、压力加工、切削加工等方面的性能。工艺性能对制造成本、生产效率、产品质量有重要影响。

一、使用性能

使用性能包括材料的力学性能、物理性能和化学性能等。

1. 力学性能

力学性能主要包括材料的强度、塑性、冲击韧性、疲劳强度及硬度等，强度包含屈服强度、抗拉强度，塑性指标包含延伸率、断面收缩率。冲击韧性是材料抵抗冲击载荷而不被破坏的能力（AK J/cm^2），金属材料在无限多次交变载荷的作用下，不致引起破坏的最大应力叫疲劳强度，测定金属疲劳强度普遍采用旋转弯曲式疲劳试验机。疲劳强度用 σ_{-1} 表示，对于钢铁材料，如循环次数达到 10^6 或 10^7 时仍不发生断裂的最大交变应力值就是其疲劳极限。

硬度是材料抵抗局部塑性变形或表面损伤的能力，硬度是一个综合性能指标，它是材料衡量强度和冲击韧性等的一个综合性指标。常用的硬度有布氏硬度（HB）、洛氏硬度（HRA-C）、表面洛氏硬度（HRN-T）、维氏硬度（HV）、显微硬度（HM）、肖氏硬度（HS）、里氏硬度（HL）。

2. 物理性能

物理性能主要包括密度、熔点、导热性、导电性、热膨胀性和磁性等，属于材料固有特性。电网设备金属材料作为载流导体使用时，如导线、隔离开关触指，就是利用其良好的导电性能。电导率是用来描述物质中电荷流动难易程度的参数，电导率 σ 的标准单位是西门子/米（简写做 S/m），为电阻率 ρ 的倒数，即 $\sigma=1/\rho$，电导率与温度紧密相关，金属的电导率随着温度的增高而降低，在室温 20℃下，银的电导率最大，为 63.01×10^6 S/m，其次铜为 59.6×10^6 S/m、金为 45.2×10^6 S/m、铝为 37.8×10^6 S/m。因此，关键部位载流导体部位使用银或镀银，室内或重要部位载流导体采用铜，长距离输电线路采用铝绞线。

3. 化学性能

金属材料在室温或高温下，抵抗介质对其化学侵蚀的能力，称为金属材料的化学性能，金属材料的化学性能一般包括抗腐蚀性和抗氧化性等。金属腐蚀按腐蚀原理分为化学腐蚀和电化学腐蚀，金属直接与介质发生氧化或还原反应而引起的腐蚀损坏，称为化学腐蚀，比如输电铁塔材料外壁氧化。金属与电解质液相接触时，有电流出现的腐蚀损坏过程，称为电化学腐蚀，典型如变电站构件接触腐蚀等。金属材料耐腐蚀性由材料的成分、化学性能、组织形态等决定，钢中加入可以形成保护膜的铬、镍、铝、钛，改变电极电位的铜，以及改善晶间腐蚀的钛、铌等，可以提高耐腐蚀性。

金属材料氧化性是指金属材料易与氧结合，形成氧化皮，造成金属的损耗和浪费。电网设备金属材料一般处于大气环境中，因此，其应具备良好的抗大气腐蚀/氧化性能。在常见的电网设备金属材料中，抗大气腐蚀性能最差的为碳素钢、铸钢及低合金钢；不锈钢中由于加入铬、镍元素，具有较为优良的抗大气腐蚀性能；铝及铝合金由于能在表面形成一层致密的氧化铝保护层，也具有优良的抗大气腐蚀性能；铜及铜合金在大气环境中，能够形成致密的碱式碳酸铜保护层，因此也具有良好的抗大气腐蚀性能。因此，输变电设备金属材料中的碳素钢、铸铁及低合金材料为了提高抗腐蚀性能，均应采用热镀锌处理，热镀锌可以获得很厚的镀锌层，其中包括锌铁合金层，锌铁合金层具有更加优异的耐腐蚀性能，能够更好地延长钢铁材料的使用寿命。

二、工艺性能

工艺性能即材料在被制成机械零件、设备、结构件的过程中适应各种冷、热加工的性能，例如铸造、锻压、焊接、热处理、压力加工、切削加工等方面的性能。工艺性能对制造成本、生产效率、产品质量有重要影响。金属材料经过制造、运输、安装、运行及检修等过程，因此，应具备良好的加工工艺性能，即良好的机械加工性能、良好的焊接性能、良好的热处理性能等。

电网设备中很多部件如设备底座、金具是通过铸造加工生成的，液体金属浇注成型的能力，称为金属的铸造性能，包括流动性、收缩率和偏析倾向等。流动性是指金属对铸型填充的能力，金属流动性好，可以浇注成型的外观整齐、薄而形状复杂的零部件。体积收缩率是指铸件冷凝过程中体积的较少率，金属自液态凝结成固态时体积要减少，使铸件形成缩孔和疏松，即形成集中或分散的孔洞，严重影响金属零件的质量，收缩率大的金属，形成的缩孔和疏松的倾向大。铸件冷凝时，由于种种原因会造成化学成分的不均匀，叫作偏析，偏析使整体冲击韧性降低、质量变差。

金属材料承受锻压成型的能力，称为可锻性。金属的锻造性能可用金属的塑性和变形抗力（强度）来衡量，金属承受锻压时变形程度大而不产生裂纹，其锻造性就好。金属的锻造性能取决于材料的成分、组织和加工条件，如锻造温度、变形速度、应力状态等加工条件。材料承受弯曲而不出现裂纹的能力，称为弯曲性能，金属的冷热弯曲性能也取决于材料的塑性和强度。

金属材料采用一定的焊接工艺、焊接材料及结构形式，获得优质焊接接头的能力，称为金属的焊接性，也叫可焊性。金属的焊接性能主要取决于材料的化学成分、焊接方法、焊接材料、工艺参数、结构形式等。衡量一种材料的焊接性，需要做焊接性试验，钢的焊接性还可用碳当量方法进行估算。

通过加热、保温和冷却来改变金属材料的组织，从而改变金属材料的力学性能的工艺，称为热处理。热处理通过改变工件内部的显微组织，或改变工件表面的化学成分，赋予或改善工件的使用性能。利用不同的加热温度和冷却方式，可以改变金属材料的组织，组织不同，力学性能就有差异。按热处理加热温度和冷却方法的不同，热处理可以分为退火、正火、淬火及回火。此外，还有通过改变钢的表面化学成分，从而改变其组织和性能的化学热处理。

金属材料承受切削加工的难易程度，称为切削性能。金属的切削性能与材料及切削加工条件有关，切削性能不但包括能否得到高的切削速度、是否容易断屑，还包括能否获得较高的光洁度、表面质量等。

第二节　电网设备常用黑色金属材料

电网设备常用金属材料按所属部件一般分为电气类设备金属部件、结构支撑类设备及连接类设备，电气类设备金属部件包括变压器、断路器、隔离开关、气体绝缘金属封闭开关设备（GIS）、开关柜、接地装置等；结构支撑类设备包括输电线路角钢塔、钢管塔（杆）、环形混凝土电杆、变电站构架、设备支架、避雷针、支柱绝缘子等及其附属结构件；连接设备包括架空导地线、电力电缆、母线、悬垂线夹、耐张线夹、设备线夹、T形线夹、连接金具、接触金具、保护金具、母线金具、悬式绝缘子等及其附件。按金属材料在设备中的主要作用一般分为三大类：一类是结构件，如电气类设备中壳体、开关设备操作结构、结构支撑类设备中避雷针、设备支架等；二类是起承载作用的部件，如结构支撑类设备中角钢塔、钢管塔（杆）、环形混凝土电杆等；三类是起载流作用的部件，主要作为导电功能件起到传输电流的作用，如连接设备中的架空线路、电缆、母线、高压开关设备中的触指等。电网设备金属材料中黑色金属材料，如碳素钢、铸铁、低合金钢、不锈钢等，主要用于结构件、起承载作用的部件；而有色金属材料，如铝及铝合金、铜及铜合金、铸铝等，主要用于起载流作用的部件。

钢材的种类很多，分类方法也很多。通常按照化学成分、用途、强度等级等进行分类。

碳素钢有以下 3 种分类方法。

（1）按照含碳量分类。

1）低碳钢（含碳量小于 0.25%）。HRB60 ~ 90，主要用于冷加工和合金结构；广泛用于厂房、桥梁、锅炉、船舶等行业。

2）中碳钢（含碳量为 0.25% ~ 0.6%）。主要用于强度要求较高的结构，根据强度要求的不同可进行淬火和回火。

3）高碳钢（含碳量大于或等于 0.6%）。主要用来制造弹簧钢和耐磨部件。

（2）按照品质分类（以杂质含量分）。

1）普通碳素钢。杂质含量：S ≤ 0.05%，P ≤ 0.045%。

2）优质碳素钢。杂质含量：S ≤ 0.035%，P ≤ 0.035%。

3）高级优质碳素钢。杂质含量：S ≤ 0.03%，P ≤ 0.035%。

（3）按照脱氧程度分类。

1）沸腾钢。脱氧不完全的钢，一般用锰铁或铝脱氧，脱氧后钢水中还剩有相当量的氧（FeO），FeO 和 C 起作用放出 CO，使钢水在钢模中呈沸腾现象，故称沸腾钢。用作钢板，加工性能好，表面质量好，化学成分不均匀，便宜。

2）镇静钢。脱氧完全的钢，先用锰铁后用硅铁再用铝脱氧。由于钢中含氧量少，没有沸腾现象，故称镇静钢。成分均匀，力学性能均匀，焊接性好，抗腐蚀性能好。质量好，但成本较高。

3）半镇静钢。性能介于上述两种钢之间，生产过程较难，很少生产。

含碳量小于 2.11%，除铁、碳和限量以内的硅、锰、磷、硫等杂质外，不含其他合金元素的铁碳合金为碳素钢，又称碳钢。工业用碳素钢的含碳量一般为 0.05%~1.35%。碳素钢的性能主要取决于钢的含碳量和显微组织。在退火或热轧状态下，随含碳量的增加，钢的强度和硬度升高，而塑性和冲击韧性下降。含碳量越高，其焊接性和冷弯性变差，所以工程结构用钢，常限制含碳量。碳素钢中的残余元素和杂质元素如锰、硅、镍、磷、硫、氧、氮等，对其性能也有影响，这些影响有时互相加强，有时互相抵消。与其他钢类相比，碳素钢使用最早，成本低，性能范围宽，用量最大。

一、碳素结构钢

碳素结构钢是碳素钢的一种，含碳量为 0.05% ~ 0.70%，个别可高达 0.90%。可分为普通碳素结构钢和优质碳素结构钢两类。普通碳素结构钢含碳量多数在 0.30% 以下，含锰量不超过 0.80%，强度较低，但塑性、韧性、冷变形性能好，一般不做热处理，直接使用，电网设备中最常用的如 Q235；优质碳素结构钢钢质纯净，杂质少，力学性能好，可经热处理后使用。根据含锰量分为普通含锰量（小于 0.80%）和较高含锰量（0.80%～1.20%）两组。含碳量在 0.25% 以下的，多不经热处理直接使用，或经渗碳、碳氮共渗等处理，可用于制造中小齿轮、轴类、活塞销等；含碳量在 0.25%～0.60% 的，典型钢号有 40、45、40Mn、45Mn 等，多经调质处理，可用于制造各种机械零件及紧固件等。

二、合金结构钢

合金结构钢是在碳素结构钢的基础上，加入一种或几种合金元素（Mn、Mo、Ni、Cr、V、Ti、B、Al、Nb、N、Cu、W）和稀土，使其具有特殊的物理性能、抗氧化性能、抗腐蚀性能。

合金结构钢可按化学成分、合金系统、组织状态、用途、使用性能的方法进行分类。如按合金系统分类，可分为：低合金钢（合金元素含量小于 5%）、中合金钢（合金元素含量 5%～10%）、高合金钢（合金元素含量大于 10%）；按照用途和性能分类，可分为强度用钢（高强度用钢）、特殊用途用钢（耐高温、低温、硫腐蚀）。

电网设备金属材料中使用低合金最为广泛的是低合金高强度钢如 Q355、Q390、Q420、Q460，采用正火或正火热轧处理，主要用于结构支撑类设备；部分如 40Cr、42CrMo 低合金结构钢用于螺栓等，采用淬火＋高温回火处理，组织为回火贝氏体或回火马氏体；电网设备中使用部分弹簧钢如 60Si2Mn、60Si2Cr、60Si2CrV 等属于低合金钢，弹簧钢采用淬火＋高温回火处理，组织为回火贝氏体或回火马氏体。

三、高合金钢

高合金钢是指在钢铁中有合金元素在 10% 以上的合金钢，高合金钢具有较高的强度、抗氧化性及耐蚀性，当输变电设备服役条件较为苛刻时，一些关键部位需选用高合金钢。电网设备中使用高合金钢主要为奥氏体不锈钢、马氏体不锈钢。

奥氏体不锈钢含铬量大于 18%，还含有 8% 左右的镍及少量钼、钛、氮等元素，奥氏体不锈钢的常用牌号有 1Cr18Ni9、0Cr19Ni9 等，奥氏体不锈钢中含有大量的 Ni 和 Cr，使钢在室温下呈奥氏体状态，具有良好的塑性、韧性、焊接性、耐蚀性能和无磁或弱磁性，在氧化性和还原性介质中耐蚀性均较好，电网设备中主要用来作为开关设备转动机构、外壳、弹簧、抱箍、壳体等。奥氏体不锈钢一般采用固溶处理，即将钢加热至 1050～1150℃，然后水冷或风冷，以获得单相奥氏体组织。

马氏体不锈钢主要为含铬量在 12%~18% 范围内的低碳或高碳钢，常用牌号有 1Cr13、3Cr13 等，因含碳较高，故具有较高的强度、硬度和耐磨性，但塑性和可焊性较差，电网设备中主要用于插销等。马氏体不锈钢在淬火、回火处理后使用，组织为回火马氏体。

四、铸铁

铸铁主要是铁、碳和硅组成的合金的总称，含碳量为 2.11%~6.69%，工业上常用的铸铁的含碳量为 2.5%~4.0%。铸铁与钢相比强度较低，塑性、韧性较差。但是具有耐磨性、吸震性、铸造性、可切削性等优良性能。铸铁的焊接性差，因此，影响了它的发展。

1. 铸铁的分类

常用铸铁是含碳量为 2.5%-4.0% 的铁碳合金。在铸铁的化学成分中还有 Si、Mn 及 S、P 等杂质。为了改善铸铁的性能，常在铸铁中加入 Ni、Cr、Mn、Si、V、Ti、Mg 等元素，成为合金铸铁。

按照 C 在铸铁中存在的状态和形式的不同，可将铸铁分为六类：

（1）耐磨白口铸铁（KmTBCr15Mo2–GT、KmTBNi4Cr2–DT、KmTBCr9Ni5Si2 等）。碳在铁中绝大部分存在于共晶碳化物 [（Cr,Fe）7C3 ＋（Fe+Cr）3C] 中，其铸态组织为 [（Cr,Fe）7C3 ＋（Fe+Cr）3C] ＋马氏体＋残余奥氏体。淬火态组织为 [（Cr,Fe）7C3 ＋（Fe+Cr）3C] ＋二次碳化物＋马氏体＋残余奥氏体。白口铸铁断口呈白色，硬度高、脆性大、难于加工，故应用不广。

（2）灰口铸铁（HT100 ~ 350）。碳以无规则的片状石墨存在，由于断口呈暗灰色，故称为灰口铸铁。普通灰铁石墨较粗，如在浇注之前的铁水中加入少量的硅铁或硅钙等孕育剂，进行孕育处理，促使石墨自发形核，可使粗片状石墨细化，形成孕育铸铁。

（3）可锻铸铁（KTH300 ~ 700 — 06 ~ 02）。碳以团絮状石墨存在，是将白口铁经长时间石墨化退火，使渗碳体分解形成石墨并呈团絮状分布于基体内，因其强度、韧性较好，故称可锻铸铁。可锻铸铁是由炼钢生铁在 900 ~ 1000℃的温度下经过 2 ~ 9 天长时间的退火形成。

（4）球墨铸铁（QT400 ~ 900 — 18 ~ 2）。球墨铸铁组织中石墨呈球状，大大减少使用时的应力集中，其强度、韧性比可锻铸铁高。获得球状石墨是浇注前在铁水中加入纯镁或稀土镁合金等球化剂进行孕育处理而实现的，具有较高的强度和韧性，可通过热处理改善力学性能，可制造强度高、形状复杂的铸件。

（5）蠕墨铸铁（RuT260 ~ 420）。碳以蠕虫状石墨存在，浇注前在铁水中加入稀土硅铁、稀土镁钛等蠕化剂，促使碳形成蠕虫状。

（6）合金铸铁，是在铸铁中加入适量合金元素（如硅、锰、磷、镍、铬、钼、铜、铝、硼、钒、锡等），以提高其力学性能，或提高其耐蚀、耐磨、耐热等特殊性能，又称为特殊性能铸铁。合金元素使铸铁的基体组织发生变化，从而具有相应的耐热、耐磨、耐蚀、耐低温或无磁等特性。

2. 铸铁组织

铸铁组织与化学成分和冷却速度有关，有些元素能促使石墨化，如 C、Ni、Si、Al、Cu 等，有些是阻止石墨化的元素，如 S、V、Cr 等。冷却速度很快时，便形成以珠光体和渗碳体（莱氏体）构成的白口铸铁；冷却速度足够慢时，便形成以铁素体为基体的片状石墨分布的灰口铸铁；介于两者之间，形成以珠光体为基体和石墨组成的灰口铸铁，或珠光体和铁素体为基体的灰口铸铁。

各种铸铁的金相组织如图 1–1~ 图 1–5 所示。

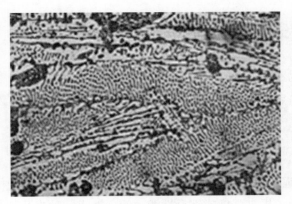

图 1-1　过共晶白口铸铁的金相组织

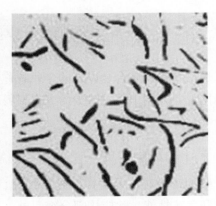

图 1-2　灰口铸铁金相组织

图 1-3　可锻铸铁金相组织

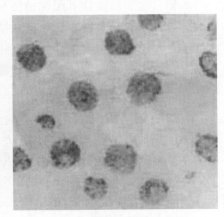

图 1-4　球墨铸铁金相组织

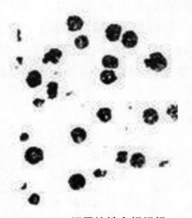

图 1-5　蠕墨铸铁金相组织

电网设备中铸铁主要为可锻铸铁、球墨铸铁，作为金具、联板、管（杆）或壳体等使用，由于耐蚀性较差，一般应采用镀锌处理。

第三节　电网设备常用有色金属材料

通常将铁及其合金以外的金属统称为有色金属，有色金属往往具有其特有的性能，也是在电网设备应用中不可缺少的工程材料，电网设备中常用的有色金属为铝及铝合金、铜及铜合金。

一、铝及铝合金

铝的密度小、导电性和导热性好、强度低、塑性好、抗腐蚀性优良，具有良好的使用性能和工艺性能，除应用部分纯铝外，为了提高强度或综合性能，铝中加入一种或几种合金元素，形成铝合金，就能使其组织结构和性能发生改变，适宜做各种加工材或铸造零件。经常加入的合金元素有铜、镁、锌、硅、锰等。铝及铝合金在电网中应用广泛，由于铝导电性好、密度小、塑性好、抗腐蚀性优良且相对经济，广泛用于载流部件，铝合金具有较好的导电性、强度，也可以用作载流及结构支撑，如输电线路中铝绞线、导流铝排、铝母线、导电杆、金具等，铸铝及铸铝合金一般用作金具及结构件。

（一）纯铝

铝含量不低于99.00%时为纯铝，其牌号用1XXX系列表示，牌号的最后两位数字表示最低铝百分含量，当最低铝百分含量精确到0.01%时，牌号的最后两位数字就是最低铝百分含量中小数点后面的两位。如1060表示，含铝量不小于99.60%，强度低，热加工和冷加工性能好，导热导电率高，抗蚀性能优良。

（二）铝合金

工业纯铝强度很低，一般抗拉强度为80~100MPa，在工业纯铝中加入铜、硅、镁、锰、锌等合金元素，就成为铝合金，其抗拉强度显著提高。铝合金经过热处理或冷加工硬化后，抗拉强度可以提高到500~600MPa，且密度小，比强度高。铝合金按其成分、组织、性能及生产工艺的不同，可分为两大类，一类是变形铝合金，另一类是铸造铝合金。二元铝合金相图如图1-6所示。

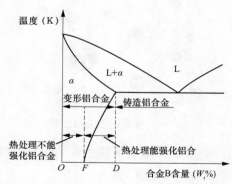

图1-6　二元铝合金相图（其中：B—合金元素，L—液相，α—固溶体）

合金元素B（如Si、Mg、Cu等）的含量小于其在铝中最大溶解点D时的含量，加热时能形成单相的固溶体，其塑性好，适于进行压力加工，这种铝合金称为变形铝合金。合金元素 B（如 Si、Mg、Cu 等）的含量大于其在铝中最大溶解点 D 时的含量，铝合金组织中就有了低熔点共晶体，所以塑性较差，不宜进行压力加工，但其凝固温度较低，液态合金流动性好，适于铸造成型，这种铝合金称为铸造铝合金。

变形铝合金中如其合金元素 B 的含量介于 $F\%$~$D\%$ 之间，在加热或冷却过程中，固溶体的溶解度将有变化，因此就可以采用淬火的方法进行强化，这种成分范围内的铝合金即为热处理能强化的合金。而合金元素 B 含量小于 F 点含量的铝合金，在固态时始终是单一的固溶体，采用淬火的方法已不能进行强化，这种成分的铝合金即为热处理不能强化的合金。

变形铝合金的牌号用 2×××~8××× 系列表示，牌号的最后两位数字没有特殊意义，仅用来区分同一组中不同的铝合金。2000 系列铝合金特点硬度较高，添加 3%~5% 铜元素，主要用于航空领域；3000 系列铝合金防锈功能好，添加 1.0%~1.5% 锰元素，用于对防锈要求高的行业及产品；4000 系列为铝板，含硅量较高，为 4.5%~6.0%，熔点低，耐蚀性好，具有耐热耐磨的特性，主要用于建筑用材料、机械零件；5000 系列铝板属于较常用的合金铝板系列，主要元素为镁，含镁量在 3%~5%。又可以称为铝镁合金，主要特点为密度低，抗拉强度高，延伸率高，在相同面积下铝镁合金的重量低于其他系列，故常用在航空方面；6000 系列主要含有镁和硅两种元素，故集中了 4000 系列和 5000 系列的优点，可使用性好，接口特点优良，容易涂层，加工性好，适用于对抗腐蚀性、氧化性要求高的应用，广泛应用于电力设备管母线上；7000 系列主要含有锌元素，是铝镁锌铜合金，是可热处理的合金，属于超硬铝合金，有良好的耐磨性，主要应用于航空领域。

（三）铸造铝合金

铸造铝合金是以熔融金属充填铸型，获得各种形状零件毛坯的铝合金，具有密度低、比强度较高、抗蚀性和铸造工艺性好、受零件结构设计限制小等优点，铸造铝合金的牌号用"ZL"加数字序号来表示。铸造铝合金按主要加入的元素可分为 4 个系列，即铝硅系、铝铜系、铝镁系及铝锌系。铸造铝合金所含合金元素较形变铝合金高，有共晶体，熔点也低，这样可以增加液态金属的流动性，增加铸件的致密度，减少收缩率，提高铸造性能，合金中的共晶体越多，铸造性能越好。铝硅系合金硅含量为 4%～13% 时，铸造性能最佳，裂纹倾向性极小，收缩率低，有很好的耐蚀性和气密性以及足够的力学性能和焊接性能；铝铜系合金有高的强度和热稳定性，但铸造性和耐蚀性差，铜含量一般低于铜在铝中的溶解度极限（5.85%）；铝镁系合金强度高，耐蚀性最佳，密度小，有较好的气密性，铝镁二元铸造合金镁含量高达 11.5%，多元合金中的镁含量一般为 5% 左右，合金的组织为 α + β（Mg5Al8）相组成，热处理的强化效果不明显，主要为固溶强化；铝锌系合金在铸造状态就具备淬火组织特征，不进行热处理就可获得高的强度，但合金的密度大。

二、铜及铜合金

铜及铜合金由于具有优异的物理、化学性能（导电性、导热性极佳，对大气和水的抗蚀能力很高）、良好的加工性能（塑性很好，容易冷、热成形，铸造铜合金有很好的铸造性能）、某些特殊机械性能 [减摩性和耐磨性，高的弹性极限和疲劳极限（如铍青铜等）]，在电网设备中广泛应用，主要用于动力电线电缆、母线、汇流排、变压器、开关、接插元件和联接器、线夹等。

（一）纯铜

纯铜呈玫瑰红色，表面氧化后呈紫色，又称紫铜，纯铜密度为 8.96 g/cm³，熔点为 1083℃，固态下具有面心立方晶体结构。纯铜具有优良的导电性、导热性、无磁性、延展性和耐蚀性，其导电率仅次于银，居金属元素的第二位。纯铜不宜用于结构件，主要用于制作发电机、母线、电缆、开关装置、变压器等。纯铜按成分可以分为普通纯铜（T1、T2、T3）、无氧铜（无氧铜、银无氧铜、锆无氧铜和弥散无氧铜）、磷脱氧铜、添加少量合金元素的特种铜（砷铜、碲铜、银铜、硫铜和锆铜）四类。

（二）铜合金

1. 黄铜

以纯铜为基体，加入一种或几种其他元素所构成的合金称为铜合金，常用的铜合金分为黄铜、青铜、白铜。黄铜以锌作主要添加元素的铜合金，具有美观的黄色，统称黄铜，铜锌二元合金称普通黄铜或称简单黄铜，三元以上的黄铜称特殊黄铜或称复杂黄铜，含锌小于 32% 的黄铜合金由 α 固溶体组成，强度和塑性随含锌量的增加而增加，具有良好的冷加工性能；含锌在 32%～45% 之间的黄铜合金由 β′ 和 α 固溶体组成，β′ 相是以化合物 CuZn 为基的固溶体，硬度高、脆性大，因而，黄铜塑性逐渐下降而强度继续提高，其中最常用的是含锌 40% 的六四黄铜；含锌在 45%～47% 时，则合金组织全部变为 β′ 相；再增加锌含量则出现 γ 相，强度和塑性急剧下降。为了改善普通黄铜的性能，在铜锌的基础上常添加其他元素，如铝、镍、锰、锡、硅、铅等的铜合金，称为特殊黄铜。加入铝或锰，进一步提高铜合金的力学性能；加入铝、锰、锡，能提高铜合金耐腐蚀能力；加入硅和铅，可以提高铜合金的耐磨性；加入铅，能改善黄铜的切削性能。特殊黄铜的牌号要标明加入的元素及其含量，如 HAl67-2.5，表示含铜量为 67%，含铝量为 2.5%，含锌量为 30.5% 的铝黄铜。

2. 白铜

以镍为主要添加元素的铜合金，铜镍二元合金称普通白铜；加有锰、铁、锌、铝等元素的白铜合金称复杂白铜。工业用白铜分为结构白铜和电工白铜两大类。结构白铜的特点是机械性能和耐蚀性好，色泽美观。这种白铜广泛用于制造精密机械、眼镜配件、化工机械和船舶构件。电工白铜一般有良好的热电性能。锰铜、康铜、考铜是含锰量不同的锰白铜，是制造精密电工仪器、变阻器、精密电阻、应变片、热电偶等用的材料。

3. 青铜

铜合金中主要加入元素为锡、铅、铝等元素则称为青铜，并常在青铜名字前冠以第一主要添加元素的名，通常分为锡青铜和无锡青铜两大类。以锡为主要添加元素的铜合金为锡青铜，当锡含量小于 6%~7% 时，其组织为单相 α 固溶体，随含锡量增加，强度和塑性逐渐增加；当锡含量大于 7% 时，由于合金中出现硬而脆的 δ 相（以化合物 Cu31Sn8 为基的固溶体），强度在提高，但塑性急剧下降；当含锡量超过 20% 时，由于 δ 相增加，强度也急剧下降。因此，工业上应用的锡青铜含锡量为 3%~14%。锡青铜的铸造性能、减磨性能较好。铅青铜强度高、耐磨性和耐蚀性好，广泛用于轴承材料、齿轮、轴套等。磷青铜的弹性极限高，导电性好，适用于制造精密弹簧盒电接触元件。

　　除锌和锡以外，其他元素与铜的合金称为无锡青铜，也叫特殊青铜。按加入的主要元素的不同，分别称为铝青铜、铍青铜、锰青铜、铅青铜。铝青铜中铝含量为5%~10%，主要用来制作耐磨耐蚀的零件，如重要的弹簧、齿轮、轴套等；铍青铜的含铍量为2%，铍青铜经过淬火和人工时效后，其强度、硬度、弹性强度和疲劳强度均大幅度提高，具有耐磨性、耐蚀性、导电性和导热性，是优良的导电性材料，主要用于制造各种精密仪表和仪器、电器接触器、电极、钟表和罗盘中的零件；锰青铜的含锰量为5%左右，锰能溶于铜中，可提高合金的力学性能和耐腐蚀性，加入锰还能改善铸造性能，降低脆性，含锰量为5%的锰青铜，能抵御碱液腐蚀，主要用于化工及造船工业中；铅青铜含铅量为30%左右，是一种铸造青铜。铅青铜的显微组织中有固溶体软相和化合物硬相，是一种理想的轴承材料，可用于制造高速高负荷的大型轴瓦和衬套。

参考文献

[1] 王晓雷. 承压类特种设备无损检测相关知识 [M]. 北京：中国劳动社会保障出版社，2007.

[2] 中国冶金百科全书总编辑委员会《金属材料卷》编辑委员会. 中国冶金百科全书·金属材料 [M]. 北京：冶金工业出版社.

[3] 卢瑜，张立文，邓小虎，等. 纯铜动态再结晶过程的元胞自动机模拟 [J]. 金属学报，2008, 44（3）:292–296.

[4] 尹志民，张生龙. 高强高导铜合金研究热点及发展趋势 [J]. 矿冶工程，2002, 22（2）:1–5.

[5] 宋琳生. 电厂金属材料 [M]. 北京：中国电力出版社，2003.

第二章

电网设备加工成型工艺

第一节　焊接

　　焊接是指将两种或两种以上的同种或异种材料，通过加热、加压或二者并用，使其连接部位达到原子或分子之间的结合和扩散程度，以形成永久性接头的工艺过程。焊接连接具有连接强度高、密封性好、刚性大、连接构造简单、连接电阻小等优点，已经成为电网设备最主要的连接方式之一。焊接作为承载作用的支撑类设备连接、电气类设备连接（主要因连接电阻低起载流作用）、电网设备结构件密封性连接。由于焊接存在焊缝及热影响区性能降低、结构脆性及变形增加、缺陷扩展开裂等局限性，就有可能导致电网设备出现故障，造成电网重大经济损失及社会影响。可见，焊接对电网设备非常重要。

一、电网设备常用焊接技术

1. 熔化焊

　　电网设备常用焊接按结合原理分为熔化焊、钎焊。熔化焊是利用局部加热，使两个分离的焊接被连接部位的金属熔化而形成一个整体的焊接方式，熔化焊可以加入或不加入填充金属，其主要特点是焊件母材和填充金属均达到熔化状态。

　　熔化焊中最常用的为焊条电弧焊（SMAW）、非熔化极气体保护焊（GTAW）、熔化极气体保护焊（GMAW）、埋弧焊（SAW）等焊接方法，主要应用于主要起承载作用的电网结构支撑类设备、主要起密封作用的电气类设备中及主要起承载作用的电网连接类设备中。

　　放热焊也属于熔化焊的一种，放热焊接是指利用金属氧化物与铝之间的氧化还原反应，释放大量的热量生成高温熔融金属来进行焊接的方法，放热焊接主要适用于电力工程接地装置、电缆中间接头连接。

2. 钎焊

　　钎焊是采用比母材熔点低的金属材料作为钎料，将焊件和钎料加热到高于钎料的熔点，低于母材熔化温度，利用液态钎料润湿母材，填充接头间隙并与母材相互扩散实现连接焊件的方法，其主要特点是填充金属熔化而母材不熔化。电网设备中铜铝过渡设备线夹一般采用钎焊，其主要结构形式为对接、搭接形式，搭接方式即将薄铜片覆盖在铝板上，间隙通过钎焊连接。

二、焊接监督

1. 熔化焊

焊接前，应确认被焊钢材、焊材牌号，钢材及焊材应符合设计选用标准的规定，进口钢材应符合合同规定的技术条件，钢材及焊材质量应符合相关国家及行业标准规定。焊材的验收、存放、使用过程中的管理应符合 JB/T 3223《焊接材料质量管理规程》的规定，焊条在施工现场的工地二级库存放不宜超过 3 个月，焊条、焊剂在使用前应按照说明书的要求进行烘焙，重复烘焙次数不应超过两次，碱性焊条使用时应装入温度为 80~110℃的专用保温筒内，随用随取。焊接、热处理、检验检测等用仪器仪表应符合相关标准规定，且均在校验期内。

应根据被焊对象材质进行焊接工艺评定，并制定符合施工条件的焊接工艺指导书（包含焊接方法、焊接工艺及焊接施工措施等），焊接技术人员、焊工、热处理及质量检测人员均应按有关规定执行，持证上岗。

结构件的焊缝应根据结构的载荷性质、焊缝形式、工作环境及应力状态和重要性等对焊缝进行分类，焊缝类别分类原则为：焊缝在动载荷或静载荷下承受拉力、剪力，按等强度设计的对接焊缝、对接与角接组合焊缝为一类焊缝；焊缝在动载荷或静载荷下承受压力，按等强度设计的对接焊缝、对接与角接组合焊缝为二类焊缝；一类、二类焊缝以外的其他焊缝为三类焊缝。一类、二类焊缝及其结构形式必须在设计图纸上标明，一类、二类焊缝必须采用确保全焊透的结构与焊接方法。

焊接坡口设计应符合相关标准规定要求，坡口下料加工宜采用机械加工方法，对于低合金高强钢、高合金钢不宜采用火焰方法进行下料、加工。焊接前应对坡口质量进行检查：坡口及组对尺寸应符合设计及标准规定；坡口内及边缘 20mm 内母材无裂纹、重皮、破损及毛刺等缺陷。

焊接时应确保施工环境符合要求：焊接环境温度不低于 5℃、相对湿度不大于 90%，焊接现场应有防风、防雨、防雪等措施；当焊接施工环境低于规定温度时，应采取加热或防护措施，或再进行相应焊接环境下工艺评定试验，并应在评定合格后进行焊接。

当焊件需要进行焊后热处理时，应根据母材化学成分、焊接类型、厚度和焊接接头拘束度及结构条件等因素，确定焊后热处理措施；当焊接接头有强度要求时，应根据被焊钢材材料标准中回火温度（异种钢材质以低强度侧材料标准中回火温度）进行焊后热处理，保温 1h 或名义厚度 /25h，取最大值。

焊缝外观质量、外形尺寸应符合相关标准规定，焊缝内部质量应在焊接完成 24h 后并经外观检查合格后再进行，焊后需要热处理时，焊缝内部质量检验应在热处理后进行；外观检查有怀疑裂纹时，应对怀疑部位进行表面无损检测，外观检查发现裂纹时，应对同类焊缝进行 100% 表面无损检测，表面无损检测应符合 NB/T 47013—2015《承压设备无损检测》Ⅰ级要求。一类焊缝内部质量应按 100% 比例检测、二类焊缝内部质量检测比例不应低于 20%，一类、二类焊缝内部质量检测宜选用脉冲发射法超声检测，检测等级为 B 级，Ⅰ级合格；如采用射线检测时，Ⅱ级质量合格。

放热焊接采用的铜焊剂熔敷金属的熔点不得低于 1083℃，铁焊剂熔敷金属的熔点不得低于 1535℃。放热焊接接头任意方向的尺寸应大于母材规格，接头应无贯穿性的气孔，每平方厘米及以下剖面不得超过 1 个气孔，单个气孔的任意方向最大尺寸不大于母材厚度的 1/3 或直径的 1/4，且单个气孔最大不得超过 3mm；放热焊接接头剖开后，被连接的导体接头表面应完全熔合；接头抗拉强度不应低于接地体材料的抗拉强度的最低者；在同一温度条件下，带焊接接头的接地体直流电阻不得大于规格尺寸相同的接地体直流电阻的 1.05 倍。

2. 铜铝过渡设备线夹钎焊

铜铝过渡设备线夹钎焊时钎料选择，可以选择铝基钎料、铜基钎料。铝基钎料按化学成分分为铝硅、铝硅铜、铝硅镁、铝硅锌，根据被焊铝材化学成分选择化学成分最接近的铝基钎料；铜基钎料为黄铜基钎料、银基钎料、锡铅基钎料，按铜侧选择钎料时应根据母材钎焊性能、按照设计文件要求进行工艺评定。焊接方法宜选用氧乙炔焊接，焊接位置分为水平漫流位置、垂直向下漫流位置和垂直向上漫流位置，钎焊宜采用向下漫流位置进行施焊。

钎焊前，母材、钎料、钎剂、气体等应符合现行相关标准要求，母材和焊接材料的表面不得损伤、污染和腐蚀，钎焊搭接长度、间隙或对接间隙应符合规程或设计图纸要求，钎焊接头表面应清理干净，经清理后的焊件表面粗糙度应为 12.5~25μm，且应立即进行钎焊。钎焊现场应清洁，当钎焊区域出现下列情况之一且无防护措施时，应停止钎焊作业：气温低于 5℃，风速大于 2m/s；雨、雪天气。

钎焊后的表面应经过处理，焊件冷却后不得有氧化物、钎剂残渣或多余钎料，当焊件冷却至 80℃以下后，采用热水冲洗，再用钢丝刷除去多余的焊剂、熔渣，也可以采用其他化学溶剂去除的方法清除。

钎焊外观质量应符合以下规定：钎焊组件不允许有起皮、起泡、裂纹、母材熔化等缺陷；钎焊接头上不允许残留钎剂；不允许存在外部未焊满、溶蚀、腐蚀斑点、外部气孔、密集型表面气孔等。

钎焊内部质量应符合以下要求：焊缝内部不得有裂纹；不得有贯穿性缺陷；缺陷的面积不得超过搭接或对接面积的 25%；任意直线方向的缺陷长度不得大于搭接长度的 25%。

焊缝的内部无损检测应符合设计规定，当设计文件无规定时，应符合 DL/T 1622《钎焊型铜铝过渡设备线夹超声波检测导则》的规定。

允许用机械方法清除钎焊焊脚处的表面缺陷，不允许损伤母材；超过要求的缺陷允许返修，去除残留的钎剂及污染物后再进行返修焊，但返修次数不宜超过两次。

第二节　紧固件连接

紧固件连接具有受力性能好、耐疲劳、抗震性能好、连接刚度高、施工简便等优点，已经发展为电网设备最主要的连接方式之一，螺栓作为电网设备结构连接紧固件，通常用于构件间连接、固定、定位等，电网支撑类设备紧固件连接主要用于输变电杆塔、电力金具，主要起承载作用；电网电气类设备紧固件连接主要用于导流连接件，主要是线夹、母排等，使各导体件接触面紧固连接形成导流回路，主要起载流作用。电网设备通过紧固件连接成一个整体，一旦紧固件失效，就可能导致整体系统出现故障，造成重大的经济损失及社会影响，可见，紧固件对电网设备十分重要。

一．紧固件材料监督

（一）材料

电网设备紧固件材料选用原则：①材料组织性能稳定性好，回火脆性和热脆性倾向小；②承受疲劳载荷的螺栓材料，应具有较高的抗疲劳和抗剪切能力；③原则上螺母材料与螺栓材料相同或相似，且同连接面上的紧固件，应采用牌号和强度等级相同的材料。

螺栓和脚钉性能等级用钢化学成分极限和最低热处理要求见表 2-1。

表 2-1　　　　螺栓和脚钉性能等级用钢化学成分极限和最低热处理要求

等级	材料	热处理	C	P	S	B	回火温度
4.8	碳钢或添加元素的碳钢（如 Q235，20Mn）	—	≤ 0.55	≤ 0.05	≤ 0.06	—	—
6.8	碳钢或添加元素的碳钢（如 35，45，30Mn）	—	0.15~0.55	≤ 0.05	≤ 0.06	—	—
8.8[a]	添加元素的碳钢（如硼、锰或铬）	淬火 + 回火	0.15~0.4	≤ 0.025	≤ 0.025	≤ 0.003	≥ 425℃
8.8[a]	低合金钢（40Cr、42CrMo）		0.2~0.55	≤ 0.025	≤ 0.025	≤ 0.003	≥ 425℃
10.9[a]	合金钢	淬火 + 回火	0.2~0.55	≤ 0.025	≤ 0.025	≤ 0.003	≥ 425℃

[a] 8.8 级及以上等级螺栓和脚钉应保证足够的淬透性，以确保产品螺纹截面的芯部在淬火后、回火前获得 90% 马氏体组织，且应考虑热浸镀锌温度对机械性能的影响。

螺栓和螺钉性能等级：① 输电线路用杆塔螺栓采用镀锌粗制螺栓（C 级），按强度等级分别为 4.8 级、5.8 级、6.8 级、8.8 级、10.9 级，其中 8.8 级、10.9 级为高强度螺栓，其余的为普通螺栓；②输电杆塔结构连接宜采用 4.8 级、6.8 级、8.8 级热浸镀锌螺栓和螺母，有条件时也可以采用 10.9 级螺栓；③规定性能等级的螺栓和脚钉，在环境温度为 10~35℃（吸收能量试样应在 -20℃下进行）时，应符合表 2-2 的规定。

表 2-2 螺栓和脚钉力学性能

等级	$R_{p0.2}$（MPa）	R_m（MPa）	A（%）	Z（%）	A_{kv}（J）	硬度（HV）	t_b（MPa）
4.8	—	420	—	—	—	130~220	260
6.8	—	600	—	—	—	190~250	370
8.8（$d \leq 16mm$）	640	800	12	52	27	250~320	490
8.8（$d > 16mm$）	660	830	12	52	27	255~335	490
10.9	940	1040	9	48	27	320~380	510

螺母性能等级：①螺母性能等级为 5、6、8、10、12 级共 5 个级别，薄螺母的性能等级为 05 级，05 级薄螺母只用于防松时用；② 5、6、8、10、12 级的螺母用相配的螺栓性能等级标记的第一部分数字标记，该螺栓应为可与该螺母相配螺栓中性能等级最高的；③ 5、6、8、10、12 级螺母标记制度见表 2-3。

表 2-3 5、6、8、10、12 级螺母标记制度

螺母性能等级	5	6	8	10	12
相配的螺栓、脚钉	4.8	6.8	8.8	10.9	12.9

注：一般来说，性能等级较高的螺母可以代替性能较低的螺母。

性能等级为 05、5、6、8、10、12 级螺母应进行淬火并回火处理。

机械和物理性能：①输电杆塔用地脚螺栓、螺母的型号、材料及技术要求应符合 DL/T 1236《输电杆塔用地脚螺栓与螺母》有关规定；②螺栓及螺母的材质和机械特性应符合 GB/T 3098.1《紧固件机械性能、螺栓、螺钉和螺柱》和 GB/T 3098.2《紧固件机械性能 螺母 粗牙螺纹》的有关规定。

（二）设计

螺栓连接设计应符合下列规定：

（1）连接处有必要的螺栓施拧空间；

（2）螺栓连接或拼接节点中，每一连接件一端永久性的螺栓数不宜少于 2 个；

（3）螺栓连接宜采用紧凑布置，其连接中心宜与被连接构件截面的重心一致。

输电线路用地脚螺栓强度设计值见表 2-4，其中 45 号优质碳素钢易断、焊接性能差，应慎用，当采用时，应采取相应的热处理措施。

表 2-4 地脚螺栓强度设计值 （N/mm³）

种类	抗拉强度设计值 f
Q235	160
Q355	205

续表

种类	抗拉强度设计值 f
35 号优质碳素钢	190
45 号优质碳素钢	215
40Cr 合金结构钢	260
42CrMo 合金结构钢	310

输电线路用地脚螺栓及螺母的型式、尺寸、技术条件应符合 DL/T 1236《输电杆塔用地脚螺栓与螺母》的要求。

镀锌粗制螺栓（C 级）强度设计值见表 2-5。

表 2-5　　　　　　　镀锌粗制螺栓（C 级）强度设计值　　　　　　（N/mm³）

类别	直径（mm）	抗拉强度	抗剪	孔壁承压（螺杆承压）
4.8 级	标称直径 ≤ 39	200	170	420
5.8 级	标称直径 ≤ 39	240	210	520
6.8 级	标称直径 ≤ 39	300	240	600
8.8 级	标称直径 ≤ 39	400	300	800
10.9 级	标称直径 ≤ 39	500	380	900

1. 孔壁承压适用于构件上螺栓端距大于或等于螺栓直径 1.5 倍。

2. 8.8 级及以上螺栓应具有 A 类（塑性性能）和 B 类（强度）试验的合格证明。

承载为主的紧固件螺栓直径不宜小于 16mm。

（三）制造要求

1. 螺纹制造要求

内螺纹基本公差应符合 GB/T 22028《热浸镀锌螺纹》中 6AZ 的规定，外螺纹镀前采用 GB/T 197《普通螺纹》规定的 6g 公差带。螺栓螺纹及其他零件的外螺纹应采用滚压螺纹工艺制造。如有其他要求，按供需协议。螺栓和螺母的未标注尺寸公差及几何公差应按 GB/T 3103.1《紧固件公差》的 C 级规定。

2. 热浸镀锌涂层技术要求

室外用螺栓、脚钉和螺母宜采用热浸镀锌，外螺纹宜攻丝后热浸镀锌，螺母螺纹及其他内螺纹零件在热浸镀锌后攻丝，不允许重复攻丝。10.9 级及以上等级螺栓、螺母热浸镀锌后，氢脆风险较大，设计时需谨慎选用热浸镀锌工艺，采用时供需双方应探讨采取有效的预防氢脆措施。8.8 级及以上等级外螺纹零件不允许重复热浸镀锌，其他等级外螺纹零件最多允许两次热浸镀锌。

热浸镀锌层的局部厚度应不小于 40μm，平均厚度不小于 50μm。热浸镀锌层应均匀、牢固附着在基体金属表面，不得存在影响使用功能的锌层脱离。热浸镀锌层表面应光洁，无漏镀面、滴瘤、黑斑，无溶剂残渣、氧化皮夹杂物等和损害零件使用性能的其他缺陷。热浸镀锌螺栓与螺母的要求应符合 DL/T 284《输电线路杆塔及电力金具用热浸镀锌螺栓与螺母》的规定。

3. 螺孔

螺栓孔表面不得有明显的凹面缺陷，不得有大于 0.3mm 毛刺，孔壁与零件表面交接处不应有大于 0.5mm 的缺棱或塌角，孔壁不得有明显的裂纹；螺孔应垂直、不偏斜，中心距离允许偏差为 ±0.5mm。各种金属构件的安装螺孔，应采用钻孔，不得采用气焊或电焊制孔；当角钢材质为 Q235 且厚度小于或等于 16mm 时可以采用冲孔。

A、B 级螺栓孔（Ⅰ类孔）应具有 H12 的精度，孔壁表面粗糙度 Ra 不应大于 12.5μm，其允许偏差应符合：螺栓直径为 10~18mm 时，螺孔直径允许偏差为 0.00~0.18mm；螺栓直径为 18~30mm 时，螺孔直径允许偏差为 0.00~0.21mm；螺栓直径大于或等于 30mm 时，螺孔直径允许偏差为 0.00~0.25mm。C 级螺栓孔（Ⅱ类孔），孔壁表面粗糙度 Ra 不应大于 25μm，其直径允许偏差为 0.0~1.0mm，圆度允许偏差为 2mm，垂直度允许偏差为 0.03t 且不应大于 2.0mm。螺栓孔型及孔距应符合 GB 50017《钢结构设计规范》的规定。

承受往复剪切力的 C 级螺栓（4.6 级、4.8 级）或对于整体结构变形量作为控制条件的，其螺孔直径不宜大于螺栓直径加 1.0mm，并采用钻成孔；主要承受沿螺栓杆轴方向拉力螺栓，宜采用钻成孔，其螺孔直径可较螺栓直径加 2.0mm；法兰连接的螺孔直径宜比螺栓直径大 2mm。

（四）安装

1. 安装前检查

到货验收时应根据 GB/T 90.1、GB/T 90.2 的要求检查包装质量，根据产品标准的规定检查产品的标识、数量和产品质量检验单（包括化学成分、低倍和高倍组织、力学性能；8.8 级及以上的高强螺栓应有强度和塑性试验的合格证明）。

对几何尺寸、表面粗糙度及表面质量进行检查，螺纹表面应光滑，表面缺陷应符合 GB/T 5779.1—2000《紧固件表面缺陷 螺栓、螺钉和螺柱一般要求》、GB/T 5779.2—2000《紧固件表面缺陷 螺母》规定。

对大于和等于 M32 的螺栓均应依据 DL/T 694 进行 100% 超声检测，必要时可按 NB/T 47013.4、NB/T 47013.5 进行磁粉检测、渗透检测或进行其他有效的无损检测。核查安装或检修单位新进合金钢螺栓、螺母进行 100% 光谱检验报告，每批每种材料每种规格抽查 3 个，分析结果应与材料牌号相符，对光谱检查斑点应及时打磨消除。

M32 规格及以上的螺栓应进行组织、硬度、机械性能抽查，每批每种材料、规格的螺栓应抽查不少于 3 个，带状组织、夹杂物严重超标、方向性排列的粗大贝氏体组织、粗大的原奥氏体晶界的网状组织均属于异常组织。

2. 螺栓的紧固与拆卸

新螺栓和螺母应事先使螺纹配合适当，并有一定的间隙，使用过的螺栓和螺母再次安装前，应清洗螺纹，螺纹处有毛刺、氧化皮疲劳严重的应研磨螺纹，应用手能轻松拧进螺母。

在紧固和拆卸过程中，应注意尽量改善紧固接触面的润滑状态，防止使用过大的冲击力，以较少螺栓所承受的扭矩。

无论使用何种紧固方法和工具，应选择合理的松紧顺序，拧紧螺栓顺序以消除结构件结合面间隙为原则，松螺栓顺序原则以防止结构件变形应力集中到最后拆卸螺栓位置为原则。

螺栓要先进行初紧，待整个结合面螺栓紧固后再进行第二次紧固，应根据施工要领、特点、紧力偏差、被连接件的重要性和现场条件，应选用适当的紧固方法，一般采用紧力偏差较低的紧固方法，宜采用扭矩法，即利用转动螺母的扭矩和螺栓紧力之间的关系拧紧螺栓，紧固时，应用力矩扳手紧固，以约 50% 扭矩值初拧紧螺母，然后以 100% 扭矩值拧螺母。

紧固力矩值以设计规定值为准，无设计明确规定时导流部件连接螺栓紧固力矩值按表2-6 规定执行，承载为主的结构件紧固力矩值应不少于表 2-7 规定值，非钢制螺栓紧固力矩应符合产品技术条件的规定。

表 2-6　　　　　　　　　　导流部件连接螺栓紧固力矩值

螺栓规格	M8	M10	M12	M14	M16	M18	M20	M24
扭矩值（N·m）	9~10	18~23	32~40	50~60	80~100	115~140	150~196	275~343

表 2-7　　　　　　　　　　结构件连接螺栓紧固力矩值

螺栓规格	M8	M10	M12	M14	M16	M18	M20
扭矩值（N·m）	9~11	18~23	32~40	50~60	80~100	115~140	150
螺栓规格	M22	M24	M27	M30	M33	M36	M39
扭矩值（N·m）	230	300	450	540	670	900	1160

（1）导流件连接紧固件紧固应符合下列规定：

1）导流件连接接触面间应保持清洁，并涂以电力复合脂，连接平置时，螺栓应由下往上穿，螺母应在上方，其余情况下，螺母应置于维护侧，螺栓长度宜露出螺母 2~3 扣。

2）螺栓与导流件紧固面间均应有平垫圈，多颗螺栓连接时，相邻螺栓垫圈间应有 3mm 以上的净距，螺母侧应装有弹簧垫圈或锁紧螺母；紧固面单侧垫片不应超过 2 个。

3）导体与螺栓形成接线端子连接时，螺孔直径不大于螺栓形成端子直径 1mm，丝扣的氧化膜应除净，螺母接触面应平整，螺母与导体间应加铜质搪锡平垫圈，并应有锁紧螺母，但不得加弹簧垫。

（2）承载为主结构件连接紧固件紧固应符合下列规定：

1）螺栓连接时受剪螺栓的螺纹不应进入剪切面，当无法避免螺纹进入剪切面时，应按净面积进行剪切强度验算。

2）螺栓连接中，连接平置时，螺栓应由下往上穿，螺母应在上方，其余情况下，螺母应置于维护侧；螺母拧紧之后，螺栓长度宜露出螺母 2~3 扣；紧固面单侧垫片不应超过 2 个。

3）受拉螺栓位于横担、顶架等易振动部位的螺栓应采取防松措施，靠近地面的塔腿和拉线上的连接螺栓，宜采取防卸措施。

对于 500kV 及以上等级输电线路，所有螺栓应采取防松措施，受拉螺栓级位于横担、顶架等易振动部位的螺栓，宜采取双帽防松措施。

拆卸螺栓前，宜向螺纹内注入润滑剂，用适当力矩来回活动螺母，并可敲振，使螺母松动。防止由于螺纹咬死而强行松螺母引起螺纹拉毛或扭断螺栓。当确实无法拆卸时，可用机械切割方法切开螺母，应注意防止对被连接件损伤。

（五）运行维护

承载为主的紧固件连接，投运一年后，必须对紧固件紧固 1 次，以后每次检修时必要时对紧固件进行紧固。载流为主的紧固件连接，每次检修时测试连接金具螺栓扭矩值应符合设计或标准要求。

二、螺栓连接防松措施

螺栓连接一旦松懈，会引起螺栓脱落导致重大安全隐患，或螺栓松弛预紧力下降导致螺栓连接疲劳寿命大大缩短。输电杆塔、电力金具用螺栓连接时特别针对受拉螺栓位于横担、顶架等易振动部位的螺栓、1000kV 等级输电线路螺栓应采取防松措施，以保证螺栓在实际使用中不松脱。设计中常用的防松措施有以下几种：

（一）双螺母

双螺母防松也称对顶螺母防松，当两个对顶螺母拧紧后，两个对顶的螺母之间始终存在相互作用的压力，两螺母中有任何一个要转动都需要克服旋合螺纹之间的摩擦力。即使外载荷发生变化，对顶螺母之间的压力也一直存在，因此可以起到防松作用。用一厚一薄两个螺母防松时，薄螺母应该放在下面，防止薄厚螺母用错，推荐使用双厚螺母防松措施，如图 2-1 所示，某 500kV 输电线路角钢塔紧固件连接除接地装置外全部采用双厚螺母防松措施。

（二）弹簧垫圈

弹簧垫圈材料为弹簧钢，装配后垫圈被压平，其反弹力能使螺纹间保持压紧力和摩擦力，从而实现防松。图 2-2 所示为某 500kV 交流输电角钢塔接地装置连接采用弹簧垫圈防松，图 2-3 所示为某 500kV 输电线路耐张线夹引流板螺栓连接采用弹簧垫圈防松，左侧螺栓安装时未采用正确的螺栓紧固工艺，即螺母侧缺少平垫片 + 弹簧垫圈，长期运行过程中导致螺栓松动，从而导致线夹松动，造成该螺栓处间隙放电烧损。

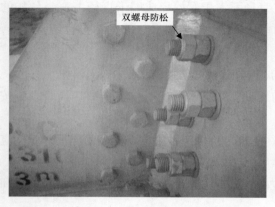

图 2-1　某 500kV 输电塔结构件双螺母防松　　　图 2-2　某 500kV 输电塔接地装置弹簧垫圈防松

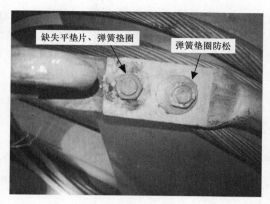

图 2-3　某 500kV 线路线夹螺栓止动垫片防松

（三）止动垫片

螺母拧紧后，将单耳或双耳止动垫圈分别向螺母和被连接件的侧面折弯贴紧，实现防松。如果两个螺栓需要双联锁紧时，可采用双联止动垫片。

（四）铆冲

铆冲防松是在拧紧后采用冲点、焊接、粘接等方法，使螺纹副失去运动副特性且使连接成为不可拆连接。冲边法防松是螺母拧紧后在螺纹末端冲点破坏螺纹，图 2-4 所示为某 220kV 输电铁塔结构件螺栓连接均采用冲点防松。这种方式的缺点是栓杆只能使用一次，且拆卸十分困难，必须破坏螺栓副方可拆卸。

图 2-4　某 220kV 输电塔螺栓连接冲点防松

（五）开口销

螺母拧紧后，把开口销插入螺母槽与螺栓尾部孔内，并将开口销尾部扳开，防止螺母与螺栓的相对转动。采用开槽螺母与螺杆带孔螺栓和开口销配合使用，防松效果更佳。带销钉螺栓防松主要用于连接金具配套的螺栓。

（六）串联钢丝防松

串联钢丝防松是将钢丝穿入螺栓头部的孔内，将各螺栓串联起来，起到相互牵制的作用。这种防松方式非常可靠，但拆卸比较麻烦。

（七）自锁螺母

自锁螺母防松是螺母一端制成非圆形收口或开缝后径向收口。当螺母拧紧后，收口胀开，利用收口的弹力使旋合螺纹间压紧。这种防松结构简单、防松可靠，可多次拆装而不降低防松性能。

第三节　压接

压接是以超高压液压泵为动力的压接机，配套相应压接模具对导地线及压接管进行满足使用要求的连接，此作业过程称之为液压压接工艺，简称压接。压接主要用于输变电工程架空导线及地线与线夹的连接。

一、压接工艺要点

压接前应对导地线、压接管的结构和规格进行检查，结构及规格性能应符合规定或设计要求，压接管标称内径应与导地线直径相匹配、且易于穿管，压接管内孔端部应加工为平滑的圆角、且相贯线处应圆滑过渡，压接管中心同轴度公差应小于 0.3mm；受压部分的导地线应顺直完好，且压接管端前 15m 内不应有必要处理或不能修复的缺陷，导地线压接部分应清洁，并均匀涂刷电力脂，在压接过程中应采取防止松股的措施。

压接模具应根据压接管直径进行选择，上、下模具合模后，每一组对边矩之间的偏差不大于 0.1mm；压接前，应对压接模具进行外观检查，压接模具上、下模应为出厂时配套模具，禁止不同组上、下模交叉使用，如压接模具检查不合格，应停止使用。

液压机压力表应定期检查或校准，液压胶管总成应符合规定，使用前必须进行检查，不得有漏油，液压机使用过程中保持清洁，检查无漏油，并注意油位保持在视油孔可见位置，液压机及压接钳应定期检查，压接前应对压接设备进行空载运行检查，空载运行时间一般不应小于 10min；液压油的选择及使用应符合压接技术文件要求，液压油应定期过滤或更换，一般一年一次或一个工程一次，寒冷地区使用一个冬季后应更换。

压接工艺要点：①穿管应符合要求，根据导地线与线夹连接型式按规定选用穿管方式，并做好标记；②选用正确的压接顺序，根据导地线与线夹连接类型按规定选择压接顺序，宜选用正压，即连接管是指从连接管压接中间标记向两侧逐模施压的压接顺序，耐张线夹是从钢锚拉环侧跨过不压区向管口方向逐模施压的压接顺序；③压接压力要求，就是保障施加压力已获得合格的对边距尺寸，做到合模时液压系统的压力不低于额定工作压力，施压时应使每模达到额定工作压力后维持 3~5s。

二、压接质量检查

钢管或铝管压接后对边距尺寸 S_g 或 S_L 的允许值为

$$S=0.86D+0.2mm \tag{2-1}$$

式中：S 为钢管或铝管压接后对边距尺寸为 S_g 或 S_L；D 为压接管（钢管或铝管）标称外径，mm。

三个对边距只应有一个达到允许最大值，超过此规定时应更换模具重压；钢管压接后钢芯应露出钢管端部 3~5mm；凹槽处压接完成后，应采用钢锚比对等方法校核钢锚的凹槽部位是否全部被铝管压住，必要时拍照存档。

压接后铝管不应有明显弯曲，弯曲超过 2% 应校正，无法校正割断重新压接。

第四节 表面处理与防护

电网设备金属材料长期服役过程中容易与其服役环境中介质发生腐蚀，腐蚀会发生材料减薄、组织性能弱化而导致破坏，电网输变电设备金属部件的腐蚀破坏，直接影响到输变电系统的可靠性和用电网络的安全保障，因此，解决电网输变电设备的防腐问题对抵御环境侵蚀和环境保护以及电力工业等的意义重大。

一、输变电设备腐蚀

1. 大气腐蚀环境分类

输电杆塔材料一般为 Q235、Q355 等碳素钢和低合金钢，表面一般采用热镀锌，腐蚀的实质是材料表面与所处的环境中的介质发生化学或电化学作用而遭到破坏或变质。输变电设备处于大气环境中，大气腐蚀环境等级分为五类：C1、C2、C3、C4、C5（见表 2-8）。大气腐蚀环境等级可由标准平板试样的一年期挂片腐蚀速率直接测定，测试方法按 GB/T 19292.4《金属和合金的腐蚀 大气腐蚀性 用于评估腐蚀性的标准试样的腐蚀速率的测定》执行，当标准碳钢试样和标准锌试样的评定结果不一致时，应取较重的腐蚀等级。腐蚀环境评估可先根据线路路径区域内类似工程钢结构的腐蚀历史情况，简单判定环境腐蚀性。对新铁塔或类似钢结构在 10 年以内即发生重腐蚀的地区可判定为 C5 腐蚀环境，对新铁塔或类似钢结构在 15 年以内发生重腐蚀的地区可判定为 C4 及以上腐蚀环境。

表 2-8   大气腐蚀环境分类

| 腐蚀分类 | 单位面积质量损失 / 厚度损失（第一年暴露后） | | | | 温和气候下典型环境案例 |
| | 低碳钢 | | 锌 | | |
	质量损失（$g \cdot m^{-2}$）	厚度损失（μm）	质量损失（$g \cdot m^{-2}$）	厚度损失（μm）	
C1、很低	≤ 10	≤ 1.3	≤ 0.7	≤ 0.1	空气洁净的室内
C2、低	10~200	1.3~25	0.7~5	0.1~0.7	低污染水平的大气，大部分是乡村地区
C3、中等	200~400	25~50	5~15	0.7~2.1	城市和工业大气，中等二氧化硫污染区以及低盐度沿海区
C4、高	400~650	50~80	15~30	2.1~4.2	中等含盐度的工业区和沿海区
C5、很高	> 650	> 80	> 30	> 4.2	高湿度和恶劣大气的工业区，高盐度的沿海和海上区域

2. 大气环境腐蚀机理

大气环境中含有水汽、SO_2、NH_3 和 NO_2 等气体杂质及各种悬浮颗粒和灰尘，由于这些杂质，金属很容易发生大气腐蚀。在潮湿的环境下，金属表面形成液膜层，而这种含饱和氧的电解液膜的存在，使大气腐蚀的电化学过程中氧去极化过程会变的易于进行。在薄液膜层下，腐蚀微电池的电阻显著增大，微电池作用范围变小，因此，大气腐蚀的腐蚀形态较海水或土壤腐蚀更为均匀。出于同一原因，阳极区反应产物的金属离子和阴极区生成的 OH^-，将在与金属表面紧密邻接的电解液膜层中相互作用，生成的腐蚀产物易附着于金属表面，成为具有一定保护性的腐蚀产物层。

在大气腐蚀条件下，腐蚀产物的成分和结构往往很复杂。锈层的组成一般分为内外两层，外层是容易脱落得疏松的附着层，内层则附着牢固，结构比较致密。两层的成分差别不大，但内层的保护性能较好。在工业大气中钢铁构件锈层的内层常存在一些盐类的结晶，其主要组成为 $FeSO_4 \cdot 7H_2O$ 等可溶性硫酸亚铁盐，它们会降低锈层的保护性能。在一定的条件下，腐蚀产物还会影响大气腐蚀的电极反应。大气腐蚀的铁锈层处在湿润条件下，可以作为强烈的氧化剂而起作用，进行下列阴极去极化反应

$$FeOOH + 2e^- \longrightarrow 2Fe_3O_4 + 2H_2O + 2OH^-$$

3. 输电铁塔腐蚀评估

（1）输电铁塔腐蚀表面状态分为锌层完好、锌层泛锈、全面泛锈、带旧漆膜四类。

1）锌层完好状态：铁塔涂镀锌层基本完好，红锈总体覆盖面积不超过 10% 的表面状态。

2）锌层泛锈状态：铁塔涂镀锌层局部失效，局部出现红锈、红锈总体覆盖面积超过 10% 但不超过 40% 时的表面状态。

3）全面泛锈状态：铁塔表面涂镀层普遍失效，红锈总体覆盖面积超过 40% 时的表面状态。

4）带旧漆膜状态：铁塔表面曾涂刷涂料进行防腐，有机涂层局部失效，但裸露基体金属面积尚不超过 40% 时的表面状态。

（2）铁塔腐蚀程度分为微腐蚀、弱腐蚀、中腐蚀、重腐蚀和严重腐蚀五个等级，五个腐蚀等级的具体描述如下。

1）微腐蚀：铁塔表面镀层完好、色泽正常，或者局部位置颜色发黑、局部产生锌盐白锈，但尚未出现红锈或棕锈。有旧漆膜时，涂层表面无明显起泡、生锈、剥落现象。

2）弱腐蚀：铁塔表面镀锌层开始出现棕色锈点，用手摸粗糙不平有毛刺感，但尚未出现红锈或单个红锈面积不超过 $1cm^2$。有旧漆膜时，涂层 95% 以上区域的锈蚀等级不大于 ISO 4628《色漆和清漆　涂层老化的评定》规定的 Ri2 级。

3）中腐蚀：铁塔表面出现红锈，但红锈多在局部边角产生，单个红锈最大面积不超过 $4cm^2$。有旧漆膜时，涂层 5% 以上区域的锈蚀等级达到 ISO 4628《色漆和清漆　涂层老化的评定》规定的 Ri2 级但尚未发生 Ri3 级锈蚀，或旧涂层劣化减薄的其减薄厚度大于初始厚度的 50% 或局部最小厚度低于 $50\mu m$，或旧涂层附着力低于 2MPa。

4）重腐蚀：铁塔表面出现红锈，边角和中间区域均产生，单个红锈最大面积超过 $4cm^2$

但尚未超过 9cm²。有旧漆膜时，涂层出现 Ri3 级锈蚀，或旧涂层附着力低于 1MPa。

5）严重腐蚀：铁塔表面出现红锈，且伴随红锈联结成片或分层、起皮现象，单个红锈最大面积超过 9cm²。

对运行中的铁塔应结合线路巡检定期开展腐蚀程度检测评估，确定涂料涂装防腐的时机。

二、涂装防护

1. 腐蚀涂装防护

为了保证输电铁塔的防腐蚀寿命，目前主要采取如下措施可以有效地控制和延缓腐蚀以保证其结构的使用寿命。

（1）金属涂层和其他无机涂层。一层相当薄的金属涂层和无机涂层能够在金属和环境之间提供有效的屏障。这就是这类涂层的主要作用（除了锌一类的牺牲涂层外）。金属涂层（或称镀层）的施工方法有：电镀、火焰喷涂、包镀、热浸和蒸气镀。无机涂层的施工方法有：喷涂、渗镀或化学转化。喷涂后通常再高温烘烤。金属涂层往往显示出一些可变形性，而无机涂层则很脆。两种涂层都必须具有完全的隔绝作用。如果存在微孔或其他缺陷，则由于电偶效应将引起基体金属局部腐蚀的加速。

（2）有机涂层。这一类所指的是在底层材料和环境之间有一层相当薄的隔离层。油漆、清漆和这一类相似的其他涂层所保护的金属。人们所熟悉的是外表面涂漆，但内部涂层或衬里也用的很普遍。

（3）联合覆盖层。有机覆盖层与无机覆盖层各有自己的优缺点，联合覆盖层可由两种或两种以上的材料组成，可以把有机材料的高抗渗透性和塑性与硅酸盐材料的高机械强度、耐腐蚀性能结合起来。

C1~C4 腐蚀环境铁塔宜在重腐蚀等级及以前进行防腐涂装，C5 腐蚀环境下宜在中腐蚀等级及以前进行防腐涂装。任意腐蚀环境铁塔达到重腐蚀及以上等级时，应进行腐蚀减薄尺寸测量。当基体金属腐蚀剩余厚度降至原规格尺寸 80% 以下的，应进行更换或补强处理。

2. 涂装涂层体系要求

铁塔防腐涂装应根据腐蚀环境、表面状态、防腐年限设计涂层配套体系。较高防腐等级的涂层配套体系也适用于较低防腐等级的涂层配套体系，并可参照较高防腐等级的涂层配套体系设计涂层厚度。C1、C2 和 C3 腐蚀环境下的涂层配套体系，可参考 C4、C5 腐蚀环境的涂层配套体系进行设计。C4、C5 腐蚀环境推荐的涂层配套体系见表 2-9。涂层体系厚度：C1、C2、C3 腐蚀环境，总涂层干膜厚度不小于 120μm。C4 腐蚀环境，总涂层干膜厚度不小于 140μm。C5 腐蚀环境，总涂层干膜厚度不小于 180μm，C3、C4、C5 腐蚀环境铁塔防腐涂层配套体系宜采用底涂 - 中涂 - 面涂三层以上的涂料体系。铁塔表面有锌、铝和含锌、铝金属层时，防腐涂料底涂宜采用环氧涂料，不应采用醇酸涂料，底漆的颜料不应采用红丹类。面涂不宜采用环氧涂料，处于多雨地区的铁塔宜采用潮气固化型防腐涂料，与铁塔配套的电力金具防腐涂装宜采用耐磨涂层体系，如玻璃鳞片涂料和纳米耐磨涂料，铁塔有旧涂膜时，重新涂装的涂层体系应通过相容性试验方可使用。涂层与涂层之间以及涂层与基材之间应具有良好的相容性。

表 2-9   重腐蚀环境铁塔推荐涂层配套体系

腐蚀环境	表面状态	涂层	涂料品种	推荐道数	最低干膜厚度（μm）
C4	锌层完好	底涂层	环氧磷酸锌底漆	1	40
		中间涂层	环氧云铁漆	1	50
		面涂层	丙烯酸聚氨酯面漆	1	50
		总干膜厚度			140
	锌层泛锈	底涂层	环氧富锌底漆	1~2	60
		中间涂层	环氧云铁漆	1~2	70
		面涂层	丙烯酸聚氨酯面漆	1	50
		总干膜厚度			180
	锌层泛锈	底涂层	环氧铁红底漆	1~2	60
		中间涂层	环氧云铁漆	2	80
		面涂层	丙烯酸聚氨酯面漆	1~2	60
		总干膜厚度			200
	全面泛锈	底涂层	氯磺化聚乙烯底漆	2	70
		中间涂层	环氧云铁漆	2	80
		面涂层	氯磺化聚乙烯面漆	1~2	60
		总干膜厚度			210
	全面泛锈	底涂层	环氧铁红底漆	2	70
		中间涂层	环氧云铁漆	2	80
		面涂层	丙烯酸聚氨酯面漆	2	70
		总干膜厚度			220
	全面泛锈	底涂层	低表面处理富锌底漆	1~2	60
		中间涂层	环氧云铁漆	2	80
		面涂层	丙烯酸聚氨酯面漆	1~2	60
		总干膜厚度			200

续表

腐蚀环境	表面状态	涂层	涂料品种	推荐道数	最低干膜厚度（μm）
C4	带旧漆膜	底涂层	环氧铁红底漆	2	70
		中间涂层	环氧厚浆漆	2	80
		面涂层	丙烯酸聚氨酯面漆	2	70
		总干膜厚度			220
C5	锌层完好	底涂层	环氧磷酸锌底漆	1~2	50
		中间涂层	环氧云铁漆	1~2	70
		面涂层	丙烯酸聚氨酯面漆	1~2	60
		总干膜厚度			180
	锌层泛锈	底涂层	环氧富锌底漆	2	70
		中间涂层	环氧云铁漆	2	100
		面涂层	丙烯酸聚氨酯面漆	2	70
		总干膜厚度			240
	锌层泛锈	底涂层	环氧铁红底漆	2	80
		中间涂层	环氧云铁漆	2	120
		面涂层	丙烯酸聚氨酯面漆	2	80
		总干膜厚度			280
	全面泛锈	底涂层	低表面处理富锌底漆	2	80
		中间涂层	环氧云铁漆	2	100
		面涂层	丙烯酸聚氨酯面漆	2	100
		总干膜厚度			280
	全面泛锈	底涂层	低表面处理富锌底漆	2	80
		中间涂层	环氧云铁漆	2	100
		面涂层	聚硅氧烷面漆	2	100
		总干膜厚度			280
	全面泛锈	底涂层	低表面处理富锌底漆	2	80
		中间涂层	环氧云铁漆	2	100
		面涂层	氟碳面漆	2	80
		总干膜厚度			260
	带旧漆膜	底涂层	与旧涂膜相容的环氧类底漆	2	80
		中间涂层	环氧云铁漆	2	100
		面涂层	丙烯酸聚氨酯面漆	2	80
		总干膜厚度			280

3. 涂层体系性能要求

铁塔防腐蚀涂料的基本技术指标，应符合国家有关标准规范的规定，铁塔用富锌涂料涂层中锌含量应不低于 60%，冷镀锌涂料涂层中锌含量应不低于 90%，铁塔防腐涂层体系与基层的附着力不宜低于 5MPa。附着力的测试方法为拉开法，应符合 GB/T 5210《色漆和清漆 拉开法附着力试验》的规定。当涂层与基层的附着力采用拉开法测试确有困难时，可采用划格法进行测试，其附着力不宜低于 1 级，划格法应符合 GB/T 9286《色漆和清漆 漆膜的划格试验》的规定。铁塔每道防腐涂层均应能通过 50cm 高度重锤冲击试验，并符合 GB/T 1732《漆膜耐冲击测定法》的规定。C4、C5 腐蚀环境铁塔防腐涂层体系应通过 720h 及以上中性盐雾试验，且不产生红锈、起泡和剥落现象，并通过 800h 及以上氙灯老化试验不生锈、不起泡、不剥落、不开裂、不粉化。

4. 涂装涂层工艺要求

铁塔涂装前表面处理宜采用动力工具除锈，过于尖锐的边缘应打磨成圆角，紧固件还应用砂纸包裹反复打磨，除锈等级应达到 GB/T 8923《涂覆涂料前钢材表面处理 表面清洁度的目视评定》规定的 St2 级以上。表面应无可见的油脂和污垢。表面油污宜采用专用清洗剂或溶剂擦洗，并干燥处理。表面旧漆膜难以去除时，可采用专用清洗剂或溶剂清除，并干燥处理。表面可溶性氯化物含量不应大于 $7\mu g/cm^2$。超过 $7\mu g/cm^2$ 时应采用淡水冲洗，并干燥处理。当确定不接触氯离子环境时，可不进行表面可溶性盐分检测；当不能完全确定时，应进行检测。C5 腐蚀环境无法采用动力工具除锈时，宜在人工除锈完成后再用磷化剂或其他具有除锈、转锈功能的试剂进行化学处理。表面处理应将铁锈、毛刺、油污等清除干净，表面应平整、干燥，无松动的浮锈、旧涂膜、氧化皮等。表面处理完成后应对除锈等级、油污、盐分情况等进行验收，验收合格方可进行涂装。表面处理完成后宜在 4h 内立即进行涂装施工。当所处环境的相对湿度不大于 60% 时，可以适当延时，但最长不应超过 12h。不管停留多长时间，只要表面出现返锈现象，均应重新进行表面处理。

涂装环境要求施工环境温度宜在 5~40℃，空气相对湿度不大于 85%，并且钢材表面温度高于露点 3℃；在有雨、雾、雪、大风和较大灰尘的条件下不应户外施工，施工环境温度 –5 ~ 5℃时，应采用低温固化产品或采用其他措施避免低温的不良影响。

涂料配制要求，涂料应充分搅拌均匀后方可施工，推荐采用电动或气动搅拌装置。对于双组分或多组分涂料应先将各组分分别搅拌均匀，再按比例配制并搅拌均匀。混合好的涂料按照产品说明书的规定熟化。无具体说明时，一般宜熟化 10~15min。涂料的使用时间按产品说明书规定的适用期执行。必须使用有效期内的涂料。–5 ~ 5℃施工时，涂料温度应符合产品说明书的规定。现场施工可根据不同的施工方式及现场环境条件在涂料中添加适量稀释剂调配至合适的黏度，使涂料可充分浸润但不致产生漏涂、流挂、疏松、起皮等缺陷。稀释剂的最大用量不应超过说明书规定的最大用量，在产品无说明的情况下稀释剂添加量不应超过 5%。

涂覆工艺要求，铁塔现场施工宜采用从上往下的方式进行。涂覆方法可采用刷涂或喷涂施工。不易喷涂到的部位应采用刷涂法进行预涂装或第一道底漆后补涂。边角缝隙部位应采用往返刷涂方式进行涂装。螺栓部位可先刷涂 1 ~ 2 道环氧富锌底漆或环氧磷酸锌底漆 50 ~ 60μm，再按相邻部位的配套体系涂装中间漆和面漆；中间涂层也可采用弹性环氧或弹性聚氨酯涂料。C5 腐蚀环境时，螺栓部位宜先采用聚硫密封胶或耐腐蚀密封膏封装包裹严实，再按相邻部位的配套体系涂装底漆、中间漆和面漆。接地引下线入土处上下 30cm 范围内应进行防腐，可采用表 2-9 推荐的配套涂层，底漆也可用沥青或环氧煤沥青漆。从基建阶段开始，即使未进行整塔涂料涂装防腐，也应对接地引下线入土部位涂装涂料防腐。涂覆过程中前一道涂层表面黏附灰尘和油污等污染物时，应进行清洗、打磨等必要的清洁处理后再进行涂刷。整个涂装过程应随时注意涂装有无异常，发现破损和缺陷处应及时进行修复。

涂覆间隔要求，按照设计要求和材料工艺进行底涂、中涂和面涂施工。每道涂层的间隔时间应符合材料供应商的有关技术要求。超过最大重涂间隔时间时，应进行拉毛处理后涂装。每次涂装应在前一道涂层实干后方可进行，最短间隔时间不低于 4h。

现场涂层质量要求，涂料涂层表面应平整、均匀、颜色一致，无漏涂、起泡、裂纹、气孔和返锈等现象。尤其注意螺栓紧固件下部不应漏涂。施工中应及时检查湿膜厚度以保证干膜厚度满足设计要求。湿膜厚度与干膜厚度的换算关系见 GB/T 28699—2012《钢结构防护涂装通用技术条件》的第 5.5.2.2 条。干膜厚度对于结构主体外表面可采用 "90-10" 规则判定，即允许有 10% 的读数可低于规定值，但每一单独读数不得低于规定值的 90%。其他表面干膜厚度可采用 "85-15" 规则判定。涂层厚度达不到设计要求时，应增加涂装道数，直至合格为止。漆膜厚度测定点的最大值不能超过设计厚度的 3 倍，且不宜超过 450μm。附着力试验按拉开法进行。涂层厚度不大于 250μm 时，涂层体系附着力不低于 5MPa；涂层厚度大于 250μm 时，涂层体系附着力不低于 3MPa。当无法进行拉开法测试时，各道涂层和涂层体系的附着力可按划格法进行，应不低于 1 级。附着力检测完后，应对破坏试验造成的涂层损伤部位采用同种涂层体系进行修复。

5. 检验要求

表面处理中除锈等级评判按 GB/T 8923《涂覆涂料前钢材表面处理 表面清洁度的目视评定中的典型样板照片对照目测检验》要求进行，检验数量：抽查 30% 构件；表面粗糙度检验按 GB/T 13288《涂覆涂料前钢材表面处理 喷射清理后的钢材表面粗糙度特性》的规定采用经喷砂处理的基准样板进行目测比较，检验数量：抽查 30% 构件；酸洗除锈外观质量用目测检验，检验数量：抽查 30% 构件；表面油污用目测检验，检验数量：抽查 30% 构件；表面可溶性氯化物测定按 GB/T 18570《涂覆涂料前钢材表面处理 表面清洁度的评定试验》的规定进行。

涂料涂层检验要求，涂料涂层外观质量用目测检验，检验数量为抽查 30% 构件；涂料粘度按 GB/T 1723《涂料粘度测定法》采用涂 -4 杯检测；涂料涂层耐冲击性按 GB/T 1732《漆膜耐冲击测定法》采用 50cm 高 1000g 重锤检测；涂料涂层湿膜厚度按 GB/T 13452.2《色漆和清漆 漆膜厚度的测定》采用梳规检测；涂料涂层干膜厚度采用符合 GB/T 4956《磁性基体上非磁性覆盖层 覆盖层厚度测量 磁性法》规定的磁性法涂层测厚仪测量，检验数量为抽查 10% 构件，同类构件不少于 5 件；涂料涂层附着力按 GB/T 5210《色漆和清漆 拉开法附着力试验》采用拉开法检测，当拉开法检测确有困难时按 GB/T 9286《色漆和清漆 漆膜的划格试验》采用划格法检测，检验数量为抽查 1% 构件。

6. 涂装验收

涂装验收可按构件分批次验收，涂装施工单位至少应提供下列验收资料：

（1）设计文件或设计变更文件；

（2）经审批的施工组织、技术、安全措施；

（3）原材料和涂料产品合格证和质量检验文件，进场验收记录；

（4）钢结构表面处理和检验记录；

（5）涂装施工记录（包括施工过程中对重大技术问题和其他质量检验问题处理记录）；

（6）修补和返工记录；

（7）现场检验记录；

（8）其他涉及涂层质量的相关记录。

三、热浸镀

1. 热浸镀锌

热浸镀锌的锌锭，应达到 GB/T 470《锌锭》规定的 Zn 99.95 级别及以上的要求。用于热浸镀锌的锌浴主要应由熔融锌液构成。熔融锌中的杂质总含量（铁、锡除外）不应超过总质量的 1.5%，所指杂质见 GB/T 470《锌锭》的规定。

热浸镀锌应制定除油、酸洗、除锈、清洗、浸锌等工序的工艺，规定温度、时间等工艺参数。应控制浸锌过程的构件热变形，镀锌层外观：镀锌层表面应连续、完整，并具有实用性光滑，不应有过酸洗、漏镀、结瘤、毛刺等缺陷。镀锌颜色一般呈灰色或暗灰色。

非紧固件的镀锌层厚度应符合表 2-10 的规定。

表 2-10　　　　　　　　　　　　　　　　　　非紧固件镀锌层厚度

镀件厚度（mm）	C1~C4 腐蚀环境最小平均厚度（μm）	C1~C4 腐蚀环境最小局部厚度（μm）	C5 腐蚀环境最小平均厚度（μm）	C5 腐蚀环境最小局部厚度（μm）
≥ 5	86	70	115	100
< 5	65	55	95	85

热浸镀锌铁塔的紧固件宜采用热浸镀锌，镀锌层厚度符合 GB/T 13912《金属覆盖面　钢铁制件浸镀锌层　技术要求及试验方法》的规定。镀锌层应均匀，作硫酸铜试验，耐浸蚀次数不少于 4 次，且不露铁。镀锌层应与金属基体结合牢固，应保证在无外力作用下没有剥落或起皮现象，经落锤试验镀锌层不凸起、不剥离。镀锌层耐蚀性：非紧固件应通过中性盐雾试验 480h 以上且不产生红锈。C5 腐蚀环境时，紧固件镀锌层应通过中性盐雾试验 144h 以上且不产生红锈。漏镀：热镀锌制件漏镀面的总面积不应超过制件总表面积的 0.5%，每个修复漏镀面不应超过 10cm²，若漏镀面积较大，应进行返镀。

修复：对运输安装中的少量热镀锌损坏部位，可采用热喷涂锌、融敷锌合金、涂富锌涂料或冷镀锌涂料进行修复。热喷涂锌修复后应用涂料进行封闭，富锌涂料或冷镀锌涂料修复后应再涂面漆。修复用富锌涂层的锌含量应不低于 70%，冷镀锌涂层的锌含量应不低于 90%。修复层的厚度应比镀锌层要求的最小厚度厚 30μm 以上。

2. 热浸镀铝

在 C4 及以上腐蚀环境铁塔可采用热浸镀铝防腐，热浸镀铝的铝锭，应达到 GB/T 1196 规定的 Al 99.5 级别及以上的要求。热浸镀铝应制定除油、酸洗、除锈、浸铝等工序的工艺，热浸镀铝液化学成分、温度、时间等工艺参数应符合 GB/T 18592《金属覆盖层　钢铁制品热浸镀铝　技术条件》的规定。应控制浸铝过程的构件热变形。

镀铝层外观：镀铝层表面应连续、完整，并具有实用性光滑，不应有明显影响外观质量的熔渣、色泽暗淡、漏镀、漏渗、裂纹及剥落等缺陷。

非紧固件的镀铝层、锌铝合金镀层厚度应符合表 2-11 的规定。

表 2-11　　　　　　　　非紧固件镀铝层、锌铝合金镀层厚度

镀件厚度（mm）	最小平均厚度（μm）	最小局部厚度（μm）
≥ 5	80	70
< 5	65	55

紧固件镀铝层最小平均厚度不低于 40μm，最小局部厚度不低于 30μm；镀铝层附着性：使用坚硬的刀尖并施加适当的压力，在平面部位刻划至穿透表面覆盖层，在刻划线两侧 2.0mm 以外的覆盖层不应起皮或脱落；镀铝层耐蚀性：非紧固件应通过中性盐雾试验 480h 以上且不产生红锈，C5 腐蚀环境时，紧固件镀铝层应通过中性盐雾试验 168h 以上且不产生红锈；漏镀：热镀铝制件漏镀面的总面积不应超过制件总表面积的 0.5%，每个修复漏镀面不应超过 10cm^2，若漏镀面积较大，应进行返镀。

修复：对运输安装中的少量热镀铝损坏部位，可采用热喷涂铝、涂铝基或锌铝基防腐涂料进行修复。热喷涂铝后应用封闭涂料进行封闭，防腐涂料修复后应再涂面漆。修复层的厚度应比镀铝层要求的最小厚度厚 30μm 以上。

3. 热浸镀锌铝合金

在 C5 腐蚀环境铁塔紧固件宜采用热浸镀锌铝合金防腐，其他钢构件也可采用热浸镀锌铝合金防腐。热浸镀锌铝合金的锌锭和铝锭应分别达到 GB/T 470《锌锭》规定的 Zn 99.95 级别及以上的要求和 GB/T 1196《重熔用铝锭》规定的 Al 99.5 级别及以上的要求。镀液中的杂质总含量（铁、锡除外）不应超过总质量的 1.5%。

热浸镀锌铝合金应制定除油、酸洗、除锈、浸镀的温度、时间、清洗等工序的工艺。应控制浸镀锌铝合金过程的构件热变形，锌铝合金镀层外观：镀层表面应连续、完整，并具有实用性光滑，不应有明显影响外观质量的过酸洗、漏镀、结瘤、毛刺等缺陷。

非紧固件的锌铝合金镀层厚度应符合表 2-11 的规定。

紧固件锌铝合金镀层最小平均厚度不低于 45μm，最小局部厚度不低于 30μm；锌铝合

金镀层附着性：使用坚硬的刀尖并施加适当的压力，在平面部位刻划至穿透表面覆盖层，在刻划线两侧 2.0mm 以外的覆盖层不应起皮或脱落。

锌铝合金镀层耐蚀性：非紧固件应通过中性盐雾试验 720h 以上且不产生红锈。C5 腐蚀环境时，紧固件合金镀层应通过中性盐雾试验 240h 以上且不产生红锈。漏镀：热镀锌铝合金制件漏镀面的总面积不应超过制件总表面积的 0.5%，每个修复漏镀面不应超过 10cm^2，若漏镀面积较大，应进行返镀。

修复：对运输安装中的少量锌铝合金镀层损坏部位，可采用热喷涂锌铝合金或涂锌铝基防腐涂料进行修复。热喷涂后应用封闭涂料进行封闭，防腐涂料修复后应再涂面漆。修复层的厚度应比锌铝合金镀层要求的最小厚度厚 30μm 以上。

四、热喷涂技术

热喷涂技术是表面防护和强化的技术之一，是表面工程中一门重要的学科，热喷涂技术是用专用设备把某种固体材料熔化并使其雾化，加速喷射到机件表面，形成一特制薄层，以提高机件耐蚀、耐磨、耐高温等性能的一种工艺方法。实际上就是用一种热源，如电弧、离子弧或燃气燃烧的火焰等将粉状或丝状的固体材料加热熔融或软化，并用热源自身的动力或外加高速气流雾化，使喷涂材料的熔滴以一定的速度喷向经过预处理干净的工件表面，与基体材料结合而形成具有各种功能的表面覆盖涂层的一种技术。

热喷涂时，涂层材料的粒子被热源加热到熔融态或高塑性状态，在外加气体或焰流本身的推力下，雾化并高速喷射向基体表面，涂层材料的粒子与基体发生猛烈碰撞而变形、展平沉积于基体表面，同时急冷而快速凝固，颗粒这样沉积而堆积成涂层。热喷涂涂层形成过程决定了涂层的结构特点，喷涂层是由无数变形粒子相互交错呈波浪式堆叠在一起的层状组织结构，涂层中颗粒与颗粒之间不可避免地存在一些孔隙和空洞，并伴有氧化物夹杂。

热喷工艺过程包括：工件表面预处理、工件预热、喷涂、涂层后处理。①表面预处理，为了使涂层与基体材料很好地结合，基材表面必须清洁及粗糙，净化和粗化表面的方法很多，方法的选择要根据涂层的设计要求及基材的材质、形状、厚薄、表面原始状况以及施工条件等因素而定。净化处理的目的是除去工件表面的所有污垢，如氧化皮、油渍、油漆及其他污物，关键是除去工件表面和渗入其中的油脂。净化处理的方法有溶剂清洗法、蒸汽清洗法、碱洗法及加热脱脂法等。粗化处理的目的是增加涂层与基材间的接触面，增大涂层与基材的机械咬合力，使净化处理过的表面更加活化，以提高涂层与基材的结合强度。同时基材表面粗化还改变涂层中的残余应力分布，对提高涂层的结合强度也是有利的。粗化处理的方法有喷砂、机械加工法（如车螺纹、滚花）、电拉毛等。其中喷砂处理是最常用的粗化处理方法，常用的喷砂介质有氧化铝、碳化硅和冷硬铸铁等。②预热的目的是为了消除工件表面的水分和湿气，提高喷涂粒子与工件接触时的界面温度，以提高涂层与基体的结合强度；减少因基材与涂层材料的热膨胀差异造成的应力而导致的涂层开裂。预热温度取决于工件的大小、形状和材质，以及基材和涂层材料的热膨胀系数等因素，一般情况下预热温度控制在 60~120℃之间。③采用何种喷涂方法进行喷涂主要取决于选用的喷涂材料、工件的工况及对涂层质量的要求。预处理好的工件要在尽可能短的时间内进行喷涂，喷涂参数要根据涂层材料、喷枪性能和工件的具体情况而定，优化的喷涂条件可以提高喷涂效率，并获得致密度高、结合强度高的高质量涂层。④喷涂所得涂层有时不能直接使用，必须进行一系列的后处理。用于防腐蚀的涂层，为了防止腐蚀介质透过涂层的孔隙到达基材引起基材的腐蚀，必须对涂层进行封孔处理。用作封孔剂的材料很多，有石蜡、环氧树脂、硅树脂等有机材料及氧化物等无机材料，如何选择合适的封孔剂，要根据工件的工作介质、环境、温度及成本等多种因素进行考虑。

1. 热喷涂锌及其合金

热喷涂用锌丝材质应符合 GB/T 12608《热喷涂　火焰和电弧喷涂用线材、棒材和芯材　分类和供货技术条件》规定的 Zn 99.99 的质量要求。热喷涂锌合金中使用的锌成分应符合 GB/T 470《锌锭》规定的 Zn 99.99 的质量要求，铝的成分应符合 GB/T 3190《变形铝及铝合金化学成分》规定的 Al 99.7 的质量要求。除非另有规定，合金中金属的允许偏差量为规定值的 ±1%。

热喷涂宜采用喷砂表面处理，基材表面除锈等级应达到 GB/T 8923《涂覆涂料前钢材表面处理　表面清洁度的目视评定》规定的 Sa3 级，粗糙度（Rz）应达到 GB/T 13288《涂覆涂料前钢材表面处理　喷射清理后的钢材表面粗糙度特性》规定的 $60\sim100\mu m$。喷砂后应尽快进行热喷涂，最长时间不应超过 4h。待喷工件表面的温度至少比露点温度高 3℃以上才能进行喷涂。

热喷涂涂层表面应均匀一致，无气孔，无底材裸露的斑点，没有未附着或附着不牢固的金属熔融颗粒和影响涂层使用寿命及应用的缺陷。若发现涂层外观有明显缺陷，对缺陷部位应重新进行喷砂处理并重新喷涂。

热喷涂锌及其合金涂层厚度不应小于 $100\mu m$，C5 腐蚀环境时不应小于 $150\mu m$；热喷涂锌及其合金涂层附着力应不低于 6MPa；热喷涂锌及其合金涂层应能通过 480h 中性盐雾试验，不产生红锈、起泡、剥落现象。且试验应在未封闭的情况下进行；热喷涂锌及其合金涂层结束后的 6h 内应完成封闭处理，封闭涂料层底涂宜采用环氧封闭漆，颜料不得采用红丹类。少量涂层损伤部位可采用富锌涂料进行修复。

2. 热喷涂铝及其合金

热喷涂用铝丝材质应符合 GB/T 12608《热喷涂　火焰和电弧喷涂用线材、棒材和芯材　分类和供货技术条件》规定的 Al 99.5 的质量要求。热喷涂铝合金中使用的铝成分应符合 GB/T 3190《变形铝及铝合金化学成分》规定的 Al 99.5 的质量要求。铝合金也可使用 GB/T 3190《变形铝及铝合金化学成分》规定的 Al–Mg5，即含 5%Mg 的铝合金。除非另有规定，合金中金属的允许偏差量为规定值的 ±1%。

热喷涂铝及其合金涂层厚度不应小于 $100\mu m$，C5 腐蚀环境时不应小于 $150\mu m$；热喷涂铝涂层附着力应不低于 9MPa，热喷涂铝合金涂层附着力应不低于 6MPa；热喷涂铝及其合金涂层应能通过 480h 中性盐雾试验，不产生红锈、起泡、剥落现象，且试验应在未封闭的情况下进行。热喷涂铝及其合金涂层结束后的 6h 内应完成封闭处理，封闭涂料层底涂宜采用环氧封闭漆，颜料不得采用红丹类，C5 腐蚀环境时可采用锌黄类。少量涂层损伤部位可采用铝基或锌铝基防腐涂料进行修复。

五、其他

1. 镀银

触头是高压隔离开关导电回路的主要组成部分，其高可靠性极为重要。铜的抗氧化能力差，长期暴露在空气中表面易形成 Cu_2O 氧化膜而大大增加接触电阻，各高压电器制造厂家常采用表面电镀银的工艺以改善其电接触性能。

导电回路的动接触部位和母线静接触部位应镀银，动接触部位—隔离开关主刀的动静触头、断路器的弧触头及主触头、变压器分节开关触头、开关柜梅花触头、高压熔断器触头等；静接触部位：隔离开关导电杆与触头连接处、组合电器导电杆与盆式绝缘子连接处等。

电镀工艺：除油→水洗→化学抛光→水洗→活化→水洗→预镀→镀银→水洗→中和→水洗→表面处理→水洗→浸热纯水→离心→干燥。

由于刷镀工艺简单，镀层薄，不能满足使用要求，因此，导电回路的触头镀银不能采用刷镀工艺。

镀银层应为银白色，呈无光泽或半光泽，不应为高光亮镀层，镀层应结晶细致、平滑、均匀、连续；表面无裂纹、起泡、脱落、缺边、掉角、毛刺、针孔、色斑、腐蚀锈斑和划伤、碰伤等缺陷。

DL/T 486《高压交流隔离开关和接地开关》规定：隔离开关导电回路的设计能耐受 1.1 倍额定电流而不超过允许温升。导电杆和触头的镀银层厚度应不小于 $20\mu m$、硬度应不小于 120HV。触头弹簧应进行防腐防锈处理，应尽量采用外压式触头，如采用内压式触头，其触头弹簧必须采取可靠的防弹簧分流的绝缘措施。

室内导电回路动接触部位镀银厚度不宜小于 $8\mu m$；室外导电回路动接触部位镀银厚度不宜小于 $20\mu m$，且硬度应大于 120HV；母线静接触部位镀银厚度不宜小于 $8\mu m$。

开关柜梅花触头铜片厚度应不小于 3mm，静触头端部应做弧形倒角处理，隔离触头镀银层厚度应不小于 $8\mu m$。

2. 镀（搪）锡

金属锡导电率还不错，但比银，铜，金，铝，铁低，电网设备中起导流作用的母线铜、钢或铝母线接触面在长期运行过程中容易氧化，导致接触面电阻增大，造成发热，因此，接触面一般采用镀锡。镀锡首先可防止铜的氧化，同时锡比铜与铝的腐蚀电位低，抑制接触腐蚀，且改善铜及铝衔接的接触面，此外，金属锡与铜或铝结合面形成一种合金，增强了镀层附着力。

GB 50149—2010《电气装置安装 工程母线装置施工及验收规范》规定母线搭接：①经镀银处理的搭接面可直接连接；②铜与铜的搭接面，在室外、高温潮湿或母线有腐蚀性气体的室内应搪锡；在干燥的室内可以直接连接；③钢与钢的搭接面不得直接连接，应搪锡或镀锌后连接；④铝与铝的搭接面可直接连接；⑤铜与铝的搭接面，在干燥的室内，铜导体应搪锡；室外或空气相对湿度接近 100% 的室内，应采用铜铝过渡板，铜端应搪锡；⑥铜搭接面应搪锡，钢搭接面应采用热镀锌；⑦金属封闭母线螺栓固定搭接面应镀银。

铜及铜合金与铜或铝的搭接铜端应镀锡。镀锡层表面应连续完整，无任何可见的缺陷，如气泡、砂眼、粗糙、裂纹或漏镀，并且不得有锈迹或变色。镀锡层厚度不宜小于 $12\mu m$。

参考文献

[1] 刘永辉, 张佩芬. 金属腐蚀学原理 [M]. 北京：航空工业出版社,1993.

[2] 李淑英. 微孔阳极氧化铝膜的耐蚀性研究 [J]. 表面技术,2000,29（4）:24–29.

第三章

电网设备金属监督检验检测技术

第一节 常用理化检验

一、理化检验的用途

金属材料的理化检验是为保证电网设备材料质量和正常使用性能而进行的一系列活动。

（1）必须选用合适的材料，以满足设计要求，这就需要提供材料有关的性能数据，以达到电网设备在实际运行条件下的性能要求。

（2）对使用原材料的质量必须进行检测，以了解其是否符合规程、标准，保证材质合格。

（3）在电网设备和部件失效时，要分析所用材料在使用条件下的结构和性能变化，以探讨失效发生的原因，从而找出解决和改进措施。

（4）材料的宏观性能和微观结构特征之间存在密切关系。通过宏观检测可以探知一些微观的晶体结构特征，而微观结构的特征又可推断出一些宏观现象和性能，以指导生产实践。

金属材料的理化检验可以说明材料的宏观组织和性能，而且可以研究材料的微观组织结构和特征，以判断金属材料的性能和状态。

二、理化检验的分类

理化检验又称"器具检验"，就是借助物理、化学的方法，使用某种测量工具或仪器设备，如千分尺、千分表、试验机、显微镜等所进行的检验。以机械、电子或化学量具为依据和手段，对产品的物理和化学特性进行测定，以确定其是否符合规定要求的检验方法。

理化检验包括物理性能检验、化学检验和金相检验。

（1）物理性能检验主要有拉伸、弯曲、压缩、冲击、硬度等，主要是检验材料的力学性能。

（2）化学检验主要有材料成分分析，是分析材料的化学成分的。

（3）金相检验主要有：宏观金相，检查材料的缺陷，如气孔，裂纹等；微观金相，分析金属材料的组织状态。

三、力学性能检验

力学性能指标主要有强度、硬度、塑性、韧性等。这些性能指标可以通过力学性能试验测定。

1. 强度

金属材料的强度是指抵抗永久变形和断裂的能力。材料强度指标可以通过拉伸试验测出。拉伸试验的主要试验项目是抗拉强度（Rm）、上屈服强度（ReH）、下屈服强度（ReL）、断后伸长率（A）、断面收缩率（Z）等。试验方法按 GB/T 228.1《金属材料拉伸试验　第 1 部分：室温试验方法》，试样可以是全壁厚纵向弧形试样、管段试样、全壁厚横向试样或从管壁厚度加工的圆形横截面试样。

把一定尺寸和形状的金属试样装夹在拉伸试验机上，然后对试样逐渐施加拉伸载荷，直至把试样拉断为止。根据试样在拉伸过程中承受的载荷和产生的变形量之间的关系，可以得到该材料强度性能的一些数据。

在拉伸试验过程中，试样达到塑性变形发生而力不增加的应力点，即金属材料呈现屈服现象，试样发生屈服而力首次下降前的最大应力，称为上屈服强度（ReH），在屈服期间，不计初始瞬时效应时的最小应力，称为下屈服强度（ReL），单位均为 MPa。

拉伸试验继续进行时，当变形超过屈服阶段后，材料又恢复了对继续变形的抵抗能力，即欲使试件继续变形，必须增加应力值，这种现象称为加工硬化现象，材料因此得到强化。当试验拉伸力达到最大值时所对应的应力即为材料的抗拉强度（Rm），单位为 MPa。

当试验拉伸力达到最大值，应力达到抗拉强度后，试件的某一局部开始变细，出现所谓颈缩现象。由于颈缩部分的横截面急剧减小，因而使试件继续变形所需的载荷也减小了，直至试样被拉断。

抗拉强度、屈服强度是评价材料强度性能的两个主要指标。一般金属材料构件都是在弹性状态下工作的，不允许发生塑性变形，所以机械设计中应采用屈服强度作为强度指标，并加上适当的安全系数。但由于抗拉强度测定较方便，数据也较准确，所以机械设计中也经常采用抗拉强度，但需使用较大的安全系数。

2. 塑性

塑性是指材料在载荷作用下断裂前发生不可逆永久变形的能力。评定材料塑性的指标通常用断后伸长率（A）和断面收缩率（Z）。

拉伸试验前对试样进行标距（L_o），拉伸试验后，将断裂后的两部分试样紧密地对接在一起，保证两部分轴线位于同一直线上，测量试样断裂后的标距（L_u）。

断后伸长率 A 可用下式确定

$$A = [(L_u - L_o) / L_o] \times 100\%$$

拉伸试验前测量试样截面积（S_o），拉伸试验后，将断裂后缩颈试样最小截面积（S_u），断面收缩率

$$Z = [(S_o - S_u) / S_o] \times 100\%$$

断面收缩率不受试件标距长度的影响，因此能更可靠地反映材料的塑性。

塑性优良的材料冷压成型的性能好。此外，重要的受力元件要求具有一定塑性，因为塑性指标较高的材料制成的元件不容易发生脆性破坏，在破坏前元件将出现较大的塑性变形，与脆性材料相比有较大的安全性。

3. 硬度

硬度是材料抵抗局部塑性变形或表面损伤的能力。硬度与强度有一定关系。一般情况下，硬度较高的材料其强度也较高，所以可以通过测试硬度来估算材料强度。此外，硬度较高的材料耐磨性较好。

常用的硬度试验方法有布氏硬度（HBW）、洛氏硬度（HR）、维氏硬度（HV）、里氏硬度（HL）。

（1）布氏硬度（HBW）。

布氏硬度试验方法按 GB/T 231.1—2018《金属材料 布氏硬度试验 第 1 部分：试验方法》进行，对一定直径的硬质合金球施加试验力压入试样表面，经规定保持时间后，卸载试验力，测量试样表面压痕的直径。布氏硬度与试验力除以压痕表面积的商呈正比，压痕被看作是具有一定半径的球形，压痕的表面积通过压痕的平均直径和压头的直径计算得到。

布氏硬度试验方法主要用于硬度较低的一些材料，例如经退火、正火、调质处理的钢材，以及铸铁、非铁金属等。

（2）洛氏硬度（HR）。

洛氏硬度是采用测量压痕深度来确定硬度值的试验方法，试验按 GB/T 230.1—2018《金属材料 洛氏硬度试验 第 1 部分：试验方法》，洛氏硬度标尺分 A、B、C、D、E、F、F、G、H、K 共 9 类，材料洛氏硬度一般以 HRB，HRC 表示为主，HRB 使用的是钢球压头，用于测量非铁金属，退火或正火钢等；HRC 使用 120° 金刚石圆锥体压头，用于测量淬火钢、硬质合金、渗碳层等。

洛氏硬度试验适用范围广，操作简便迅速，而且压痕较小，故在钢铁热处理质量检查中应用最多。

（3）维氏硬度（HV）。

维氏硬度主要用于测量金属的表面硬度。试验方法按 GB/T 4340.1—2009《金属材料 维氏硬度试验 第 1 部分：试验方法》，将顶部两向对面具有规定角度的正四棱锥体金刚石压头用一定的试验力压入试样表面，保持规定时间后，卸除试验力，测量试样表面压痕对角线长度。维氏硬度值与试验力除以压痕表面积成正比，压痕被视为具有正方形基面并与压头角度相同的理想形状。

采用较低的试验力可以使维氏硬度试验的压痕非常小，这样就可以测出很小区域甚至是金相组织中不同相的硬度。焊接性能试验中的最高硬度试验，就是用维氏硬度来测定焊缝、熔合线和热影响区的硬度的。

（4）里氏硬度（HL）。

里氏硬度计试验按 GB/T 17394.1—2014《金属材料 里氏硬度试验 第 1 部分：试验方法》，用规定质量的冲击体在弹力作用下以一定速度冲击试样表面，用冲头在距试样表面

1mm 处的回弹速度与冲击速度的比值计算硬度值。里氏硬度计按冲击装置的不同分为 HLD、HLDC、HLG、HLC，其中最为常用的采用 HLD，对于 G 型冲击装置，测试位置的曲率半径应不小于 50mm；对于其他型式的冲击装置，曲率半径应不小于 30mm。常用的 D、DC、DL、D+15、S、E 型装置试样最小质量为 5kg，试样最小厚度不应小于 25mm，最小耦合厚度为 3mm，表面粗糙度最大允许 Ra 为 2.0μm，试样每个测量部位一般进行五次试验，数据分散不应超过平均值的 ±15HL。

里氏硬度计体积小，重量轻，操作简便，在任何方向上均可测试，所以特别适合现场使用。由于测量获得的信号是电压值，电脑处理十分方便，测量后可立即读出硬度值，并能即时换算为布氏、洛氏、维氏等各种硬度值。

（5）超声硬度 HV（UCI）。

超声接触阻抗法是一种非直接测量压痕的动态压入法，端部镶有特定压头（如正四锥体金刚石压头）的振动杆收到激励纵向超声振动，用一定的试验压力将压头压入试验表面，振动杆的纵向振动将受到阻抗，谐振频率发生变化，其变化量与压痕表面积和系统的有效弹性模量成函数关系，硬度值由频率变化量得到。

超声硬度计是利用超声接触阻抗法进行硬度测量的仪器，其试验压力应在 1~98N 范围内，超声硬度计探测器包括以下：带有金刚石的不锈钢压杆（硬度计压头）；压电晶体板块来激发和接收杆振动；弹簧，通过手动压力生成负载（它被定义为一个额定弹簧力）；探头连接线；数据处理电路和硬度指示装置等。

超声硬度计试验按 GB/T 34205—2017《金属材料　硬度试验　超声接触阻抗法》进行，校准或测量至少 5 点，计算 5 点硬度值的平均值作为硬度计的标定值，换算的维氏硬度值表示方法如硬度值 + 维氏标尺（如 HV10）+（UCI），测试硬度值可以进行维氏、布氏、洛氏以及极限抗拉强度转换。

待测工件质量至少为 300g，厚度至少为 5mm，对于厚度 2~5mm 的试样建议采用耦合或粘接方式，试件表面粗糙度最大允许要求与试验压力有关（试验压力为 1~3N 时，Ra 为 2.5μm；试验为标准压力 10N 时，Ra 为 5μm；试验压力为 98N 时，Ra 为 15μm），测量试样最小曲率半径为 4mm，测试精度 HV 为 ±3%。

4. 冲击韧度

金属采用冲击试验按 GB/T 229—2007《金属材料　夏比摆锤冲击试验方法》，焊接接头冲击试验按 GB/T 2650—2008《焊接接头冲击试验方法》，冲击韧度是指材料在外加冲击载荷作用下断裂时消耗能量大小的特性。冲击韧度通常是在摆锤式冲击试验机上测定的，摆锤冲断带有缺口的试样所消耗的功称为冲击吸收功，以 K 表示，试样的缺口形式有夏比 U 形和夏比 V 形两种，其冲击韧度分别用 KU 和 KV 表示。V 形缺口根部半径小，对冲击更敏感。

试样受到摆锤的突然打击而断裂时，其断裂过程是一个裂纹发生和发展过程。在裂纹发展过程中，如果塑性变形能够产生在断裂的前面，就将能阻止裂纹的扩展，而裂纹的继续发展就需消耗更多的能量。因此，冲击韧度的高低，取决于材料有无迅速塑性变形的能力。冲击韧性高的材料一般具有较高的塑性，但塑性指标较高的材料却不一定具有较高的冲击韧度，这是因为在静载荷下能够缓慢塑性变形的材料，在冲击载荷下不一定能迅速发生塑性变形。在材料的各项机械性能指标中，冲击韧度是对材料的化学成分、冶金质量、组织状态、内部缺陷以及试验温度等比较敏感的一个质量指标，同时也是衡量材料脆性转变和断裂特性的重要指标。

5. 弯曲试验

弯曲试验是一项比较特殊的材料力学性能试验，试验方法是将试样放在支座上，然后用直径为规定数值 D（一般取 $D = 3a$；a 为试样厚度）的压头压下，使试样弯曲变形至一定角度，根据焊接方法和材料的不同，弯曲角度分别取 180°、100°、90°、50° 等不同数值。试验结果的评定是以不出现长度大于一定尺寸的裂纹或缺陷为合格。

弯曲试验是焊接接头力学性能试验的主要项目，焊接工艺评定和产品焊接试板都要进行弯曲试验。按照弯曲时受拉面位置的不同，弯曲试验分为面弯、背弯、侧弯等不同类型。

弯曲试验可以考核试样的多项性能，包括判定焊缝和热影响区的塑性，暴露焊接接头内部缺陷，检查焊缝致密性，以及考核焊接接头不同区域协调变形能力。

四、化学成分分析

金属材料的性能首先是由它的化学成分决定的，具有一定化学成分的钢，通过相应的加工及热处理等工艺后，才能获得所需要的性能。

分析金属材料的化学成分的方法可分为定性分析和定量分析两大类，常规检验中，则以定量分析为主。化学成分分析分为光谱分析和化学分析两种。

1. 光谱分析

（1）光谱分析原理。

由于每种元素都有自己的特征谱线，根据物质的光谱来鉴别物质及确定它的化学组成和相对含量的方法叫光谱分析（又称目测法光谱分析）。

利用看谱镜对物体发射的光进行分光，然后观察其光谱，从而判断物质的组成元素。光谱是复色光经过色散系统（如棱镜、光栅）分光后，被色散开的单色光按波长（或频率）大小而依次排列的图案，全称为光学频谱。

光谱分析工作是利用红、橙、黄、绿、青、蓝、紫七色可见光域进行工作的，其相应波长范围为 7000A° ~3900A°。

当每种元素的原子被激发发光后，经棱镜（或光栅）分光，可得到每一元素的特种光谱，根据某元素特征光谱中一些灵敏线是否出现，就可以判断该元素是否存在。

某元素特征光谱中的谱线的强弱，反映该元素的含量多少与铁特征谱线比较强弱，这是光谱定性及半定量分析的基础。

（2）光谱分析的仪器设备和一般要求。

1）看谱镜。凡能把复合光分解为单色光进行观察和记录的仪器，称为光谱仪；用眼睛直接观察光谱的仪器称为看谱镜。按使用场合分为台式看谱镜和便携式看谱镜；按色散原件分为棱镜看谱镜和光栅看谱镜两种。

2）激发光源设备。激发光源的作用，是使试样蒸发为气态，其中分子离解为原子，以使试样组分中的原子激发，使之产生特征光谱。

3）仪器的选择。在现场进行光谱分析，当材料批量大并且合金成分易于甄别时，可选用看谱镜；当材料批量小，宜选用便携式直读光谱仪。在实验室内进行光谱分析，宜选用台式直读光谱仪。已用看谱镜分析，但对分析结果有怀疑的，应选用直读光谱复核。

在分析前就能预见用看谱镜分析难于甄别金属材料牌号的，应选用直读光谱仪进行分析。

4）仪器的使用与维护。光谱仪应注意防尘防潮，使用中应轻拿轻放，搬运过程中应避免震动和撞击。使用220V供电的光谱仪，应有可靠的接地线。使用裸露激发电极的看谱镜，分析人员应穿绝缘鞋、戴绝缘手套，工作中，宜设专人监护。及时清理或更换受到污染的激发电极，清理或更换电极时，应确保光谱仪电源已切断、激发电极已经得到充分冷却。工作中应保持看谱镜的保护玻璃和目镜的清洁，工作完毕应及时盖好目镜。

5）光谱分析前的准备。

了解被检部件的名称、材料牌号、热处理状态、规格和用途等。检查被检材料和环境是否存在影响分析结果的因素（如镀层、油漆、油污、氧化层、光线、风速等），并采取必要的防范措施。根据具体的检验要求和被检材料的情况，编制分析方案，确定分析条件（如激发光源、电极等）。对于管道、大型构件或结构复杂的零部件，应绘制分析位置图，并在图上做好分析标记。对于有特殊要求的被检材料，应要求委托方预先确定好分析位置，以免分析前打磨或分析时引弧破坏被检材料的几何精度或特殊表层。在潮湿的环境或金属容器内进行光谱分析时，宜使用电池供电的便携式光谱仪。

6）光谱分析的一般要求。

应严格保持分析时的工作条件（如电源、电流、电极间距、预燃时间等）与分析标志（图谱、曲线）规定的工作条件相一致。甄别施工现场金属材料的合金成分，宜做半定量分析（或定性分析）。对未知牌号的被检材料进行验证，在被检材料条件和环境条件符合要求的情况下，应做定量分析。分析易激发元素（如铁、锰、铬、钼、钒、镍、钨、钛、铜、铝等）宜用电弧光源，分析难激发元素（如碳、硅、硫磷等）宜用低压火花光源。

对大型工件、铸件及容易产生成分偏析的部件，应在其一定范围内进行多点、多次分析。对于易产生裂纹的高合金钢材料或刚性大的金属部件，分析后应及时用砂轮或砂布清除燃弧斑点。不应在待检的金属材料上调整光谱仪。对薄小部件，应注意燃弧部位和燃弧时间可能对精度或性能造成的影响。

仪器处于激发状态时，不应关闭电源开关、转换"电弧/火花"开关和触摸电极。雨天不应在野外进行光谱分析工作，大风天在野外进行光谱分析工作时，应采取有效的防止电弧吹偏措施。在露天场所进行光谱分析工作时，应避免强烈阳光直射照射被检部件的分析面。在易燃易爆物品的环境工作，应采取相应的防护措施。工作中不应触摸电极架，不应直视弧光。

2. 化学分析

（1）化学分析原理。

1）分光光度法。分光光度法是一种利用被测物质的分子或离子对特征电磁辐射的吸收程度进行定量分析的方法，属于分子吸收光谱范围。

元素分析是将标钢和试样分别溶于稀硝酸或稀硫酸（对普通钢）或溶于王水（对高铬镍不锈钢）后，在要分析的合金元素显色后，测定对应波长吸光度或透光度，用标准钢样制作的工作曲线上查出试样所要分析的合金元素百分比含量。适用于常量的合金元素分析。

2）气体容量法。称取试样，在 1200~1350℃高温炉内，通氧燃烧生产 CO_2 混合气体，经除硫后，收集到量气管中，以氢氧化钾溶液吸收其中的 CO_2，由于吸收前后的体积差，根据测定时的温度、气压，按公式计算出含碳量。

3）燃烧法。称取试样，在 1200~1350℃高温炉内，通氧燃烧，混合气体导入含淀粉的吸收液的吸收杯，使淀粉吸收液蓝色开始消退，立即用碘酸钾标准溶液滴定至吸收液色泽与原始点色泽相同，读取滴定所消耗的碘酸钾标准溶液毫升数，用相近含硫标准样品滴定度，计算硫的含量。

（2）化学分析的仪器设备。主要仪器设备有分光光度计，碳硫测定仪等。如：HIR-944型高频—红外碳硫分析仪、S50VV-VIS 紫外可见光光度计（比色计）等，可分析各种合金元素。

光谱分析主要用于定性和半定量分析，化学分析用于定量分析，目前使用直读式光谱仪可以获得同化学分析同样的定量分析结果。

五、金相检验

金相检验的主要手段包括肉眼观察、放大镜的宏观检验、光学显微镜、电子显微镜（扫描、透射）的微观检验以及 X 射线衍射等。

金相包括金相技术、金相检验和金相分析。金相技术是指金相试样的制备、仪器使用及金相组织的识别及摄像（暗室处理技术或数字化处理）等实验技术。

1. 光学金相检验原理

金属试样经粗磨、细磨和抛光后，试样表面达到平整的镜面，按照金属材质不同和侵蚀的目的，选择合适的浸蚀剂，由于金属材料各处的化学成分和组织不同，它们的电极电位不同，腐蚀性能也就不同，因此侵蚀时各处侵蚀速度不一样，达到一定的侵蚀程度后，立即清洗吹干，在光学显微镜下观察，光学照射到晶界处（腐蚀速度快）被散射，不能进入物镜，因此从目镜观察出一条条黑色的晶界，未被散射的光进入物镜，观察到一颗颗白亮色的晶粒，这样金属组织便显示出来，然后立即观察、拍照、储存、分析。

2. 金相检验仪器设备

（1）体视显微镜，用于宏观（低倍）组织分析。

（2）卧式光学金相显微镜。

（3）立式光学金相显微镜。

（4）现场金相显微镜。

（5）透射电子金相显微镜。

（6）扫描电子显微镜。

3. 宏观（低倍）检验

金属材料的宏观组织主要是指肉眼或低倍放大（≤ 30 倍）下所见到的组织，宏观检验的优点是方法简便可行，观察区域大，可以纵观全貌。

（1）宏观检验的目的。

宏观检验主要用于检验原材料、部件或焊接接头质量，揭示各种宏观缺陷；检验和评定工艺过程和进行部件的失效分析。

（2）宏观检验内容。

1）断口的宏观缺陷及特征；

2）压力加工所形成的流线、纤维组织及粗晶区等，热处理部件的淬硬层、渗碳层及脱碳层等；

3）金属铸件凝固时形成的缩孔、疏松、气泡，各种焊接缺陷（气孔、夹渣、裂纹等）；

4）某些元素的宏观偏析，如钢中硫、磷偏析等。

宏观检验方法很多，如热蚀试验、冷蚀试验、硫印试验、断口检验等。

4. 光学金相（显微）检验

（1）实验室金相试样的制备。包括切取试样—磨制—抛光—浸蚀—清洗吹干等几个步骤。

试样制备的要求：无假象、组织真实，晶界清晰、夹杂物、石墨等不脱落，无磨痕、麻点或水迹锈蚀等。

1）取样。取样前应决定取样部位、切取方法、检验面的选择及样品是否要装夹或镶嵌等。取样应根据检验目的，选择有代表性的部位。对失效分析，应在破损源和发展延伸端取样，同时要在完好部位取样，以利于对比分析。总之，应按实际情况和其他需要做的检验项目，综合考虑好后再决定具体如何取样。

检验面的选择。对锻、轧及经过冷变形的部件，应进行由表面到中心（管子由外壁到内壁）有代表性的纵向检验，以观察组织和夹杂物等，而横向截面的检验，可用于检测脱碳层、淬火层、晶粒度、化学热处理的渗层等。

2）磨平、磨光和抛光。切取好的试样，先经砂轮磨平，为下一道砂纸的磨制做好准备。磨时须用水冷却试样，使金属的组织不因受热而发生变化。

基本要求是在磨平的同时，要避免试样在机械磨、抛过程中试样表层严重塑性变形，这是造成伪组织的重要原因。

磨平：采用砂轮及粗金相砂纸磨平。

磨光：手工磨光、机械磨样机磨光。

抛光：抛去试样上的磨痕以达到镜面，且无磨制缺陷。目的是去除细磨痕，获得光平镜面。抛光方法分为机械抛光、电解抛光、化学抛光、显微研磨。

3）浸蚀。为进行显微镜检验，须对抛光好的金属试样进行浸蚀，以显示其真实，清晰的组织结构。浸蚀方法分为化学浸蚀和电解浸蚀。

化学浸蚀：就是化学试剂与试样表面起化学溶解或电化学溶解的过程，以显示金属的显微组织。

电解浸蚀：试样作为电路的阳极，浸入合适的电解浸蚀液中，通入较小电流进行浸蚀，以显示金属显微组织。浸蚀条件由电压、电流、温度、时间来确定。

常用的浸蚀方法为化学浸蚀法。一般根据钢材的组织选择化学浸蚀剂。为真实、清晰地显示金属组织结构，必须遵循以下操作：浸蚀试样时应采用新抛光的表面；浸蚀时和缓的搅动试样或溶液能获得较均匀的浸蚀；浸蚀时间视金属的性质、浸蚀液的浓度、检验目的及显微检验的放大倍数而定。以能在显微镜下清晰显示金属组织为宜；浸蚀完毕立即取出洗净吹干；可采用多种溶液进行多重浸蚀，以充分显示金属显微组织。若浸蚀程度不足时，可继续浸蚀或重新抛光后再浸蚀。若浸蚀过度时则需重新磨制抛光后再浸蚀。浸蚀后的试样表面若有扰乱现象，可用反复多次抛光浸蚀的方法除去。扰乱现象过于严重，不能全部消除时，试样须重新磨制。常用的浸蚀试剂有：硝酸酒精溶液、苦味酸酒精溶液、盐酸苦味酸酒精溶液等。

（2）现场金相检验。

1）复膜金相检验程序：

选择金相检测点（编号、照相）—粗磨（角向磨光机）—细磨（100″、200″角磨片）—精磨（400″、600″、800″金相砂纸）—抛光（1μmm抛光粉）—侵蚀—清洗吹干—观察（现场金相显微镜）—复膜—镀膜—观察（实验室光学金相显微镜）—拍照—洗胶片—印相。

2）现场直接观察拍照金相检验程序：

选择金相检测点（编号、照相）—粗磨（角向磨光机）—细磨（100″、200″角磨片）—精磨（400″、600″、800″金相砂纸）—抛光（1μmm抛光粉）—侵蚀—清洗吹干—观察（现场金相显微镜）—拍照（数码照相）—照片处理（微机处理）—打印。

第二节 常用无损检测

常规无损检测包括射线检测、超声波检测、磁粉检测、渗透检测及涡流检测等。

一、射线检测

射线检测最主要的应用是探测试件内部的宏观几何缺陷（检测）。按照不同特征（例如使用的射线种类、记录的器材、工艺和技术特点等）可将射线检测分为多种不同的方法。

射线照相法是指用X射线或γ射线穿透试件，以胶片作为记录信息的器材的无损的检测方法，该方法是应用最广泛的一种最基本的射线检测方法。主要介绍射线照相法。

1. 射线照相法的原理

工业用射线使用的射线种类主要有X射线、γ射线和高能射线，而超（超）临界机组锅炉用射线检测射线种类主要为X射线、γ射线。

X射线是从X射线管中产生的，X射线管是一种两极电子管，将阴极灯丝通电，使之白炽，电子就在真空中放出，利用管电压很高的电位差，电子就从阴极向阳极方向加速飞行，获得很大的动能。当这些高速电子撞击阳极时，从阳极（靶）上就会射出X射线。X射线一般分为两部分：连续谱和线状谱。连续谱是电子与阳极金属原子发生非弹性碰撞的结果（韧致辐射）。电子的动能一小部分转变为 X 射线能，其余大部分都转变为热能。受电子撞击的地方，即产生 X 射线的地方叫作焦点。电子是从阴极移向阳极的，而电流则相反，是从阳极向阴极流动的。这个电流叫作管电流，要调节管电流，只要调节灯丝加热电流即可，管电压的调节是靠调整 X 射线装置主变压器的初级电压来实现的。

γ 射线是从放射性同位素的原子核中放射出来的。原子核是由质子和中子所构成，质子数和中子数的总和叫作原子核质量数。例如，普通的钴原子核有 27 个质子和 32 个中子，所以质量数为 59，写作 Co59。把 Co59 放进原子反应堆使它吸收中子，它就增加一个中子变成 Co60。这是一种不稳定的核素叫作放射性同位素。Co60 原子核中的一个中子变为质子时，就成为稳定的 Ni60。与此同时放射出 β 和 γ 的射线。放射性同位素放射出的 γ 射线只有特定的几种波长，也就是说 γ 射线谱都是线谱。射线还有一个重要性质，就是能使胶片感光。当 X 射线或 γ 射线照射胶片时，与普通光线一样，能使胶片乳剂层中的卤化银产生潜象中心，经过显影和定影后就黑化，接收射线越多的部位黑化程度越高，这个作用叫作射线的照相作用。因为 X 射线或 γ 射线使卤化银感光作用比普通光线小得多，所以必须使用特殊的 X 射线胶片。这种胶片的两面都涂敷了较厚的乳胶。此外，还使用一种能加强感光作用的增感屏。增感屏通常用铅箔做成。

由于各种射线能量不同，可穿透的钢板厚度不同。300kV 便携式 X 射线机透照厚度一般小于 40mm，420kV 移动式 X 射线机和 Ir192 γ 射线机透照厚度均小于 100mm，对厚度大于 100mm 的工件照相需使用加速器或 Co60。

2. 底片质量要求

对射线底片质量的要求是底片黑度、灰雾度、灵敏度等要符合要求。光强为 L_0 的光线照射底片，透过底片后的光强为 L，其比值的对数值为黑度，即 $D = \lg(L_0 / L)$，黑度表示胶片感光微粒的黑化程度，胶片底片上焊接接头黑度为 X 射线 1.5~3.5（包括固有灰雾度）范围内，γ 射线为 1.8~3.5（包括固有灰雾度）范围内。

当射线穿透工件时，工件产生二次射线散射现象，这些散射射线来自射线底片前面或后面，且底片胶片暗室处理时的漏光等，均会影响射线底片质量，增加底片灰雾程度，严重时使底片图形模糊不清。底片本身的灰雾度不应超过 0.3。

灵敏度表示能检测出缺陷的最小尺寸能力，分为绝对灵敏度和相对灵敏度，绝对灵敏度是指底片上能发现沿射线穿透方向最小缺陷的尺寸，相对灵敏度指能发现缺陷最小尺寸占被透工件厚度的百分比。一般 X 射线的底片灵敏度采用相对灵敏度，利用像质计进行确定。

3. 射线照相工艺要点

（1）照相操作步骤。一般把被检的物体安放在离 X 射线装置或 γ 射线装置 50cm~1m 的位置处，把胶片盒紧贴在试样背后，让射线照射适当的时间（几分钟至几十分钟）进行曝光。把曝光后的胶片在暗室中进行显影、定影、水洗和干燥。将干燥的底片放在观片灯的显示屏上观察，根据底片的黑度和图像来判断存在缺陷的种类、大小和数量。随后按通行的标准，对缺陷进行评定和分级。

（2）底片评定。评片是射线照相的最后一道工序，也是最重要的一道工序。通过观片灯观察底片，首先应评定底片本身质量是否合格。在底片合格的前提下，再对底片上的缺陷进行定性、定量和定位，对照标准评出工件质量等级，写出检测报告。

对底片的质量要求包括：

1）底片的黑度应在规定范围内，影像清晰，反差适中，灵敏度符合标准要求，即能识别规定的像质指数。现行的射线检测标准中，底片黑度下限一般规定为 1.5~2.0，上限黑度一般为 4.0~4.5。

2）标记齐全，摆放正确。必须摆放标记有设备号、焊缝号、底片号、中心标记和边缘标记等。标记应距焊缝边缘 5mm。

3）评定区内无影响评定的伪缺陷。底片上产生的伪缺陷有：划伤、水迹、折痕、压痕、静电感光、显影斑纹、霉点等。

4. 射线的安全防护

（1）射线的危害。射线具有生物效应，超辐射剂量可能引起放射性损伤，破坏人体的正常组织出现病理反应。辐射具有积累作用，超辐射剂量照射是致癌因素之一，并且可能殃及下一代，造成婴儿畸形和发育不全等。

由于射线具有危害性，所以在射线照相中，防护是很重要的。

（2）辐射剂量及单位。辐射剂量是指材料或生物组织所吸收的电离辐射量，它包括照射量（单位为库每千克，C/kg）、吸收剂量（单位为戈，Gy）、剂量当量（单位为希，Sv）。

我国对职业放射性工作人员剂量当量限值做了规定：从事放射性的人员年剂量当量限值为 50mSv。

（3）射线防护方法。射线防护，就是在尽可能的条件下采取各种措施，在保证完成射线检测任务的同时，使操作人员接受的剂量当量不超过限值，并且应尽可能地降低操作人员和其他人员的吸收剂量。

主要的防护措施有三种：屏蔽防护、距离防护和时间防护。

屏蔽防护就是在射线源与操作人员及其他邻近人员之间加上有效合理的屏蔽物来降低辐射的方法。屏蔽防护应用很广泛，如射线检测机体衬铅、现场使用流动铅房和建立固定曝光室等都是屏蔽防护。

距离防护是用增大射线源距离的办法来防止射线伤害。因为射线强度 P 与距离 R 的平方成反比，在没有屏蔽物或屏蔽物厚度不够时，用增大射线源距离的办法也能达到防护的目的。尤其是在野外进行射线检测时，距离防护更是一种简便易行的方法。

时间防护就是减少操作人员与射线接触的时间，以减少射线损伤的防护方法。因为人体吸收射线量是与人接触射线的时间成正比的。

以上三种防护方法，各有其优缺点，在实际检测中，可根据当时的条件选择。为了得到更好的效果，往往是三种防护方法同时使用。

二、超声波检测

超声波是振动频率超过 20000Hz 的声波，具有良好的方向性和强的穿透能力，在介质中传播时具有反射、折射、衰减等特性，利用这些传播特征，可以有效检测材料内部缺陷。最常用的超声检测技术采用的为 A 型脉冲反射超声检测法。

1. 超声波的发生及其性质

超声波是一种高频机械波。工业检测用的高频超声波，是通过压电换能器产生的。压电材料主要采用石英、钛酸钡、锆钛酸铅和偏铌酸铅等。要使压电材料产生超声波，可把它切成能在一定频率下共振的片子，这种片子称作晶片，通常在超声波检测中只使用一个晶片，这个晶片既用来发射又用来接收。

超声波有许多种类，在介质中传播有不同的方式，波形不同，其振动方式不同，传播速度也不同。空气中传播的声波只有疏密波，声波的介质质点振动方向与传播方向一致，叫作纵波，在水中也只能传播纵波。可是在固体介质中除了纵波外还有剪切波，又叫横波。因固体介质能承受剪切应力，所以可在其中传播介质质点振动方向和波传播的方向垂直的波。

此外，还有在固体介质的表面传播的表面波、在固体介质的表面下传播的爬波和在薄板中的传播板波。

在超声波检测中，通常用直探头来产生纵波，纵波是向探头接触面相垂直的方向传播的。横波通常是用斜探头来发生的。

声波在介质中是以一定的速度传播的，如空气中的声速为 340m/s，水中的声速为1500m/s，钢中纵波的声速为 5900m/s，横波的声速为 3230m/s，表面波的声速为 3008m/s。

声速是由传播介质的弹性系数、密度以及声波的种类决定的，它与频率和晶片没有关系。横波的声速大约是纵波声速的一半，而表面波声速大约是横波的 0.9 倍。

当超声波传到缺陷、被检物底面或者异种金属结合面，即两种不同声阻抗的物质组成的界面时，会发生反射。

2. 超声波检测的原理

超声波检测可以分为超声波检测和超声波测厚，以及超声波测晶粒度、测应力等。目前用得最多的方法是脉冲反射法，脉冲反射法可分为纵波和横波检测，检测方法可分为垂直检测法、斜检测法。纵波检测可采用垂直检测或斜检测，横波检测一般采用斜检测方法。

垂直检测法即纵波垂直于检测面进入工件，经反射后判断有无缺陷、缺陷的位置及其大小、工件厚度等。另外，因缺陷回波高度是随缺陷尺寸的增大而增高的，所以可由缺陷回波高度来估计缺陷大小。当缺陷很大时，可以移动探头，按显示缺陷的范围来求出缺陷的延伸尺寸。

在斜射法检测中，由于超声波在被检物中是斜向传播的，超声波是斜向射到底面，所以不会有底面回波。因此，不能再用底面回波调节来对缺陷进行定位。而要知道缺陷位置，需要用适当的标准试块来把示波管横坐标调整到适当状态，在测定范围做了适当调整后，探测到缺陷时，从示波管上显示探头到缺陷位置水平距离、缺陷深和缺陷当量。

三、磁粉检测

自然界有些物体具有吸引铁、钴、镍等物质的特性，我们把这些具有磁性的物体称为磁体，使原来不带磁性的物体变得具有磁性叫磁化。磁粉检测基本原理是铁磁性材料磁化后，若在其表面或浅层存在缺陷，将产生漏磁现象，磁性粉末在漏磁力作用下吸附形成磁痕，从而显示缺陷的形状。磁粉检测的灵敏度取决于漏磁场的强弱，它由缺陷的位置、尺寸和材料的磁化强度等因素决定。

钢材磁化的方法有直流电磁化法和交流电磁化法两种。直流电磁化法产生磁场强度大，最深可以发现表面下 3~4mm 处缺陷。交流电磁化法因有集肤效应，磁力线集中在材料表面，因而一般只能发现浅层 1~1.5mm 以内的缺陷。但交流磁化法对探测表面裂纹比直流电磁化法更灵敏。

磁粉检测表面缺陷既然是基于漏磁场处磁粉堆积，而漏磁场的强弱与缺陷切割磁力线线数有关。因此，只有在磁力线与缺陷（主要指裂纹等线性缺陷）的方向相互垂直时才产生最大的漏磁现象，此时探测的灵敏度最高。当磁力线与线性缺陷平行时，漏磁现象不明显，缺陷处磁粉堆积也不多。为了能检测各种不同方向的线性缺陷，需在检测时至少要对被检表面进行两个互相垂直方向的磁化。使用旋转磁场的检测仪，既方便了检测操作，又提高了对表面裂纹的检出率。

磁粉质量对检测的灵敏度也有一定影响，磁粉是具有高磁导率和低剩磁的四氧化三铁或三氧化二铁粉末。湿法磁粉平均粒度为 2~10μm，干法磁粉平均粒度不大于 90μm。磁悬液是以水或煤油为分散介质，加入磁粉配成的悬浮液。配制含量一般为：非荧光磁粉 10~201g/L，为了增加磁粉的显示能力，也可以根据被测件表面情况将磁粉着色（红色或黑色磁粉），或加荧光剂做成荧光磁粉，荧光磁粉 1~3g/L。

检测时注意应边磁化边加磁悬液，切忌停止磁化后再施加磁悬液，以免破坏已有显示的磁痕。

磁粉检测后在钢材内残留有剩磁，对于某些工件在磁粉检测后要进行退磁处理，一般无退磁的要求。

四、渗透检测

1. 渗透检测的基本原理

液体渗透检测是利用毛细现象来检查材料表面的缺陷。其原理是零件表面被施涂含有荧光染料或着色染料的渗透液后，在毛细管作用下，经过一定时间，渗透液能够渗进表面开口的缺陷中；经去除零件表面多余的渗透液后，再在零件表面施涂显像剂，同样，在毛细管作用下，显像剂将吸引缺陷中保留的渗透液，渗透液回渗到显像剂中；在一定的光源下（紫外线光或白光），缺陷处的渗透液痕迹被显示（黄绿色荧光或鲜艳红色），从而探测出缺陷的形貌及分布状态。它可用来检测铁磁性材料，特别是非铁磁性材料的表面裂纹、折叠、分层、疏松等。一般可发现深度 0.03~0.04mm、宽 0.01mm 以上的缺陷。液体渗透检测法按渗透液的显示分为荧光法和着色法两种。实际工作中多用于检测不规则表面和不锈钢等非铁磁性材料表面缺陷。

2. 渗透检测程序

（1）清理表面的污垢、锈蚀等，当受检表面妨碍显示缺陷时，应进行打磨或抛光处理。

（2）预清洗。在喷涂着色液前用煤油、丙酮等对表面清洗，然后再用清洗剂将受检表面洗净后烘干或吹干。

（3）喷、涂着色液。可以用毛刷将着色液涂刷在被检部位，反复涂刷数次使着色液充分渗透入表面缺陷内。目前已较多采用喷灌着色。在喷、涂着色液后应保持 15~30min 的渗透时间。在着色时容器壁温不宜低于 5℃和高于 50℃。

（4）清洗。当达到要求的渗透时间后，用干净棉纱将表面多余着色液擦去，再用清洗剂清洗。但注意要小心操作，以免把可能存在的缺陷内着色液洗掉。

（5）显像。在表面多余的着色液清洗掉后，喷涂一层薄而均匀的显示剂，当显示剂干燥后即进行观察。如果材料表面存在缺陷，将在显示剂基底上显出缺陷图像。也可以用小锤轻敲被检表面附近的钢板，以加快缺陷的暴露。但这样做的坏处是可能影响对缺陷的形状和尺寸的正确显示。

荧光检测与着色检测方法相类似，也不需要复杂的仪器设备，只要配合荧光液、清洗液和显示剂就可操作。不同的是用荧光液代替着色液，渗入缺陷内的荧光液需在紫外线照射下才能激发出荧光，从而在黑暗中显示出缺陷的荧光图像。

荧光检测操作也与着色检测的程序类似。荧光检测的显示剂除了与着色检测显示剂一样，对钢材表面有较强附着能力。能在材料表面喷涂均匀的薄膜和迅速吸出渗入缺陷内的渗透液外，它本身不应该在紫外线照射下发出荧光。一般用氧化镁粉末作荧光检测显示剂。

荧光检测可发现比着色检测更细的裂纹，能显示的最小裂纹宽度为 0.001mm。但它需要用紫外光源（荧光灯），没有着色检测方便。

五、涡流检测

1. 涡流检测基本原理

由于电磁感应，当导体处在变化的磁场中或相对磁场运动时，在导体内部会产生感应电流，形成闭合回路，呈旋涡状流动，称之为涡旋电流，简称涡流。涡流检测原理为：当载有交变电流的检测线圈靠近导体试件时，由于激励线圈磁场的作用，试件中会产生涡流，而涡流的大小、相位及流动形式受到试件导电性能的影响，同时产生的涡流也会形成一个磁场，这个磁场反过来又会使检测线圈的阻抗发生变化，因此，通过测定检测线圈阻抗的变化，即可判断被测试件的性能及有无缺陷等，如图 3-1 所示。

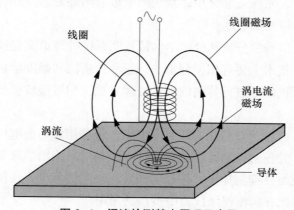

图 3-1 涡流检测基本原理示意图

当直流电流通过导线时，横截面上的电流密度是均匀的。但如果是交变电流通过导线，则导线周围变化的磁场也会在导线中产生感应电流，从而会使沿导线截面的电流分布不均匀，表面的电流密度较大，越往中心处越小，按负指数规律衰减，尤其是当频率较高时，电流几乎是在导线表面附近的薄层中流动，这种电流主要集中在导线表面附近的现象，称为趋肤效应现象。

涡流透入导体的距离称为透入深度。定义涡流密度衰减到其表面值 1/e 时的透入深度为趋肤深度，表征涡流在导体中的趋肤程度，用符号 δ 表示，单位是米（m），其表达式为

$$\delta = \frac{1}{\sqrt{\pi f \mu \sigma}} \tag{3-1}$$

式中：μ 为材料的磁导率，H/m；σ 为材料的电导率，S/m；f 为交流电流的频率，Hz。

从式（3-1）中可以看出，频率越高、导电性能越好或导磁性能越好的材料，趋肤效应越显著。

2. 检测系统组成

涡流检测系统由振荡器、检测探头（检测线圈）、相敏检波器、平衡滤波器、放大器、计算机控制系统以及电源组成。

（1）振荡器。振荡器有两种工作频率：高频振荡频率为 2M~6MHz，适合于检测表面裂纹；低频振荡频率为 10k~500kHz，穿透深度较大，适合于检测表面下缺陷和多层结构中第二层材质中的缺陷。

（2）涡流检测探头。检测探头由两组线圈组成，每组线圈包含一个激励线圈和一个检测线圈，对工件表面同时进行检测，实现双通道检测与显示。

按应用方式可将检测线圈分为外通过式线圈、内穿过式线圈和放置式线圈。外通过式线圈是将工件插入并通过线圈内部进行检测，广泛应用于管、棒、线材的在线涡流检测。由于形状规则的管、棒、线材可非接触地通过线圈，因此易于实现对批量材料的高速、自动化检验。

内穿过式线圈是将其插入并通过被检管材（或管道）内部进行检测，广泛应用与管材或管道质量的在役涡流检测。

放置式线圈又称为探头式线圈，不同于其他两种在应用过程中轴线平行于工件表面，放置式线圈的轴线在检测过程中垂直于被检工件表面，实现对工件表面和近表面质量的缺陷检测。这种线圈可以设计、制作得非常小，且线圈中可以附加磁芯，具有增强磁场强度和聚焦磁场的特性，有较高的检测灵敏度。

（3）相敏检波器。信号的分析和处理由涡流检测系统处理单元完成，针对信号的不同特征所采用的分析和处理技术主要有相位分析法、频率分析法和幅度鉴别法。相位分析法是一种利用信号相位差对干扰信号进行抑制的信号处理方法，相敏检波法是其中最具代表性的两种应用方法之一。

相敏检波法主要是通过调整移相器的可变电阻，将移相器输出电压信号的相位调整到与干扰信号垂直的方向，并作为控制该相位角条件下控制信号输出的开关。当缺陷信号与干扰信号垂直时，相敏检波器在抑制掉干扰信号的同时，缺陷信号没有任何损失。由于这种相敏检波电路比较简单，因此在涡流检测仪器中被广泛采用。

3. 检测步骤

连接好涡流检测系统及涡流检测探头，调整好对比试样灵敏度，为了达到良好的电磁耦合效果，检测探头紧贴受检对象，检测时的阻抗图实时显示在笔记本工作界面上，可通过对

波形曲线的计算，得到当前阻抗波形的幅值与相位角，进而确定缺陷大小。

六、其他

（一）内窥镜检测

内窥镜检测是一种宏观检验手段，主要应用于人无法观看的狭小空间以及穿入小孔内部等区域的检查，如变压器内部的检查。

工业光学内窥镜由窥镜和光源组成，通过光导光缆的光导插头连接光源和窥镜，窥镜由控制头、光导光缆和伸入管组成，伸入管直径约 12mm，长度根据实际需要属可更换件，距顶端 100mm 左右有弯曲段可控弯曲，可上下左右弯曲，安装于伸入管顶端的光学窥视头有前视和侧视两种互换规格，视角约 40°。

使用方法：

（1）伸入管伸入被检区域前，应将角度控制钮定在左右呈自由状态。

（2）通过目镜辨认伸入方向。

（3）缓慢推进伸入管，不可强力推拉。

（4）调节焦距以获得清晰图像。

（5）旋转光源亮度调节钮以获得最佳照明。

（6）操作角度钮以控制镜端的观察。尽可能缓慢地转动角度钮，当感觉角度钮有任何阻力时，不要强力扳动，以免损坏控制机构。

（7）取出伸入管前，上下、左右两个角度钮扳到使弯曲段处于自由状态。取出时如被工件绊住，应边回收边轻轻转动伸入管或动一下角度钮。取出时，为防止伸入管自由摆动撞击附近物体或水泥地面，应用手抓住其端部。

（二）宏观检查

1. 平行强光检查

电网设备中构件变形、线夹或母线胀粗及鼓包，用平行强光沿设备表面纵向照射，能较容易发现上述缺陷。

2. 直线度测量方法

在筒体两端离焊缝边缘 100mm 处各放置一等高垫块（等高垫块为 10mm×10mm×20mm 的磁铁），在其上拉一直线，用钢片尺测量直线到筒体的最大距离，减去垫块高度即为直线度。遇焊缝需离开 50mm 测量。制造现场在相距 90° 两个方位上测量、安装或定检中在水平轴向相距 180° 两个方位上测量，以最大值计算。为避免拉线下垂，基线位置与筒体之间在同一水平面内。

3. 水平度测量方法

一般简单做法是用透明塑料软管盛水测量。将软管两端套上长 150~200mm 带刻度的玻璃管，管内盛入清水或带一定颜色的水，两人配合，上下移动管端，直至某一端水位与该端轴线样冲点齐平，则另一端水位与该端样冲点的距离的二分之一即为水平度。

（三）输电线路智能化巡检

为了保证输电线路的安全，需要对高压铁塔上的关键部件进行及时巡检。目前，输电线路的巡检主要依靠人工作业，存在效率低下和安全性差的问题，并且巡检结果受人员技能及天气、环境等客观因素影响较大。因此，输电线路智能化巡检十分有必要。目前，基于视觉的电力传输网络自动化巡检，直升机、无人机等作为空中飞行平台具有高效、准确以及安全的特点，使用安装在飞行平台上的摄像头能够获得大量的包括绝缘子等关键信息的图像，如图 3-2和图 3-3 所示，因此近年来直升机、无人机巡检成为检查电力传输设备的一种重要的方式。

图 3-2　直升机电力巡检

图 3-3　无人机电力巡检

在国内，广泛使用直升机电力巡检、无人机电力巡检对输电线路进行巡检，采集了大量的图片或视频，图片或视频依然需要大量专业人员逐张查看，从图片中寻找高压铁塔上有缺陷的部件，直升机、无人机巡检过程中发现的缺陷如图 3-4 和图 3-5 所示。这种直升机、无人机巡线方法虽然解决了安全性的问题，但是效率低下，漏检率高，难以实现良好的排故效率，且对图片查勘技术人员要求高，增加了工作难度。因此，使用图像处理技术可使整个流程自动化，实现真正的智能检测，其中关键部件检测通常分为两个步骤：检测对象的定位和检测对象的缺陷识别。对于航空检查平台拍摄的包含关键部件的影像通常还包括各种杂乱的背景，如山、河流、草原和农田。在实际的探测环境中，航空影像对变化和光照条件有不同的视角变换。处理这些图像是很复杂的，很容易导致错误的检测结果。因此，在图像中定位被检测的关键部件需要克服这些不利因素，通过仿射变换、图像背景替换以及模拟自然场景这三种方法，实现了通用的目标检测图像数据扩增方法，采用高效的图像分割算法对海量检测图片进行智能分辨，可以达到实时检测的要求。

图 3-4　输电线路绝缘子缺陷

图 3-5　输电线路线夹销钉脱落

第三节　涂（镀）层厚度测试方法

一、涂层厚度测试方法

应用涂层测厚仪时，应先调零，再经标准厚度试片采用"两点法"校正后方可使用。测试时，测试点应均匀分布，测试点的数目按下列规定：

a）角钢试样离边缘距离不小于 10mm，每面测试 3 处各 1 点，4 面共 12 点。

b）钢板试样离边缘距离不小于 10mm，每面测试 6 处各 1 点，2 面共 12 点。

c）钢管试样距端部边缘不小于 100mm 和中间任意位置各环向均匀测试 4 点，共取 12 点。

d）紧固件取各个平面中央位置，不少于 5 个点。

每个构件测试结果按各测试点所测得的数据，计算算术平均值和最小值，前者为最小平均厚度，后者为最小局部厚度。

当构件表面存在旧涂层时，应先按上步测量旧涂层的总干膜厚度并取算术平均值，再测量涂装新涂层后的现总干膜厚度，新涂层的厚度按下式计算：

（1）新涂层厚度算术平均值 = 现总干膜厚度算术平均值 – 旧涂层干膜厚度算术平均值；

（2）新涂层厚度最小值 = 现总干膜厚度最小值 – 旧涂层干膜厚度算术平均值。

涂层厚度测定后，最小平均厚度和最小局部厚度都符合要求时为合格。

对使用磁性法得到的厚度结果有争议时，可按有关标准用称量法和显微镜法仲裁。

精确测量还需注意以下事项：

基体金属磁性质：检测受基体金属磁性变化的影响，为了避免热处理和冷加工因素的影响，应使用与试件基体金属具有相同性质的标准片对仪器进行校准。

边缘效应：由于仪器对试件表面形状的陡变敏感，在靠近试件边缘或内转角处进行测量是不可靠的。

试件的表面粗糙度：基体金属和覆盖层的表面粗糙度对测量有影响。粗糙程度增大，影响增大。粗糙表面会引起系统误差和偶然误差，每次测量时，不同位置增加测量次数以克服这种偶然误差。如果基体金属粗糙，必须在未涂覆的粗糙度相类似的基体金属试件上取几个位置校对仪器的零点；或用对基体金属没有腐蚀的溶液溶解除去覆盖层后，再校对仪器的零点。

磁场：周围各种电气设备所产生的强磁场，会严重地干扰测量工作。应在远离这些设备的场所测量。

剩磁：基体金属的剩磁可能影响使用固定磁场的测厚仪的测量值，但对使用交变磁场的磁阻型仪器的测量的影响很小。

附着物质：附着物质妨碍侧头与覆盖层表面的接触，影响测量结果，因此必须清除附着物质，以保证仪器侧头与被检测试件表面直接接触。

测头压力及取向：测头放置方式对测量有影响，测量中应当是测头与试件表面保持垂直，测头置于试件上所施加的压力大小会影响测量的读数，因此，必须保持压力恒定。

曲率：试样的曲率影响测量。曲率的影响因仪器制造和类型的不同而有很大差异，但总是随曲率半径的减小而更为明显。因此，在弯曲试样上进行测量可能是不可靠的。

基体金属的厚度：对每一台仪器都有一个基体金属的临界厚度。大于此临界厚度时，金属基体厚度增加，测量将不受基体金属厚度增加的影响。临界厚度取决于仪器测头和基体金属的性质，除非制造商有所规定，临界厚度的大小应通过试验确定。

二、金属镀层库仑测厚仪测量

1. 测量原理

根据法拉第原理测量，其过程与电镀相反，是电解退镀。将电解杯置于被测工件上并固定，根据镀层，选择相应的电解液注入电解杯。恒定电流通过电解液，在一定的面积下产生电化学反应，镀层厚度直接显示在显示器上。测量槽可比作微型电解缸，被用来剥离镀层，测量面积由装在测量槽上的塑料盖子来确定。对不同的金属采用不同配方的电解液，这样仅当加载电流后电解才发生。电解过程由仪器的电子部分控制，用一个泵搅拌电解液以使电解区域保留新鲜的电解液。

2. 检测步骤

（1）前期准备。根据要求连接好测量平台和 220V 稳定电源，检查仪器是否正常。开机后显示屏显示正常，没有 ERROR（错误）提示。根据被测金属基体和镀层的材质选择合适的电解液，如铜上镀银则选择镀银层电解液。校正仪器（用标准板），用软质纸将被测样品上的油质、污染物擦拭干净。当有较高要求时，在被测物的表面要用沾有清洗液的脱脂棉来进行脱脂研磨，有较高的氧化膜时要用橡皮和清洗液（特别是镍铬合金镀层等）来除去。锡镀层要用餐巾纸来除去氧化膜。镍镀层要先滴几滴 K–51，等 10s 左右来还原氧化膜，再用水冲洗，用软质纸擦净。

（2）测量。

1）开机。在开电源后就可以测量，尽量不要频繁地开关电源，以免影响测量仪器的稳定性。查看应用程序设置，电解液类型、电解速度、修正系数等参数必须合适。

2）固定被测物，连接阳极，选择测量表面。根据部件的工况选择测量部位，尽量选择光洁平整和曲度较小的表面。把被测物放在测量台上，测量表面朝上，用阳极夹头接在被测物上。此时要充分注意被测物与阳极夹头间不要有接触不良的现象；阳极夹头不容易连接时可用阳极夹具。旋松高度调整螺栓，一面调整测量高度，使密封圈与被测物接触良好，测量时候不能漏液。可往电解杯里加蒸馏水查看密封圈与被测样品处是否有漏水，如果有漏水，则要重新固定直到没有漏水为止。

3）注入电解液。将搅拌夹具从电解槽中取出，根据被测物的镀层选择电解液，往电解槽中注入八成左右的电解液，电解槽内不能有气泡，否则测量不准确，要消除气泡，再注入电解液。

4）根据待测镀层的种类，在程序中选择相应的金属镀层模块。量程范围合适。按

"Start/Stop"键开始测试，读取数据。在计数器上有厚度显示，一开始计数器闪烁，后稳定。

5）测量结束。镀层被电解使基材露出来时，测量就结束了。厚度以 μm 来直读，仪器根据电解速率自动换算，显示器显示测量结果。

（3）测量后的处理。

使用后应及时清洗。将探头电极取出，擦洗干净，按"Start/Stop"键将探头内残液排出，持续 4~5s。使用清水将测量槽内冲洗干净并擦干，待干后放好。

（4）质量控制点：

1）库仑测厚仪经过校验且合格，测量部位的选取具有代表性。

2）电解液类型和应用程序设置必须与实际镀层体系匹配。

3）电解液没有受到污染，新的电解液一次性测量厚度不超过 40μm，否则需更换新电解液。

三、镀银层厚度测试方法

国内各高压隔离开关制造厂家生产的铜触指表面采用的是电镀纯银技术，以防止铜触指氧化，提高导电率，其镀银层的厚度直接影响高压隔离开关触指的可靠性和运行寿命，DL/T 1424—2015《电网金属技术监督规程》明确规定了隔离开关触头镀银层厚度不少于 20μm。

镀银层厚度的测量方法较多，根据在测量过程中基体材料有无损坏分为有损检测法与无损检测法 2 大类。其中有损检测法有金相显微法、电解法、化学溶解法（点滴法、液流法、称量法）等多种，其中金相显微法是最直观、有效的检测方法。无损检测法有 β 射线法和荧光 X 射线法等，但是目前用于现场的简便快速的测量技术为基于 X 射线荧光光谱分析法，即采用 X 射线荧光原理的手持式合金分析仪进行测量。

采用手持式 XRF 合金分析仪对镀层化学成分检测，获得的分析信号有 4 个参量，分别为镀层的化学成分、镀层基体的化学成分、镀层厚度和分析仪的激化源。不同的化学成分有不同的特征谱线，镀层厚度这个参量是考虑到初级辐射和荧光 X 射线在覆盖层内存在的吸收衰减问题，而这种吸收衰减有一个临界的镀层深度，超过这个临界深度任何辐射光子基本被吸收。因此，超过临界深度，被测 X 射线强度不再发生明显变化，观测到的分析信号也就不会变化。通常，这一临界透过深度随着镀层的组成和密度变化而变化，同时随着初级辐射和荧光辐射能力的变化而变化。当镀层的厚度大于特定的荧光辐射的临界厚度，常被称为无限厚样品或者厚样。各种荧光 X 射线的临界透射厚度均不一样，对于同一种样品，低能量的 X 射线光子（原子序数较低的元素发出的光子）的临界透射厚度小，得到的信息仅仅来自样品的表面。而重元素谱线（原子序数高的元素发出的 X 射线）则可以达到样品的深层。

对于同一型号的手持式 XRF 合金分析仪，其激发源一定；对于特定的镀层 Ag 和基体 Cu，其临界的 Ag 镀层深度值是确定的。如果 Ag 镀层的厚度超过这一临界深度，则手持式 X 射线合金分析仪测量值为 Ag 含量 100%；如果 Ag 镀层的厚度小于临界深度，则 Cu 基体会被激化，手持式 X 射线合金分析仪显示的结果就是 Ag 和 Cu 这 2 个元素的含量。因此，设定镀银层厚度为 y，Ag 含量为 x，测得镀银层厚度与成分的关系，建立镀银层厚度与测量的镀银层成分函数关系式，如图 3-6 所示，现场实际检测时，通过测得镀银层成分，即可获得镀银层厚度。

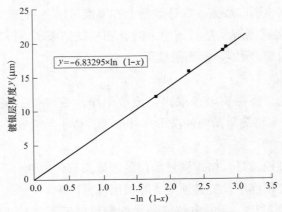

$$y=-6.83295\times\ln(1-x)$$

图 3-6 镀银层厚度与成分关系图

按照图 3-6 所示镀银层厚度与成分的函数关系，该品牌同型号手持式 X 射线合金分析仪测量的高压开关触指镀银层的临界厚度为 47μm。当镀银层厚度要求大于 20μm 时，其测量的镀层 Ag 含量显示值应该高于 94.7%。现场进行镀银层厚度检测时，只要该品牌同型号手持式 X 射线合金分析仪测量的 Ag 含量低于 94.7%，就可以判定其镀层厚度达不到规定的 20μm，非常方便。

四、涂层结合强度测试方法

（一）涂层附着力的测定——拉开法

将测量试柱及被测涂层表面擦拭干净，试柱表面不能有残留的胶水、涂层残留物；被测涂层表面应光滑平整。测试时每个测试面的测试点数不应低于 6 个点，胶黏剂的内聚力和黏结性要大于被测涂层的内聚力和黏结性。

测试过程：

（1）将胶黏剂均匀涂抹于刚清理干净的试柱表面，把涂有胶黏剂的试柱表面平贴于被测涂层表面，用手轻压试柱，待试柱稳定即可松手。

（2）待完全固化后，用刀具沿试柱的周线，切透固化了的胶黏剂和涂层直至底材。当涂层厚度小于 150μm 时，可不用切割操作。

（3）胶黏剂固化后，立即将实验组合装置置于拉力试验机或拉力增加装置下。小心地固定中心放置试柱，使拉力能均匀地作用于试验面积上而没有任何扭曲动作。在与被测涂层平面垂直方向上施加拉力，该应力以不超过 1MPa/s 的速度逐渐增加，试验组合的破坏应从施加应力起 90s 内完成。

（5）记录破坏试验组合的应力。

（6）在每个试验组合样品重复进行拉力试验。

（二）涂层附着力的测定——划格法

准备好试验工具：切割刀具、软毛刷、透明胶带、目视放大镜，被测涂层应不超过 250μm。测定被测涂层厚度。测量时，应尽可能要测定切割试验位置的涂层上进行。切割数：切割图形每个方向的切割数应是 6，每个切割的间距应相等，且切割的间距取决于涂层的厚度，如下所述：

0~60μm：1mm 间距。

61~120μm：2mm 间距。

121~250μm：3mm 间距。

用手工法切割涂层：

（1）清洁被测涂层表面，握住切割刀具，使刀垂直于被测涂层表面，对切割刀具均匀施力，并采用适宜的间距导向装置，用均匀的切割速率在涂层上形成规定的切割数。所有切割都应划透至底材表面。

（2）重复上述操作。再做相同数量的平行切割线，与原先切割线形成90°角相交，形成网格图形。

（3）用软毛刷沿网格图形每一条对角线，轻轻地向后扫几次，再向后扫几次。

（4）按均匀的速度拉出一段胶带，除去最前一段，然后剪下长约75mm的胶粘带。把该胶带的中心点放在网格上方，方向与一组切割线平行，然后用手指把胶粘带在网格区上方的部位压平，胶粘带长度至少超过网格20mm。为了确保胶粘带与涂层接触良好，用手指尖用力蹭胶粘带。透过胶粘带看到的涂层颜色全面接触是有效地显示。在贴上胶粘带5min内，拿住胶粘带悬空的一端，并在尽可能在接近60°的角度，在0.5~1.0s内平稳的撕离胶粘带。可将胶粘带固定在透明膜面上进行保留，以供参考。

结果显示：在良好的照明环境下，用正常或矫正的视力，或者用目视放大镜仔细检查试验图层的切割区。

第四节　变压器绕组材质鉴定方法

配电变压器运行过程中承受高电压、大电流、高场强、机械负荷及热负荷等作用，因此，要求绕组材质具有良好的导电性能、机械强度及耐热能力。变压器绕组材质主要为铜、铝两种材质，在室温下铝的物理性能一般为：密度 $2.7g/cm^3$、热导率237W/（m·K）、莫氏硬度2.75、导电率59%IACS、纯铝抗拉强度为80~100MPa；铜的物理性能一般为：密度 $8.96g/cm^3$、热导率397W/（m·K）、莫氏硬度3、导电率96%IACS、纯铜抗拉强度230~240MPa。可见，铜的电气、机械性能均优于铝，但铜的价格约为铝的3倍，铜绕组材质变压器成本明显高于铝绕组变压器。因此，部分变压器厂家存在"以铝代铜"来制造变压器绕组降低成本，铝绕组变压器性能明显低于铜绕组变压器，因此，鉴定绕组材质是保证变压器安全稳定运行的一个重要因素。

由于绕组是密封在变压器内，需要直接接触金属材质分析方法如光谱分析法、电涡流法、金相法、磁性法等，不能直接应用于封闭变压器内部绕组材质检测，因此，需要新型非接触的快速鉴定的无损检测方法对变压器绕组材质进行鉴定。

1. 重量法

一般铝的密度为 $2.7g/cm^3$，铜的密度为 $8.96g/cm^3$，铜、铝的密度相差比较大，相同尺寸系列的绕组其重量相差较大，通过查阅得到变压器及其绕组尺寸参数，计算变压器及其绕组的重量，再对变压器整个重量进行称量，根据计算重量与变压器的实际重量进行比较，如果实际重量大于或等于铜绕组计算重量，则为铜绕组，否则，为其他替代材质。利用此方法最重要的核查变压器尺寸参数及变压器绕组外的材质，由于不同厂家、不同系列的变压器设计差异较大，难以形成准确的判断标准。

2. 热电效应法

热电效应法基本原理是不同导体间存在热电效应，产生一个微小的热电势，该热电势只与导体材质和温度有关，与导体长度、形状结构等无关，避免了变压器复杂结构的影响。

Seebeck 效应又称作第一热电效应，它是指由于 2 种不同电导体或半导体的温度差异而引起 2 种物质间的电压差的热电现象。对于由 2 种不同导体串联组成的回路，不考虑 Seebeck 系数随温度的变化情况，此时的 Seebeck 效应热电势计算式为

$$V=(S_a-S_b)(T_1-T_2) \tag{3-2}$$

式中：S_a 为导体 a 的 Seebeck 系数；S_b 为导体 b 的 Seebeck 系数；T_1 为接点 1 的温度；T_2 为接点 2 的温度。

工程实际材料 Seebeck 系数通常有试验确定，铜和铝之间的相对 Seebeck 系数约为 4 $\mu V/K$，则铜 – 铝接头处会发生较明显的热电效应。相同金属材质间的相对 Seebeck 系数远小于异种金属，铜 – 铜接头处理论上不会发生明显的热电效应。变压器通常为全密封式结构，测量装置难以直接测量到内部绕组。变压器绕组进线端和出线端分别经过铜排引至相应变压器接头处的导电杆下端，由导电杆引出到变压器外部。变压器绕组回路中，导电杆和铜排对于机械强度的要求较高，材质均为铜材，在测量变压器绕组回路热电效应时，外接引线材质也为铜材。因此，当绕组为非铜材质（如为铝材质）时，会产生一个与该点温度值相适应的铜铝热电势。

热电效应法判据是基于铜材质绕组变压器热电势的阈值 V_m 来确定的。热电势阈值 V_m 的确定需要保证，在变压器绕组两端温差足够使铝材质绕组两端的热电势高于 V_m 的情况下，铜材质绕组变压器的热电势值不高于 V_m。

在热电效应法中，变压器绕组材质鉴别的判据为：当变压器绕组两端的温差不小于 30 K 时，变压器绕组两端的热电势值是否低于阈值 $50\mu V$。

实际检测过程中，利用配电变压器绕组材质检测仪将电排加热到指定温度（干式变压器一般设置为 150℃，油式变压器一般设置为 120℃），同时测量绕组的热电势大小和导电排温度，通过判定热电势是否超过阈值来鉴定绕组是铜绕组还是铝绕组。

3. X 射线法

X 射线法是指用 X 射线穿透变压器试件，通过射线的强度减弱进行判别的方法。理论和实验研究表明，X 射线透过一层均匀厚度的物质时，射线强度按指数规律衰减，入射强度随穿透物体的厚度增加而衰减，其衰减系数与被照射的物质的密度成正比。当同等管电压的射线穿过不同物质（如铜、铝）后，其所得射线强度即剂量率存在差别，因此可通过以上关系

对铜、铝绕组材质进行判别。

变压器绕组检测时，应先测量外层绕组厚度，以干式变压器为例，薄绝缘干式变压器的树脂层厚度为 4~5mm，匝间绝缘层的厚度约为 2mm，除去绝缘层后铜或铝层的厚度即为绕组材质厚度。对变压器绕组进行 X 射线检测，背面用计量仪测量，当剂量仪示值饱和时，X 射线仪的电压即为饱和电压值。

如某干式变压器绕组材质鉴定，干式变压器容量为 630kVA，高压绕组外部厚度为 45mm，绕组材质厚度 36mm，用 300kV 射线机对绕组材质进行 X 射线检测，当剂量仪示值饱和时，X 射线仪的饱和电压为 160kV。

铜、铝绕组过饱和电压与绕组厚度的理论关系曲线如图 3-7 所示，现场检测的干式变压器 A 相外层绕组饱和电压值分布如图 3-7 所示。

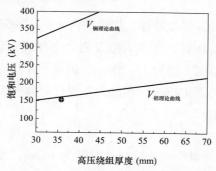

图 3-7　铜、铝饱和电压值分布示意图

从图 3-8 可知：

（1）若 $V > V_铜$，则判断材质为铜；

（2）针对 $V_铝 < V < V_铜$，低于 25% $V_铜$ 以内的为铜，高于 20% 铝以内的为 $V_铝$；其余比例的则为铜掺杂铝。

（3）若 $V < V_铝$，则判断材质为铝。

本次实测饱和电压值为 160kV，小于 $V_铝$，则判断所检干式变压器外层绕组材质为铝质。

4. 直流电阻法

直流电阻法，即变压器匝数、铁芯结构相同，大小相同，如果只体现材质不同，则主要参数的差异主要体现在绕组的直流电阻上。根据变压器基本原理，当其电感 L 相同时，若绕组的材质不同，则表现为配电变压器直流电阻 R 不同，对于直流电压信号的阶跃响应曲线不同，根据铝、铜绕组阶跃响应曲线进行判定。

不同温度下电阻比值法，根据公式 $R_1/R_2 = (x + T_1)/(x + T_2)$ 其中：T_1、T_2 是两个温度（单位是摄氏度）；R_1、R_2 分别是 T_1、T_2 时的直流电阻，解方程便知，理论上，铜是 235，铝是 225。

电阻率法，查设计图纸，得到变压器中铜线的截面积及总长度，用万能表测绕组两端的电阻，根据电阻 = 长度 × 电阻率 / 截面积，算出电阻率。然后与纯铜的电阻率比对，如果相差很大，说明不是纯铜线。

铜铝混合型的绕组判别，可进行提芯检查，通过查看绕组上的电阻值，以及接头形式判断，铝线变压器接线端有铜铝接头过渡接线。

5. 铭牌法

根据 JB/T 3837《变压器类产品型号编制方法》规定，变压器规定绕组导线材质在型号中以字母代号区别，铜材质不标注字母代号，铝材质必须标注字母代号"L"。看铭牌，正规厂家产品按国家标准生产，铜线变压器标注 S7、S9、S11 等，而铝线变压器应标注 SL7、SL9、SL11 等，其中 L 为铝制绕组。

第五节　铝及铝合金制电力设备对接焊缝超声检测方法

由于铝及其铝合金材料及其焊接特性，焊缝易产生一些缺陷，主要存在裂纹、气孔、夹渣、未熔合及未焊透等缺陷，因此，加强对铝及铝合金焊缝质量的无损检测显得非常重要。由于铝及铝合金制电力设备厚度一般为 10~20mm，最厚不超过 40mm，外径为 ϕ 89~250mm，国内目前对大管母线外径不大于 450mm。因此，主要针对薄壁铝及铝合金焊缝的特点，研究超声波检测工艺及其评定方法。

1. 试验材料与方法

利用常规铝母线材料 6063 制作对比试块，厚度为 40mm，参考 DL/T 820《管道焊接接头超声波检验技术规程》标准加工横通孔直径为 1mm，深度分别为 5、8、15、20、25、30mm及 35mm，具体如图 3-8 所示。

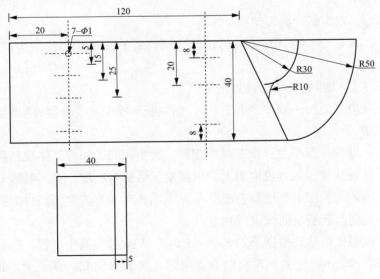

图 3-8　铝合金焊缝超声波检测试块

试验仪器采用汉威 HS616e 型，探头采用 A 型脉冲反射式探头，横波斜探头型号及规格见表 3-1。试样表面粗糙度为 6.3 μ mm，耦合剂为机油，表面补偿为 0dB。

表 3-1
探头型号及规格

探头型号	频率	实测 K 值	晶片尺寸
5P6×6K1	5MHz	0.98	6 mm×6mm
5P6×6K2	5MHz	1.94	6 mm×6mm
5P6×6K3	5MHz	2.97	6 mm×6mm
1P8×8K1	1MHz	1.07	8 mm×8mm
2.5P8×8K1	2.5MHz	0.97	8 mm×8mm
5P8×8K1	5MHz	0.97	8 mm×8mm
5P9×9K1	5MHz	0.95	9 mm×9mm
5P9×9K3	5MHz	2.67	9 mm×9mm
5P13×13K1	5MHz	1.02	13 mm×13mm
5P13×13K3	5MHz	2.70	13 mm×13mm
5P18×18K1	5MHz	1.01	18 mm×18mm
10P8×8K1	10MHz	1.0	8 mm×8mm

利用超声波试验仪器与探头，选用 6063 铝合金试块，分别检测不同厚度、不同深度的缺陷，检测其反射回波波幅度在 80％时仪器的增益值。

通过对比分析探头频率、晶片尺寸及 K 值对增益值的影响，研究铝合金超声波检测最佳频率、晶片尺寸及 K 值选择方式；对于铝母线焊缝检测，针对焊缝工艺易产生的缺陷类型，进行横波斜探头检测，再用射线检测方法进行复核，验证及优化实际应用检测工艺参数。

2. 试验结果与分析

（1）频率影响分析。由于铝母线焊缝厚度较薄，最厚不大于 20mm，因此，超声波检测中分辨率及灵敏度则显得非常重要，而频率是影响其分辨率的一个重要参数。

图 3-9 所示为横波斜探头频率对分辨率及仪器增益的影响，从图 3-9 可知，在仪器、导线一定的情况下，横波斜探头频率对缺陷反射回波增益值及分辨率有较大的影响，随着频率

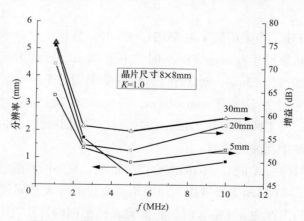

图 3-9　横探头频率对分辨率及增益值的影响

的增加，分辨率降低，仪器发现细小缺陷的能力增加；仪器系统增益值随探头频率的增加遵循先降低后增加的趋势，当频率为 5MHz 时，仪器系统增益值最低，此时，仪器系统灵敏度最佳，但在 2.5~5MHz 范围内，仪器增益值随壁厚的增加变化较明显，当壁厚大于 20mm 时，变化趋势变缓。

综上可知，在试验铝合金工件壁厚 ≤ 30mm 时，选用频率为 5MHz 横波斜探头，对检测灵敏度及分辨率均较佳。

（2）探头晶片尺寸选择分析。晶片尺寸是影响超声波检测效果的一个重要参数，主要对衰减系数、近场区及缺陷反射当量等影响，图 3-10 所示为晶片尺寸对不同深度下缺陷回波增益影响。

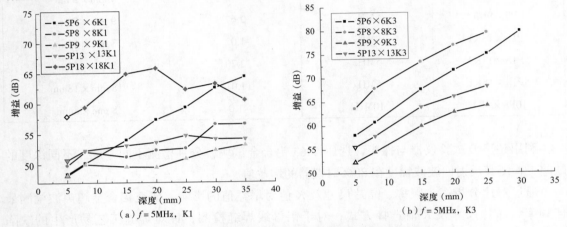

图 3-10　晶片尺寸对不同深度下缺陷回波增益影响

从图 3-10（a）可知，当频率为 5MHz，K1 时，除晶片尺寸为 6mm×6mm 的探头，缺陷回波增益值随缺陷深度的增加而增加外，其余探头缺陷回波增益值随缺陷深度增加呈不规则出现，有时增加有时降低，这是由于其余探头在试验厚度内均处于近场区，处于近场区声压极小值处的较大缺陷回波可能较低，而处于声压极大值处的较小缺陷回波可能较高，而缺陷实际深度的影响反而变得较小，因此，采用此种探头对厚度 <40mm 工件进行检测，容易引起误判，甚至漏检，因此应避免在近场区检测定量，选用 5MHz、K1 探头时，较佳晶片尺寸选择为 36mm²。

从图 3-10（b）可知，当采用频率为 5MHz，K3 时，晶片尺寸对不同深度下缺陷回波增益存在明显的影响，晶片尺寸为 8mm×8mm 时，小于 8mm 深度均为近场区，当晶片尺寸大于 9mm×9mm，其近场区为 15mm，对于小于 15mm 缺陷均处于近场区。因此，当工件厚度 $T<8$mm 时，采用晶片尺寸为不大于 6mm×6mm；当 8mm ≤ $T<15$mm 时，可以采用晶片尺寸为不大于 8mm×8mm；当工件厚度 $T ≥ 15$mm 时，可以采用不大于 13mm×13mm 晶片尺寸。

（3）探头 K 值对缺陷回波的影响。

横波斜探头检测时探头 K 值对缺陷回波会产生影响，缺陷回波的波幅与超声波与缺陷反射面的角度有关。图 3-11 所示为横波探头检测铝合金焊缝时 K 值对模拟缺陷回波波幅的影响，图中检测短横孔的深度为 3~17mm 时，在试验 K 值范围内，孔类缺陷反射回波波幅随着

横波斜探头 K 值增加而增加，但在 3~8mm 之间缺陷，K 值对缺陷回波波幅当量变化较明显，这是由于对于小 K 值而言（特别 K 值为 1 时），近场区的影响较大。

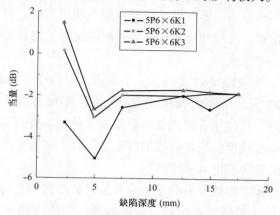

图 3-11　K 值对模拟缺陷回波的影响

综上可知，对于厚度不大于 17mm 铝母线，横波斜探头 K 值对铝母线焊缝缺陷的超声波检测效果较大，对于与入射角截面呈比较规则的圆孔类缺陷，缺陷回波波幅遵循随 K 值增加而增大；对于深度小于 8mm 缺陷而言，低 K 值近场区影响较大，因此，不建议使用低 K 值探头。由于铝母线厚度一般不大于 10mm，因此推荐使用 $K3$。

3. 超声检测参数选择

斜探头的入射角、标称频率的选取可参照表 3-2 的规定。

表 3-2　　　　推荐采用的斜探头入射角、标称频率和晶片尺寸

工件厚度 t（mm）	入射角（°）	标称频率（MHz）	晶片尺寸（mm²）
4 ~ 10	53.5	5	36
10 ~ 15	49 ~ 53.5	5	36 ~ 64
15 ~ 30	49 ~ 53.5	5	36 ~ 81
30 ~ 40		2.5 ~ 5	36 ~ 81

距离—波幅曲线灵敏度按表 3-3 的规定，检测灵敏度不低于最大声程处评定线的灵敏度。

表 3-3　　　　距离—波幅曲线的灵敏度

工件厚度 t（mm）	评定线	定量线	判废线
≤ 8	$\phi 2 \times 4 - 14dB$	$\phi 2 \times 40 - 6dB$	$\phi 2 \times 40 - 0dB$
8 ~ 15	$\phi 2 \times 40 - 8dB$	$\phi 2 \times 40 - 0dB$	$\phi 2 \times 40 + 6dB$
15 ~ 40	$\phi 2 \times 40 - 4dB$	$\phi 2 \times 40 + 4dB$	$\phi 2 \times 40 + 10dB$

4. 缺陷评定与质量分级

（1）缺陷定量。移动探头以获得缺陷的最大反射波幅为缺陷波幅，使用不同折射角的探头或从不同检测面检测同一缺陷，以获得的最高波幅为缺陷波幅。对缺陷波幅达到或超过评定线的缺陷，应确定其位置、波幅和指示长度等；缺陷位置应以获得缺陷最大反射波幅的位置为准。

（2）缺陷指示长度。当缺陷反射波只有一个高点，且位于Ⅱ区或Ⅱ区以上时，使波幅降到显示屏满刻度的 80% 后，用降低 6dB 相对灵敏度法测量其指示长度；当缺陷反射波峰值起伏变化，有多个高点，且位于Ⅱ区或Ⅱ区以上时，使波幅降到显示屏满刻度的 80% 后，应以端点峰值法测量其指示长度；当缺陷波幅位于Ⅰ区时，将探头左右移动，使波幅降到评定线，以评定线灵敏度测量缺陷指示长度。

（3）缺陷评定。超过评定线的反射波显示应参照附录 C 进行分析，确定是否为裂纹、未熔合、未焊透缺陷。判断为裂纹、未熔合、未焊透缺陷的部位均应在焊接接头表面做出标记。如有怀疑，应采取改变探头 K 值、增加检测面、观察动态波形等方法，并结合结构工艺特征做判定，如对波形不能判断，应辅以其他检测方法做综合判定。

沿缺陷长度方向相邻的两缺陷，其长度方向间距小于其中较小的缺陷长度，且两缺陷在与缺陷长度相垂直方向的间距小于 5mm 时，应作为一条缺陷处理，以两缺陷长度之和作为其指示长度（间距计入缺陷长度）。如果两缺陷在长度方向投影有重叠，则以两缺陷在长度方向上投影的左、右端点间距作为其指示长度。

（4）质量分级。性质判定为裂纹、未熔合缺陷均评为Ⅲ级；评定线以下的缺陷均评为Ⅰ级。

焊接接头质量分级按表 3–4 的规定执行。

表 3–4　　　　　　　　　　　焊接接头质量分级

等级	反射波幅所在区域	单个缺陷指示长度 L（mm）	缺陷累计长度（mm）
Ⅰ	Ⅰ	非裂纹、未熔合缺陷	长度不得超过焊缝总长度的 10%
	Ⅱ	$L \leq T/2$，且最小为 10	
Ⅱ	Ⅱ	$L \leq T$，且最小为 20	长度不得超过焊缝总长度的 20%
Ⅲ	Ⅱ	超过Ⅱ级者	超过Ⅱ级者
	Ⅱ	所有缺陷	

注 1：对于两个不同厚度部件焊接，T 取两者中最小的一个厚度。
注 2：当缺陷累计长度小于单个缺陷指示长度时，以单个缺陷指示长度为准。

第六节　钎焊型铜铝过渡设备线夹超声检测方法

钎焊型铜铝过渡设备线夹作为电网变电设备中重要的一种电力金具，因其具有电气性能良好、成本低廉、可有效地防止电化学腐蚀等优势而得到大量使用。鉴于近年来国内已多次出现钎焊型铜铝过渡线夹断裂失效导致的电网设备故障，造成停电等事故，影响恶劣。因此，加强钎焊线夹的质量检测和质量管理变得尤为重要。运行过程中钎焊线夹的使用质量除了受环境温度、湿度、线夹表面状态、负荷情况等外在因素的影响，主要与钎焊结合面的黏合率有关。黏合率直接决定了铜铝结合面的黏合强度，若黏合率达不到规范要求，会直接导致黏合强度降低，进而铜板脱落发生失效事故。因此，利用超声检测方法检测钎焊型铜铝过渡设备线夹黏合率。

1. 检测

采用 A 型脉冲反射式数字超声波检测仪，探头选用单晶窄脉冲直探头，探头频率为 13 ~ 15MHz，晶片尺寸应不大于 ϕ5mm，对比试块采用 DL/T 1622—2016《钎焊型铜铝过渡设备线夹超声波检测导则》规定的 XJ 系列对比试块，由两组四块组成，分别为 XJCu–Ⅰ、XJCu–Ⅱ、XJAl–、XJAl–Ⅱ。将线夹钎焊完好部位的一次底波调整到水平时基线满刻度的 70% ~ 80%，将探头置于线夹钎焊完好部位，将一次底波幅度调整至满屏的 80%，以此为检测灵敏度。一般可从铝板侧或铜板侧进行检测，耦合方式采用直接接触法，耦合剂应具有良好的透声性能和润湿能力，且对工件无害，对工艺无影响，易清除，可选择甘油或水质糨糊等作为耦合剂。在线夹检测面上进行 100% 检测，检测时应保证探头与检测面耦合良好，扫查速度不应超过 40mm/s。

2. 缺陷判别

（1）焊接完好区的波形。指钎料完全填充、铜铝结合良好的区域。超声波直接穿透钎焊层，底面回波波形清晰，幅度不小于 50%，钎焊层底面回波波幅不大于 15%。焊接完好区的波形如图 3–12、图 3–13 所示。

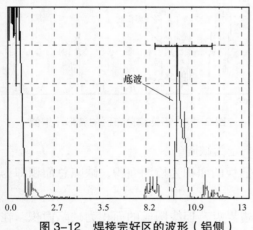
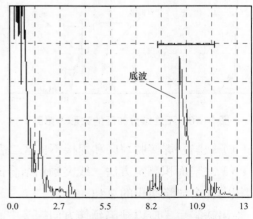

图 3–12　焊接完好区的波形（铝侧）　　　图 3–13　焊接完好区的波形（铜侧）

（2）焊接脱焊区的波形。焊接脱焊区指钎焊填充不均匀、中间存在空气层的未结合区域。超声波无法穿透钎焊层，在钎焊层处产生铜铝界面回波信号，底波完全消失。图 3–14 为铝侧检测的回波波形，仅有一次界面回波信号；图 3–15 为铜侧检测的回波波形，出现呈指数衰减排列的界面反射回波。

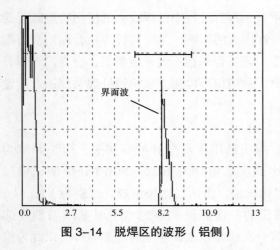
图 3-14 脱焊区的波形（铝侧）

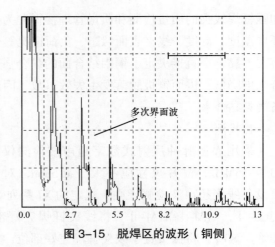
图 3-15 脱焊区的波形（铜侧）

（3）焊接不良区波形。焊接不良区指铜铝结合面中存在不连续分布的区域。超声波部分穿透钎焊层，钎焊层界面回波和底面回波同时存在。焊接不良区的波形如图 3-16 和图 3-17 所示。

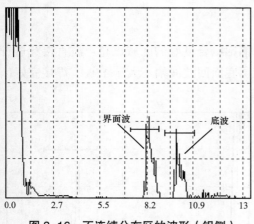
图 3-16 不连续分布区的波形（铝侧）

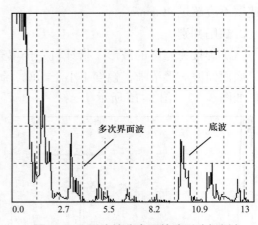
图 3-17 不连续分布区的波形（铜侧）

（4）缺陷。焊接脱焊区和焊接不良区二者均判定为缺陷。

（5）缺陷面积测定方法。线夹铜铝结合面即铜板的面积为检测面积，缺陷总面积即为检测面积内各个缺陷面积的总和。

检出缺陷后，应以缺陷延伸方向探头中心为边界点，连线围成的面积为缺陷面积。在铝板侧检测时，采用绝对灵敏度法进行测量，移动探头使铜铝界面回波幅度降至检测灵敏度下满屏高度 20% 时的位置为缺陷的边界点。在铜板侧检测时，多次界面回波即将消失的位置即为缺陷的边界点。

3. 评定

铜铝结合面边缘存在开口性缺陷的线夹判定为不合格；缺陷总面积大于检测面积 25% 的线夹判定为不合格。

第七节　X 射线数字成像技术

X 射线数字成像技术（digital radiography，DR）是一种快速成像的无损检测技术，是利用平板探测器接收穿透被检工件的 X 射线，再由平板探测器内部晶体电路根据 X 射线剂量强度将其转化为电流信号，最终以数字图像的形式呈现在终端计算机上，与计算机 X 射线摄影成像（computer radiography，CR）相比，具有操作简单、用时短、设备体积小、无须更换成像板且图像分辨率高、信噪比强等优点。利用 X 射线成像技术（DR）可实现设备内部"可视化"诊断，该技术已经在电网设备检修中广泛应用。

X 射线数字成像系统由射线源、激光扫描仪（CR 需要）、成像板（IP 板或 DR 板）、图像处理分析软件、辅助系统（移动固定支架）等构成，X 射线数字成像系统需要高的信噪比和对比度，直接影响结构细节的分辨和故障的发现能力，一般信噪比为 9 级，对比度为 9 级。

感光材料工作时，一般有能承受的最高射线能量，DR 一般能承受的最高 X 射线机的能量是 350kV，CR 则能承受所有能量的 X 射线机。感光材料的有效接受面积是由成像板规格决定的，DR 板有 200mm×200mm、410mm×410mm，不可弯折；CR 用 IP 板，宽度最大是 350mm，长度任意，可弯折。

使 X 射线束中心垂直指向透照区中心，胶片或成像板宜紧贴线夹，保持与线夹或接续管平行，不得产生弯曲变形。如现场条件受限不能紧贴时，应适当拉大焦距。在进行透照时，不应直接朝向有人方位。

焦距应满足下式要求：

$$F \geq (d+1) \cdot f_2 \tag{3-3}$$

式中：F 为焦距，mm；d 为射线机的焦点直径或当量直径，mm；f_2 为被检工件至 X 射线探测器表面的距离，mm。

X 射线检测时射线管电压应根据透照厚度进行选择。如耐张线夹压接质量 X 射线数字成像检测，可参考表 3-5 进行初步选择，并根据透照质量进行调整。调整时，在保证曝光量的前提下，尽量选择较低的管电压。

表 3-5　　　　　　　　　耐张线夹压接质量检测推荐透照管电压／脉冲数

被检测设备	检测部位	射线源	管电压／脉冲数
耐张线夹	钢锚和铝管压接部位、铝管和绞线压接部位	常规射线机	60~110kV
		脉冲射线机	15~50 个脉冲
	钢锚压接部位	常规射线机	100~160kV
		脉冲射线机	30~90 个脉冲
接续管	铝管和绞线压接部位	常规射线机	60~110kV
		脉冲射线机	15~50 个脉冲
	钢接续管压接部位	常规射线机	100~160kV
		脉冲射线机	30~90 个脉冲

在实际检测时，应按照检测速度、检测设备和检测质量的要求，通过协调管电流和曝光时间等参数来选择合适的曝光量，其调节原则为：

（1）在满足图像质量、检测速度和检测效率要求前提下，宜选择较低的曝光量；如无法满足要求，可适当提高曝光量。

（2）（DR）成像可通过合理选择采集帧频、图像叠加幅数和管电流来控制曝光量。

（3）胶片式射线检测和（CR）成像可通过合理选择曝光时间和管电流来控制曝光量。

当采用 CR、DR 或其他数字射线检测技术进行检测时，应采用专用软件获取数字图像，且应采用不可更改的格式存储原图。必要时，可采用系统软件对数字图像进行黑度、对比度等功能进行调节，但不得随意更改关键图像信息。缺陷尺寸测量应考虑射线检测时，图像的放大效应。可采用已知尺寸的构件影像进行同比例校正。不宜采用射线底片或图像进行对边距的测量。

缺陷的判定：输电线路金具的压接质量典型缺陷见表 3-6，具体参考 Q/GDW 11793—2017《输电线路金具压接质量 X 射线检测技术导则》。

表 3-6　　　　　　　　　　输电线路金具压接质量典型缺陷图谱

序号	图样	缺陷类型	图像描述	处置建议
1		—	铝管有压接变形，凹槽部位无肉眼可见间隙，无可见缺陷	—
2		多压	铝管压接区发生形变，但变形区域超出凹槽范围，到达非压区，且铝管和锚管未见损伤	暂不处理
3		漏电压	凹槽少压 2~3 槽（凹槽为压的均未漏压，最严重的为全部漏电压）	漏压 1 槽可不处理；漏压 50% 槽可结合停电处理；漏压超过 50 槽时立即处理

序号	图样	缺陷类型	图像描述	处置建议
4		欠电压	凹槽压接后仍留有间隙，不能仅据此判断是否欠电压，经复核对边距，发现对边距超标，判定为欠电压	如测量对边距合格，可不处理；否则，立即处理
5		—	钢锚和铝管压接区域，铝管有压接变形，凹槽部位无肉眼可见间隙，无可见缺陷	—
6		漏电压	部分钢管未发生形变，锚管和芯线漏电压15%以内	漏电压15%以内，暂不处理；漏电压15%~30%，结合停电处理；漏电压30%以上，立即处理
7		施工偏差	锚管腔体内空隙比例在15%以内	15%以内，暂不处理；15%~30%，结合停电处理；30%以上，立即处理
8		金具损伤	锚管前部存在裂纹	立即处理

续表

序号	图样	缺陷类型	图像描述	处置建议
9		金具损伤	锚管根部存在裂纹	立即处理
10		铝管积水	铝管空腔内存在黑度不一致区域	做排水处理，并进行补压

输电线路金具压接质量缺陷处理：

（1）当压接金具存在漏电压、欠电压等质量缺陷时，应根据要求采取开断重压、补压及预绞丝加强等方式进行处理。

（2）当压接金具存在安装偏差、漏电压比例较小等不影响线路正常运行的情况时，可不处理；但对于重要交跨、大高差、大档距、重覆冰及舞动区域等承载力要求较高的线路区段，宜每隔4年或根据运行工况变化进行复检。

（3）对于采用补压方式进行返修的金具，返修后应按原工艺进行复检，并重新判定压接质量。

参考文献

[1] 王晓雷 . 承压类特种设备无损检测相关知识 [M]. 北京：中国劳动社会保障出版社，2007.

[2] 中国冶金百科全书总编辑委员会，《金属材料卷》编辑委员会 . 中国冶金百科全书·金属材料 [M]. 北京：冶金工业出版社 .

[3] 刘纯，谢亿，陈军君，等 . 高压隔离开关触指镀银层现场测厚技术开发 [J]. 湖南电力，2010,30（5）：14–16.

[4] 杜林，余欣玺，周年荣，等 . 基于热电效应的变压器绕组材质鉴别方法 [J]. 高电压技术，2016,42（7）：2275–2280.

[5] 胡加瑞，陈伟，陈红冬，等 . 干式变压器绕组材质鉴别无损检测研究 [J]. 变压器，2018，55（2）：65–68.

[6] 龙会国，龙毅，陈红冬，等 . 铝合金焊缝超声波检测工艺参数的选择 [J]. 无损检测，2013，35（2）：54–58.

[7] 王子昊 . 深度学习在输电铁塔关键部件缺陷检测中的应用研究 [D]. 中国民航大学，硕士研究生论文，2018.

第四章

结构支撑类设备金属监督与典型案例

第一节　角钢塔

铁塔作为高压输电线路的一项重要组成部分，其功能主要是用来支持导线、地线以及其他附件，使导线、地线保持一定安全距离，并使导线对地面、交叉跨越物或其他建筑物保持允许的安全距离。在我国，大多数采用角钢钢板螺栓铁塔，其构造主要是角钢、钢板等部件，用螺栓连接组合而成，局部采用少量焊接件，基础座板采用电焊焊接。

送电线路的铁塔，一般是按铁塔在线路中的用途进行分类，一条送电线路通常有以下几种铁塔。

（1）直线铁塔：直线铁塔位于线路的中间部分，也称中间铁塔。在一条送电线路中，大部分是直线铁塔，直线铁塔常占全线铁塔的80%。

（2）耐张铁塔：耐张铁塔也叫承力铁塔。耐张铁塔是把整个线路分成许多小段，起锚固导、地线的作用，限制了线路事故的范围。此外，耐张铁塔还可以作为架线时的紧线铁塔，这对于线路施工与检修也是必要的。

（3）转角铁塔：转角铁塔用于线路的转角地点，它具有与耐张铁塔相同的特点和作用。转角铁塔分直线型与耐张型两种，可根据转角大小选用。

（4）终端铁塔：终端铁塔是耐张铁塔的一种，用于线路的两端。终端铁塔允许带有转角，并须考虑仅有一侧架线的受力情况。

（5）特殊铁塔：特殊铁塔包括跨越、换位、分歧等铁塔。

输电铁塔的结构，整个铁塔可分为塔头、塔身和塔腿三部分。导线按三角形排列的铁塔，下横担以上部分称为塔头。导线按水平排列的铁塔，颈部以上部分称塔头；一般位于基础上面的第一段结构叫塔腿。塔头和塔腿之间的结构称为塔身。

铁塔斜材的布置，应用最多的是单斜材、双斜材和K型斜材三种。单斜材布置比较轻便，适用于塔身较窄和受力较小的塔型。双斜材刚度较大，适用于宽度和受力较大的塔身或塔头。K型斜材结构较复杂，只是在塔身很宽，并为尽量减少斜材的计算长度以保证足够的刚度时，方才使用。一般大跨越塔和终端塔的塔身及宽基塔的腿部常用这种斜材。

输电铁塔运行工况复杂，主要承受以下荷载：①永久性荷载。导地线、绝缘子及其附件、杆塔结构、各种固定设备、基础以及土体等的重力荷载，拉线或纤绳的初始张力、土压力及预紧力等荷载；②可变荷载。风和冰（雪）荷载，导地线及拉线的张力，安装检修附加荷载，结构变形引起的次生荷载以及各种振动动力荷载。

一、角钢塔金属技术监督要求

角钢塔的设计应符合 GB 50545《110kV~750kV 架空输电线路设计规范》和 DL/T 5154《架空输电线路杆塔结构设计技术规定》，制造质量应符合 GB/T 2694《输电线路铁塔制造技术条件》的要求。

拉线的设计应符合 GB 50545《110kV~750kV 架空输电线路设计规范》规定，拉线宜采用镀锌钢绞线，其截面按受力情况计算确定，但不应小于 $25mm^2$；拉线金具的强度设计值应取国家标准金具的强度标准值，或特殊金具的最小试验破坏强度值除以 1.8 抗力分项系数确定；拉线夹角宜采用 45°，不应小于 30°。

安装阶段，重点关注角钢塔规格材质是否符合设计要求，零部件、焊缝等外观无碰伤、损坏，外观质量良好；镀锌层外观质量良好，无结瘤、毛刺、多余结块、剥落和使用上有害的缺陷；镀锌层厚度、附着力及其抽样检测符合要求；现场安装角钢塔材不能再次钻孔和切割；紧固件及其连接应符合要求。

铁塔保护帽施工标准工艺要求：保护帽强度等级不低于 C15；使用中粗砂，含泥量不大于 5%；应使用粒径 5~20 mm 的碎石，含泥量不大于 2%；主板与靴板之间的缝隙应采用密封（防水）措施；在塔脚与混凝土基础连接界面上下至少 50mm 采用防护保护层（如环氧树脂涂覆，厚度为 1mm 保护层），使塔脚易腐蚀部位与腐蚀介质隔离；保护帽顶面应留有排水坡度，顶面不得积水。

在役运行阶段，DL/T 1249—2013《架空输电线路运行状态评估技术导则》规定：杆塔倾斜、杆（塔）顶挠度、横担外斜最大允许值应符合表 4-1 的要求。

表 4-1　　　　　杆塔倾斜、杆（塔）顶挠度、横担外斜最大允许值

类别	钢筋混凝土电杆	钢管杆	角钢塔	钢管塔
直线杆塔倾斜度（含杆塔挠度）	15‰	0.5%	0.5%（50m 及以上杆塔） 1%（50m 以下杆塔）	0.5%
直线转角杆最大挠度	—	0.7%	—	—
转角和终端杆塔 66kV 及以下最大挠度	—	—	1.5%	—
转角和终端杆塔 110~220kV 及以下最大挠度	—	2.0%	—	—
杆塔横担斜度	1.0%	—	1.0%	0.5%

杆塔挠曲：顺线路或横线路直线转角钢管杆最大挠度不大于7%，66kV及以下转角和终端钢管杆最大挠度不大于1.5%，110~220kV转角和终端钢管杆最大挠度不大于2%。

角钢塔横担变形不大于1%，杆塔主材相邻结点间歪斜弯曲变形不大于1%；角钢塔支柱角钢缺失引发的变形、角钢塔分段主十字交叉角钢缺失引发的变形等应判断为严重状态。

塔材锈蚀：塔材锈蚀严重、大部分非主要承力塔材、螺栓和结点板镀锌层脱落，塔材出现锈蚀穿孔、边缘缺口需进行更换；需对除去浮锈后最薄处厚度减至原规格90%及以下的主材进行更换，需对除去浮锈后最薄处厚度减至原规格80%及以下的斜材、辅材进行更换；主材的10%受损、辅材的30%受损、主材螺栓或主材联板的10%受损，三者任意一个达到标准时进行整体更换。

角钢塔角钢构件不允许出现裂纹、焊接裂纹。

缺少大量非主要承力塔材、螺栓、脚钉或较多节点板，螺栓松动15%以上，地脚螺母缺失；未采取塔材防盗措施。

二、角钢塔典型金属失效案例

1. 导线覆冰导致输电线路角钢塔倒塌

导线覆冰对输电线路的安全和稳定运行具有严重的安全隐患。1998年1月加拿大魁北克、安大略等省遭遇严重的冰雪事故，俄罗斯、法国、冰岛、日本等国都曾发生类似事故。我国受大气候和微地形、微气候条件的影响，冰灾事故也频繁发生。在2008年湖南冰灾中，湖南500kV线路33条（含直流）中，有14条（其中2条为同塔双回线路）500kV线路倒塔182基，变形82基；220kV线路246条中有44条220kV线路倒塔634基，变形218基。2008年湖南冰灾倒塔断线事故的根本原因为持续恶劣的天气导致输电线路铁塔、导线、地线和绝缘子严重覆冰，实际覆冰的厚度超过了设计值；铁塔的倒塔形式主要表现为大档距差、大高差角产生的不平衡张力拉倒失效、压垮失效和导线断裂引起倒塔失效，个别铁塔倒塔形式为横向（垂直线路方向）折倒；铁塔的变形多为地线支架和横担部分，个别耐张塔横担也存在严重变形；导线的失效多为断裂，断口有颈缩现象，也有钢芯断裂、导线脱股现象。

覆冰会对输电线路产生严重的危害，应采取以下措施：①根据最新线路运行气象资料、环境资料及环境特征，完善设计基础数据，提出输电线路覆冰设计值的精准设计，合理设计、配置杆塔、导线及金具型号，确保所设计的输电线路满足所在地形与气象条件要求，尽量避开可能引起导线严重覆冰、舞动的特殊地区；②对大档距、大高差角下输电线路应提高一个冰厚等级设计，并提高相应配套的金具设计等级；③对于"三跨"即跨高速铁路、跨高速公路及跨输电通道的架空输电线路区段，对该区段导线最大设计验算覆冰厚度应比同区域常规线路增加10mm、地线增加15mm；④加大运行检修力度，做好输电线路重冰区域在线监控，做好导线融冰方案，加大融冰设备的检修力度，保证融冰设备的完好。

【案例4-1】　导线覆冰过厚导致角钢塔倒塌。

500kV湘云Ⅱ线为同塔双回输电线路。2008年1月26日，024～025号间导线覆冰，铝绞线全部断裂，只剩下钢芯；1月27日，024～030号倒塔断线。25号塔倒向24号塔方向，角钢存在严重变形，部位螺栓孔存在撕裂现象，如图4-1和图4-2所示，25号塔的合成绝缘子断裂吊串；24号塔向23号塔方向倒塌，23号塔为耐张塔。26号塔倒向27号塔方向，整个塔头倒塌，27号塔倒向28号塔方向，为齐腰折倒；28号塔倒向29号塔方向，塔头全部倒塌。25、26号塔之间导线断裂，铝绞线断口有颈缩现象。

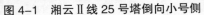

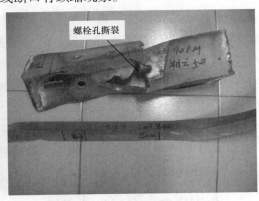

| 图4-1　湘云Ⅱ线25号塔倒向小号侧 | 图4-2　湘云Ⅱ线角钢塔损伤变形情况 |

现场测量26号塔绝缘子覆冰厚度为80mm，塔身覆冰厚度为75mm，导线覆冰厚度为55mm；25、26号塔之间的导线覆冰厚度约为96mm；24、25号塔之间导线覆冰厚度为95mm。重冰区按20、30、40mm或50mm覆冰厚度设计，实际覆冰厚度超过设计值。

导线覆冰超过设计值是角钢塔倒塌的主要原因。

【案例4-2】　大档距、大高差角下覆冰倒塔。

220kV输电线路福外Ⅰ线34、35号塔为直线自立塔，均位于山顶，33号塔位于山腰，33号塔与34号塔之间地势较为开阔。33、34、35号塔之间的档距分别为693、681、614m，33、34号塔之间的高差角较大。2008年1月19日，34、35号倒塔。

34、35号塔均向大号侧（小号往大号方向大致为由北向南）倾覆，弯折点位于平口以下约1.5m处，塔身尚较为完整，塔头严重扭曲；35号塔塔基上方约30cm处主材存在变形，塔基开裂，如图4-3和图4-4所示。

| 图4-3　福外Ⅰ线35号塔倾覆 | 图4-4　福外Ⅰ线35号塔基开裂 |

26 号塔为拉线门型塔，位于山顶上，拉线断裂，塔身尚较为完整，塔基部位严重变形，导线覆冰严重，测量导线覆冰直径约为 120mm，如图 4-5 和图 4-6 所示。

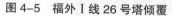

图 4-5 福外 I 线 26 号塔倾覆

图 4-6 福外 I 线 26 号塔导线覆冰情况

综上所述，导线覆冰太厚，超过设计值，在大档距和大高差角条件下，致使 34 号塔首先向大号侧倾覆，35 号塔由于受不平衡张力，也发生倒塔。

2. 角钢塔材质规格与设计不符

【案例 4-3】 角钢塔与设计不符、材质不合格。

分析 220kV 线路 4 条线 5 基塔 10 件试样、500kV 线路 14 条线路 17 基塔试样共 34 件倒塔材质，发现材质与设计不符的存在 6 件，主要体现在：规格应为∠90×6mm，实测为∠80×6mm，与设计不符；主材一般设计应为 16Mn/Q355，实为 Q235，与设计不符。

3. 角钢塔制造、安装工艺不当导致铁塔倒塌

【案例 4-4】 制造或安装工艺不当。

某 110kV 输电线路 2008 年 12 月投运，共 89 基铁塔，2009 年 5 月共有 6 基铁塔突然弯折倾倒，铁塔断裂位置为第 2 节主材与第 3 节主材连接附近，均为螺孔连接处，螺孔连接处无明显螺栓滑动磨损痕迹。主要存在全塔螺栓无防松措施，部分螺孔偏大，螺孔边缘毛刺高度约 2mm（要求 ≥0.3mm 应清除），螺母装反，部分角钢断口出现夹杂物导致的分层现象等，如图 4-7 所示。

塔基施工时，水泥配比不当或施工不当，造成基础开裂，如图 4-8 所示。

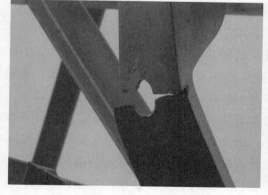

图 4-7 某 110kV 角钢塔螺孔开裂

图 4-8 某 110kV 角钢塔基开裂

4. 角钢塔螺孔制造冲孔挤压裂纹导致铁塔倒塌

【案例4-5】 某220kV输电线路塔脚螺孔裂纹。

某220kV输电线路某耐张塔的C脚在塔脚板处开裂，裂纹从塔脚板最上层最外螺孔向角钢里延伸至水平第2个螺孔处，最外螺孔开裂向角钢外侧裂透。主材材质为Q355B，设计规格为∠180×16mm，螺栓孔的加工采用的是冲孔。

宏观检查发现裂纹源为最上层最外圈第一个螺栓孔，裂纹是由螺栓孔向两侧裂开，该螺栓孔内壁存在明显挤压痕迹，具有一层塑性硬化变形层，该变形层具有明显脆性，塑性硬化变形层内壁还存在细小微裂纹，如图4-9所示。

图4-9 主材螺栓孔挤压微裂纹

对螺孔孔进行测量，孔径为27.4mm，相同部位其余螺栓孔直径为26mm，设计螺栓孔规格为26mm，开裂孔径与设计不符；GB/T 2694—2018《输电线路铁塔制造技术条件》、DL/T 646—2012《输变电钢管结构制造技术条件》规定：当角钢材质为Q235且厚度大于16mm、钢材材质为Q355且厚度大于14mm、钢材材质为Q420且厚度大于12mm、钢材材质为Q460的所有厚度及挂线孔均应采用钻孔，可见，铁塔角钢制孔工艺与标准规定不符。

对主材化学成分、金相及力学性能进行分析，均符合要求。

综上所述，螺栓孔在加工或安装过程中，孔径加大，制孔工艺与规程不符，导致孔内壁存在过度挤压变形，形成脆化层，在制造热浸镀锌过程中、运行过程中等易造成脆性层微裂纹萌芽、扩展。

【案例4-6】 某110kV新建输电线路塔脚开裂。

某在建110kV输电线路，总长41.6km，共162基，其中直线塔147基，转角塔15基，在进行N16号塔导地线架设过程中发现D塔脚角钢开裂。N16号铁塔为110B-JG3-15型转角塔，D腿塔脚往上5cm处角钢背部发生横向开裂。角钢材质为Q355B，规格为∠140×10mm，长度为6467mm。

开裂角钢位于N16号塔D塔腿与塔脚连接部位，开裂位置处于保护帽上方角钢与钢板螺栓连接最上层螺栓孔之间，除了开裂部位外，螺栓孔存在宏观可见的微裂纹，如图4-10所示，对附近螺栓孔进行检查，发现2个螺栓孔内壁存在明显宏观可见的微裂纹。断口呈人字纹分布，从开裂螺栓孔横向第二个螺栓方延伸，断口未见明显塑性变形，呈脆性断裂特征。

对断裂角钢进行金相分析，组织为珠光体＋铁素体，未见明显偏析，夹杂物含量符合要求，未见其他组织异常情况，螺栓孔表面覆盖有约 $100\mu m$ 厚镀锌层，在螺栓孔内壁镀锌层下面存在微裂纹，可见，微裂纹为镀锌前或镀锌过程中形成的；螺栓孔内壁表面约 $300\mu m$ 厚晶粒明显细化，且晶粒均匀，可见，该区域为明显的加工塑性变形区域，如图 4-11 所示。

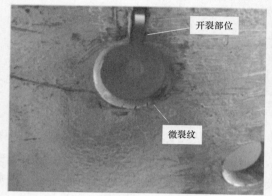
图 4-10　螺孔冲孔挤压裂纹宏观形貌

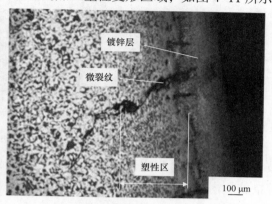
图 4-11　螺孔冲孔挤压微裂纹金相组织

对断裂角钢进行化学成分、低温冲击性能、力学性能分析，均符合要求。

开裂的 D 塔腿角钢位于整个转角塔的最外端拐点处，是整个铁塔承载拉应力、弯曲应力最大部位，安装过程中在螺孔微裂纹处形成应力集中，且螺栓孔内壁存在脆性区域，更易开裂。

综上所述，角钢塔在制造过程中，冲孔工艺不当，导致螺栓孔内壁存在塑性变形区域，热浸镀锌过程、安装过程中造成脆性区域裂纹萌芽、扩展，最终导致开裂。制造工艺不当造成螺栓孔内壁缺陷是角钢塔开裂的主要原因。

该塔主材材质为 Q355B，规格为 ∠ $140\times10mm$，采用冲孔工艺，螺孔内壁产生明显挤压变形微裂纹，可见，GB/T 2694—2018《输电线路铁塔制造技术条件》、DL/T 646—2012《输变电钢管结构制造技术条件》规定（当角钢材质为 Q235 且厚度大于 16mm、钢材材质为 Q355 且厚度大于 14mm、钢材材质为 Q420 且厚度大于 12mm、钢材材质为 Q460 的所有厚度及挂线孔均应采用钻孔）值得商榷，对于主材或材质为 Q355、Q420、Q460 所有厚度螺孔及挂线孔均应采用钻孔。

因此，应加强角钢制造过程质量控制，优化加工工艺，螺孔优先推荐采用钻孔，加强出厂前质量检验，杜绝不合格产品出厂；在安装现场应加强角钢质量验收，针对螺栓孔部位应100% 宏观检查合格，杜绝不合格产品进入施工现场，严格按照规范及设计要求施工，避免施工过程中角钢塔承受过大载荷。

5. 角钢塔联板焊接质量缺陷导致开裂

【案例 4-7】　500kV 输电线路内联板焊缝开裂。

某新建 500kV 输电线路某类塔型共 26 基，线路尚未架线，检查发现共有 11 基塔内联板存在开裂，裂纹宏观形貌如图 4-12 所示。该内联板为上下曲臂的重要连接部件，开裂缺陷将可能导致铁塔塔头扭曲变形，线路投运后有可能导致铁塔倒塌等严重事故发生。

图 4-12　内联板开裂宏观形貌

从图 4-12 可知，内联板焊缝为对接焊缝，焊缝表面成型差，且存在未焊满现象、未开坡口情况，焊缝开裂内部存在明显的锈蚀情况，即焊接前坡口及边缘母材未采取除锈、清理等措施。内联板对接焊缝作为承受弯曲应力及拉压应力的一级焊缝，应采用开坡口、全焊透结构，焊后应进行外观及内部质量检查。可见，内联板焊接质量不符合 GB/T 2694—2018《输电线路铁塔制造技术条件》规定。

综上所述，内联板对接焊缝未开坡口、表面未清理干净，且存在未焊满等现象，焊缝质量不合格，导致焊缝强度显著降低，在安装过程中螺栓预紧力作用下导致开裂。因此，应加强联板等重要部件制造过程质量控制，严格按标准规范要求施工，并加强出厂前质量验收，杜绝不合格产品进入施工现场；安装前应加强重要塔材、联板质量检查与验收，杜绝不合格产品投入使用。

6. 塔脚设计、施工、检修不当造成的局部腐蚀加剧

输电铁塔的塔身、塔脚、接地系统等金属部件均会发生腐蚀，而塔脚运行环境复杂恶劣、腐蚀状态隐蔽、防腐难度大、腐蚀危害性大等特点，是输电铁塔所有腐蚀问题中的重点和难点。

【案例 4-8】　某 110 kV 输电线路塔脚护帽质量问题导致局部腐蚀加剧。

某 110 kV 输电线路于 2004 年 12 月投运，2014 年 6 月检查发现部分杆塔基础保护帽风化严重，塔材腿部存在腐蚀情况，敲开塔腿保护帽检查，发现主材和大斜材都存在着严重腐蚀，如图 4-13 和图 4-14 所示。该塔位于山坡上，土质为岩石，大号侧跨越江面，距杆塔横线路左侧约 500m 处有一化工厂。该塔型为 7727 型，主材采用 Q355 热镀锌角钢，斜材采用 Q235 热镀锌角钢，前后档距分别为 369 m 和 376 m。

图 4-13　110kV 输电铁塔塔脚腐蚀形貌

图 4-14　110kV 输电铁塔塔脚腐蚀形貌

铁塔保护帽施工标准工艺要求：保护帽强度等级不低于 C15；使用中粗砂，含泥量不大于 5%；应使用粒径 5~20mm 的碎石，含泥量不大于 2%；主板与靴板之间的缝隙应采用密封（防水）措施；保护帽顶面应留有排水坡度，保护帽顶面不得积水。

经现场开挖检查该塔保护帽质量，发现存在以下问题：①保护帽整体呈粉尘状，水泥比例严重不足，含泥量严重超标，远高于砂含泥量 5% 和石含泥量 2% 的要求；②石子使用不规范，未采用要求规定的碎石，而是大量采用大块风化石，最大的石子粒径达到 240 mm，远超 5~20mm 的要求；③主板与靴板之间的缝隙未采取任何密封（防水）措施；④由于保护帽质量及自然风化因素影响，保护帽顶面无排水坡度，导致整个保护帽积水、积尘严重。

于该塔周围雨水取样分析，其中 Cl^- 含量高达 0.98 mg/L，SO_4^{2-} 含量高达 4.91 mg/L，因此，环境中 Cl^-、SO_4^{2-} 对钝化膜的破坏以及对点蚀的促进作用。

综上所述，由于保护帽存在严重质量问题，在自然环境作用下快速风化，致使保护帽内部疏松且存在大量大小不一的空洞，易积水、积尘，在雨水及其 SO_4^{2-} 和 Cl^- 等侵蚀性介质作用下，导致其内部塔脚隐蔽腐蚀加剧。

【案例 4-9】 某 220kV 输电线路塔脚保护帽设计、施工不当导致局部腐蚀加剧。

某 220kV 输电线路于 1986 年 6 月投运，2012 年 6 月发现该线路甲 16 铁塔塔脚局部腐蚀严重，该塔处于沿海地区田地里，塔型号为 220Z1，呼高 17.7m，主材为 Q355 热镀锌角钢，斜材为 Q235 热镀锌角钢。

现场宏观检查发现，铁塔的腐蚀部位集中在塔脚临近基础水泥保护帽表面的窄小范围内，保护帽表面较为平整，覆盖了一层较厚的尘土；腐蚀均发生在保护帽界面处，角钢一侧腐蚀缺口已达角钢宽度一半，如图 4-15 所示，最严重的一根角钢腐蚀缺口达角钢约 3/4 宽度，其另一侧断裂长度达约 1/3 角钢宽度，且存在明显腐蚀减薄现象，如图 4-16 所示。塔脚局部腐蚀区域上、下角钢表面保护完好，未发现明显腐蚀迹象。

图 4-15　220kV 输电铁塔塔脚腐蚀现场　　图 4-16　220kV 输电铁塔塔脚局部腐蚀情况

通过模拟验证铁塔不同部位腐蚀情况：混凝土孔隙液环境（采用配制的模凝土孔隙液进行试验）、塔脚上方大气环境（根据铁塔表面盐密值测量统计范围，选取中间浓度的盐密值进行模拟）及腐蚀部位的高盐浓度的类土壤环境（失效部位的腐蚀，由于腐蚀部位存在积尘，在雨水的冲刷下，铁塔上部的盐分会在积尘中积累，盐质量分数较高，试验采用高质量分数的盐密值进行模拟），通过腐蚀电化学测量获得各种模拟环境下铁塔镀层的腐蚀速率，分析其腐蚀失效机理。

不同模拟环境中锌的极化曲线如图4-17所示。在3重模拟环境中，锌电极在混凝土模拟孔隙液中的腐蚀电位比较低，但是在阳极区出现了钝化现象，表明电极表面出现了致密的保护层，有效阻止锌进一步腐蚀。通过开挖的混凝土中镀锌钢检查发现，表面腐蚀很少。

而在模拟大气环境中，锌电极在阳极区不出现钝化现象，这是由于模拟液中含有Cl^-离子时，Cl^-与$Zn(OH)_2$中的Zn^{2+}结合形成可溶性盐而失去保护作用；且由于HSO_3^-的弱酸性作用，使得锌的表面腐蚀产物难以形成保护性的氧化层。总之，在Cl^-和HSO_3^-的存在使得锌在大气模拟环境中的腐蚀速率较高。

通过对锌在不同模拟环境下的极化曲线拟合，塔脚上部腐蚀速率为0.18mm/a，塔脚混凝土界面处腐蚀速率为0.807mm/a，塔脚在混凝土中的腐蚀速率为0.235mm/a。可见，塔脚在混凝土中和大气中的腐蚀速率较低，而在两者界面处的腐蚀速率高出前两者4倍多。塔脚腐蚀速率与大气中的相对湿度成正比，在弯曲干燥室腐蚀速率几乎为零。另外，由于混凝土中氧扩散过程慢，塔脚在混凝土中的腐蚀速率也比在模拟环境中要低。由于塔脚在尘土下的部分（即界面处），由于混凝土的毛细作用，该部分一直处于湿润状态，且尘土疏松，更易积水及空气中氧的传输，使塔脚在尘土界面处腐蚀速率较高、腐蚀时间相对较长。

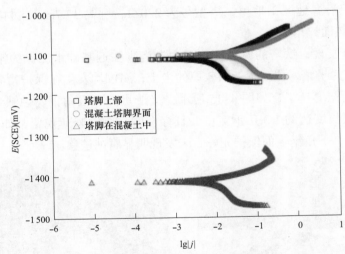

图4-17　锌在不同模拟环境下的极化曲线

综上所示，由于该塔处于农田，塔脚保护帽较为平整，覆盖了一层尘土，且塔脚角钢与混凝土之间存在缝隙等综合作用下，使塔脚界面处尘土保持湿润状态电解液环境，导致局部长期腐蚀加剧。

【案例4-10】　某110kV输电线路塔脚保护帽设计、施工不当。

某110kV输电线路塔脚防护帽存在施工不当，保护帽未有明显的排水坡度，塔脚与保护帽接触部位存在严重积水情况，长期运行过程中导致该积水区域腐蚀加剧，如图4-18所示；塔脚主板与靴板缝隙未采取任何密封（防水）措施，造成间隙内部存在明显积水情况，主板或靴板保护帽接触处存在明显水泥开裂现象，开裂部位易积水积盐，长期运行过程中，会造成该区域材质局部腐蚀加剧，危及线路运行安全，如图4-19所示。

图 4-18　110kV 输电铁塔塔脚积水

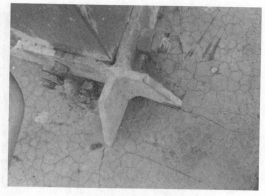

图 4-19　主板与靴板缝隙未采取任何密封（防水）措施

　　为了预防塔脚局部腐蚀，应采取以下保护措施：①严格按铁塔保护帽施工标准工艺要求施工，确保塔脚保护帽的质量；②在塔脚与混凝土基础连接界面上下至少 50mm 采用防护保护层（如环氧树脂涂覆，厚度为 1mm 保护层），使塔脚易腐蚀部位与腐蚀介质隔离；③定期加强检查，及时清理塔脚积累的尘土和盐分，消除腐蚀介质。

7. 重污染环境下角钢塔、地线腐蚀

　　【案例 4-11】　某 500kV 输电线路局部塔段角钢塔腐蚀、地线腐蚀断股。

　　某 500kV 输电线路于 1995 年投运，2007 年 12 月检查发现 258、425 号铁塔塔材、金具、螺栓以及地线普遍锈蚀严重，其中 272、273 号铁塔之间右相地线距 273 号约 120m 处连续 70m 长的范围有 5 处有断股、散股现象，其中有一处断 4 股（地线型号为 GJ-70，镀锌钢绞线，共 19 股），如图 4-20 和图 4-21 所示。图 4-22 和图 4-23 所示为 273 号铁塔腐蚀情况，腐蚀发生在镀锌层破坏的地方，镀锌层完好的地方，无腐蚀发生，从现场情况分析，容易积水或形成液滴的地方，腐蚀越严重，部分角钢下侧边缘已经锈穿。

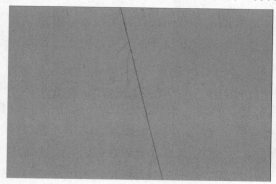

图 4-20　地线腐蚀断股现场情况

图 4-21　地线腐蚀宏观形貌

　　对地线断股与 273 号锈蚀铁塔附近环境情况进行调查，距离断股线附近约 2km 附近有一小型硫铁矿厂，275 号杆塔附近距其 11.8km 处的南方为某港镇，该镇上有大型的水泥厂、钢铁厂，污染较为严重，处于 4 级污区，该区域变电站盐密为 0.46mg/cm^2，灰密为 7.62mg/cm^2，达到 E 级水平。

图 4-22　273 号铁塔锈蚀宏观形貌　　　　图 4-23　273 号铁塔角钢下侧锈蚀宏观形貌

可见，该区域存在较多的工矿企业，大气中存在较多的腐蚀性气体，输电线路腐蚀为典型的大气腐蚀，南方多雨的气候易形成水溶性酸盐，为输电线路提供了电解液，积水越多的地方腐蚀越严重，而疏松的腐蚀产物更容易积水，因而腐蚀速度加剧。

对于断股地线段，考虑到地线已经腐蚀减薄，且已经脆化，应立即进行更换；对于腐蚀严重的地线、输电导线、铁塔及金具应逐步进行更换。做好输电设备运行管理与维护，对重污染区域的输电线路应加强腐蚀检查与防护。

8. 角钢塔材质长期运行下力学性能变化规律

电网输电设施是国民经济发展和国家建设的生命线，为满足国民经济及社会迅速发展的需要，国家大力推进特高压电网建设。特高压电网电压等级高、容量大，一旦发生电网故障，则损失较大，且特高压电网跨度大，服役环境多变，对材料选用及服役要求高，材料及结构复杂，容易出现材料及结构问题。旧有输电设施（如运行 30 年及以上）长期服役，受自然环境侵蚀、结构运行应力长期作用以及人为破坏等，随着时间的增长，结构支撑基础、结构支撑件等由于老化劣化，部分存在破坏或缺陷，显著降低输变电设施的耐久性和安全性，给输变电设施带来极大的安全隐患。因此，输电设施承重结构材料长期运行过程中是否存在缺陷、组织性能劣化等影响安全性等，这些都会给输变电设施正常运营带来了严重的安全隐患。

统计 500kV 输电线路新建线路、不同运行时间的线路角钢塔材质力学性能，研究长期运行过程中材料力学性能变化规律，输电线路角钢取样均为未有明显氧化、腐蚀及外观损伤的试样，材质为 Q355B、Q235B。长期运行过程中力学变化规律如图 4-24~ 图 4-26 所示，GB/T 700—2006《碳素结构钢》规定 Q235B 规定：屈服强度不小于 235MPa、抗拉强度为 370~500MPa、断后伸长率不小于 26%，GB/T 1591—2018《低合金高强度结构钢》对 Q355B 规定：屈服强度不小于 355MPa、抗拉强度为 470~630MPa、断后伸长率不小于 22%，可见，经过 16 万多小时运行下，角钢塔力学性能均符合相关标准要求。

从图 4-24、图 4-26 中可知，新建铁塔取样中 Q235B 的屈服强度分散范围为 279~438MPa（平均屈服强度为 342MPa）、抗拉强度分散范围为 399~567MPa（平均抗拉强度为 459MPa）、断后伸长率范围为 26%~42%（平均为 29.5%），对于不同运行时间段取样中屈服强度值、抗拉强度值及断后伸长率均在新建铁塔取样试样相应的屈服强度、抗拉强度分散范围内。

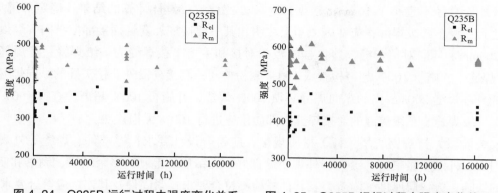

图 4-24　Q235B 运行过程中强度变化关系　　图 4-25　Q355B 运行过程中强度变化关系

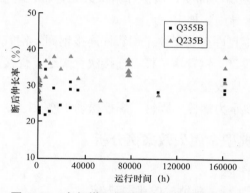

图 4-26　角钢塔运行过程中延伸率变化关系

同理，从图 4-25 和图 4-26 可知，新建铁塔取样中 Q355B 的屈服强度分散范围为 358~467MPa（平均屈服强度为 371MPa）、抗拉强度分散范围为 548~611MPa（平均抗拉强度为 575MPa）、断后伸长率范围为 22%~35%（平均为 28.5%），对于不同运行时间段取样中屈服强度值、抗拉强度值及断后伸长率均在新建铁塔取样试样相应的屈服强度、抗拉强度分散范围内。

综上所述，输电线路中角钢塔等钢质材料长期运行过程中，在无明显氧化、腐蚀及外力破坏等缺陷情况下，随着运行时间的增加，在运行应力作用下其力学性能未见明显影响，不会影响输电线路的安全可靠性。

第二节　钢管塔（杆）

一、钢管塔（杆）金属技术监督要求

钢管塔（杆）的设计应符合 GB 50545《110kV~750kV 架空输电线路设计规范》和 DL/T 5154《架空输电线路杆塔结构设计技术规定》，制造质量应符合 GB/T 646《输电钢管结构制造技术条件》的要求。

钢管塔（杆）材料为 Q235、Q355、Q390，受力构件及其连接件最小厚度不宜小于

3mm，螺栓直径不宜小于16mm；根据焊缝所处的位置、设计计算的结果、确定焊缝等级，并需达到一级、二级焊缝，应在施工图上注明，其中插接杆外套管插接部位纵向焊缝设计长度加200mm、环向对接焊缝、连接挂线板的对接和主要T接焊缝为一级焊缝；环焊缝必须100%焊透，并施行100%超声检查或100%磁粉检测；套接杆段外套接头处的纵向焊缝以及对接杆身环焊缝200mm内的纵向焊缝必须100%焊透，并施行100%超声检查或100%磁粉检测；一级焊缝、二级焊缝的对接焊缝内部质量应进行100%无损检测。

安装阶段，核查钢管塔（杆）材质规格，应符合设计要求；零部件、焊缝等外观无碰伤、损坏，外观质量良好；镀锌层外观质量良好，无结瘤、毛刺、多余结块、剥落和使用上有害的缺陷；镀锌层厚度、附着力及其抽样检测符合要求；紧固件及其连接应符合要求。

在役运行阶段，杆塔倾斜、挠度、横担外斜最大允许值应符合DL/T 1249—2013《架空输电线路运行状态评估技术导则》规定。

杆塔、钢管杆等本体不允许存在裂纹：钢管杆连接钢圈、钢管杆主材裂纹，无论纵横裂纹，裂纹宽度、长度、条数等；钢管塔（杆）连接法兰焊缝、焊接部位脱焊裂纹、夹渣、烧穿、咬边、法兰下平面平整度改变等。

不允许缺少大量非主要承力螺栓、脚钉，螺栓松动15%以上，地脚螺母缺失。

二、钢管塔（杆）典型金属失效案例分析

1. 设计、制造质量缺陷

【案例4-12】 钢管塔（杆）制造阶段典型缺陷。

钢管塔指塔身主材用钢管构件，其他构件用钢管或圆钢、型钢、拉线组成的空间塔架结构。钢管塔的材料主要包括角钢、型钢、直缝焊管、钢板和法兰，钢管塔的制造工艺包括下料、制孔、弯曲、焊接、矫正、镀锌等，影响钢管塔制造质量的主要环节为材料、焊接及镀锌质量。

钢管塔制表面典型缺陷主要为裂纹、折叠、分层、重皮气孔、夹渣等，如图4-27和图4-28所示；焊缝外观质量成形应均匀、美观，焊道与焊道、焊缝与母材金属过渡圆滑，焊渣和飞溅物应清除干净，焊缝外形尺寸应符合要求，焊缝外观主要存在飞溅、熔渣、裂纹、气孔、夹渣、漏焊、焊缝成型不良等缺陷，如图4-29~图4-31所示，焊缝内部缺陷主要存在裂纹、气孔、夹渣、未焊透、未熔合等缺陷，钢管塔焊缝质量应严格按照设计文件及规程规定的焊缝等级进行质量验收。

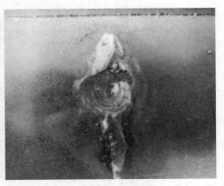

图4-27　直缝管表面宏观裂纹　　　　　图4-28　直缝管表面电弧灼伤

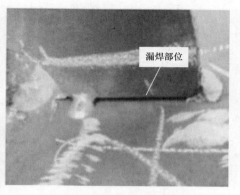

图 4-29　焊缝密集气孔　　　　　　　图 4-30　焊缝漏焊

　　钢管塔用角钢、钢板、直缝焊管等镀锌层质量也易产生问题，镀层表面应光滑、连续完整，不应有过酸洗、起皮、漏锌、锌灰、锌渣、锌瘤、积锌、镀层脱离等缺陷，如图 4-32 所示，镀锌层厚度不合格、结合强度不符合要求等。

图 4-31　焊缝弧坑裂纹　　　　　　　图 4-32　镀锌漏镀

　　钢管塔用钢材存在壁厚与设计不符现象，某 110kV 输电工程部分钢管塔存在壁厚与设计不符，某耐张塔钢管壁设计壁厚为 20mm，实测厚度为 11.5mm；钢管壁设计壁厚为 16mm，实测壁厚为 11.3mm 等。

　　因此，应加强钢管塔制造过程质量控制，严格按规程规定的工艺施工，加强出厂质量、入网质量验收，杜绝不合格产品进入输变电工程，对钢管塔、法兰壁厚进行抽测，确保电网安全可靠运行。

　　【案例 4-13】　钢管杆法兰焊接设计、制造缺陷。

　　某 110kV 输电线路杆塔形式为钢管杆，基建阶段对钢管杆进行质量检查发现如下问题：①法兰盘厚度为 40mm，材质为 Q235，而钢管材质为 Q355，法兰盘设计材质不符合要求；②钢管制造对接焊缝未见无损检测报告及记录；③法兰盘均由四块钢板拼接而成，法兰盘应整体成型，不符合要求；④法兰筋板和横担连接板叠加焊接在钢管杆纵向对接焊缝之上，不符合要求，如图 4-33 所示；⑤有劲法兰与主管连接未见内环焊缝，与 DL/T 5254—2010《架空输电线路钢管塔设计技术规定》规定的有劲法兰、无劲法兰结构均不符，如图 4-34~图 4-36 所示。

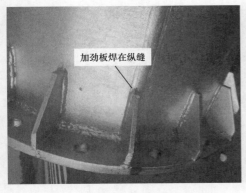

图 4-33　法兰劲板与主管纵焊缝相焊

图 4-34　法兰与主管连接未见内环焊缝

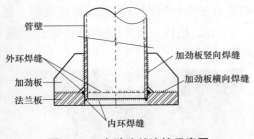

图 4-35　有劲法兰连接示意图

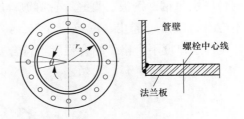

图 4-36　无劲法兰连接示意图

综上所述，该批钢管杆存现严重的设计、制造缺陷，钢管杆设计、制造应严格按照规程规范要求进行，加强设计、制造过程质量控制，确保质量；安装前应加强设计、制造质量验收，对不符合要求的应杜绝使用。

2. 材质缺陷

【案例 4-14】 某钢管杆地脚螺栓材质不合格导致断裂。

某新建钢管塔塔基螺栓在预埋时发现钢管塔地脚安装孔位置有误差，对预埋地脚螺栓采用锤击方式进行校正，发现一根地脚螺栓断裂，经检查发现，该地脚螺栓预埋现场施工时未采用螺栓固定方式，而是采用地脚螺栓与上下固定板直接焊接的施工方式。现场取断裂螺栓、尚未安装的地脚螺栓进行原因分析，螺栓材质为 45 号钢。

对断裂螺栓、尚未安装螺栓分别取样进行力学性能、冲击试验，材料力学性能符合要求，尚未安装螺栓冲击功为标准下限值，断裂螺栓冲击功不符合要求，缺口敏感性高。

对断裂螺栓、尚未安装螺栓分别取样进行金相分析，断裂螺栓组织为珠光体 + 网状铁素体，断裂位置为焊缝熔合线处；尚未安装螺栓金相组织为珠光体 + 网状铁素体，为退火态组织，铁素体沿原奥氏体晶界呈网状分布，如图 4-37 和图 4-38 所示。

综上所述，该批地脚螺栓组织均为珠光体 + 网状铁素体，铁素体沿原奥氏体晶界呈网状分布，强度偏低，使冲击韧性显著降低，缺口敏感性高。制造工艺不当造成组织不合格是导致螺栓断裂的主要原因。因此，加强螺栓制造工艺过程质量控制，螺栓组织应为正常的正火组织或调质处理组织；加强安装过程质量控制，对于高强螺栓，施工或安装时不得对其进行焊接，不宜采用锤击等方式加以校正。

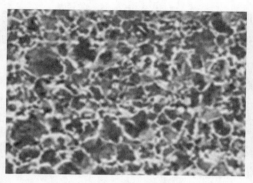

图 4-37　尚未安装螺栓低倍金相组织

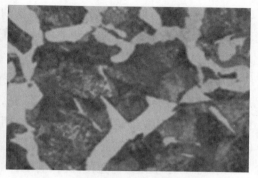

图 4-38　尚未安装螺栓高倍金相组织

第三节　环形混凝土电杆

环形混凝土电杆在电力架空输变电线路中具有特殊的地位和重要性，服役过程中环形混凝土电杆经受着多种破坏作用而导致物理力学性能下降，每根电杆的损伤情况关系到整条输变电线路以及人民生命财产的安全。服役中环形混凝土电杆的不良状态无疑是其在灾害中断裂的内在原因。因此加强对在役环形混凝土电杆的材料监督、维护及维修对于确保在役钢筋混凝土电杆的安全使用，确保输电线路以及人民生命财产的安全，具有重要的现实意义。

一、环形混凝土电杆金属技术监督要求

环形混凝土电杆制造质量应符合 GB/T 4623《环形混凝土电杆》要求，环形混凝土电杆钢圈连接焊缝应符合 DL/T 646《输变电钢管结构制造技术条件》规定：钢管环向焊缝应为一级焊缝，一级焊缝应采用全焊透结构，且焊后应进行 100% 无损检测合格。

电杆埋深应符合 DL/T 5220《10kV 以下架空配电线路设计技术规程》规定：电杆基础应结合当地的运行经验、材料来源、地质情况等条件进行设计；电杆的埋设深度应计算确定，单回路的配电线路电杆埋设深度应符合规定。

DL/T 741《架空送电线路运行规程》规定：预应力水泥电杆出现裂纹，非预应力水泥电杆出现纵、横向裂纹，宽度超过 0.2mm 时应进行处理。

普通环形混凝土电杆纵横向裂缝宽度不大于 1mm、深度不大于 3mm、长度不大于 2500mm、条数小于 5 条；表面露筋不大于 5%，表面混凝土剥落小于总面积的 45%；预应力电杆、高强度电杆不允许出现裂纹；钢圈及其焊缝不允许存在裂纹。

二、环形混凝土电杆典型金属失效案例

环形混凝土电杆损伤的主要原因有：设计、制造质量缺陷，施工工艺不当，自然环境等。设计、制造质量的影响因素较多，主要有：

（1）设计强度偏低、设计埋深不足。设计强度不足，容易造成断杆，埋深未按实际环境条件进行设计，埋设设计不足，易造成倾斜、倒杆。

（2）原材料质量因素的影响，主要关系到原材料的品质、规格等。如果制造构件的各种原材料性能达不到要求，造成构件使用性能降低。主要表现在抗雨水和大风的冲刷能力、抗氧化、抗腐蚀能力下降。

（3）环形混凝土电杆接头、合缝部位容易产生疏松和漏浆等缺陷，雨水、潮湿空气等介质易渗入并积聚，导致内部钢筋锈蚀、膨胀，造成钢筋混凝土电杆的早期失效；钢圈、法兰、螺栓连接等材料及焊缝质量不合格，长期运行下导致电杆断裂、倒塌等。

（4）制造工艺不当，混凝土材料在凝固、老化过程中会放出热量并伴随着体积收缩，表面会产生不同程度的裂纹（龟裂），影响电杆的承载能力。

施工工艺不当主要指钢筋混凝土电杆在运输、安装过程中的损伤程度。表面任何一处损伤，都会因其程度的不同，造成不同的应力集中。纵向的任何变形，除了产生应力集中外，还有可能使杆件丧失稳定，造成断杆事故的发生。

自然环境将直接导致混凝土表面的风化、钙化、钢筋锈蚀，不同自然环境下影响程度不同。沿海地区受海洋性气候的影响，空气中含盐分较多，容易产生腐蚀、剥落，飓风易造成电杆断裂、倒塌等；工业发达地区，空气中硫化物含量较多，腐蚀、剥落影响较大；西部地区空气相对干燥；东北地区严寒，对电杆预应力钢筋、钢板圈、法兰、螺栓等材质要求不同，需要耐低温冲击性能要求高。

1. 混凝土电杆制造质量不合格导致断杆

【案例 4-15】 某混凝土电杆质量不合格导致断裂。

某变电站电杆于 2016 年 8 月安装，运行不到 4 月，即发生 2 根钢筋混凝土电杆断裂，该类电杆为等径杆，直径为 190mm，长 12m，电杆内配有 18 根直径为 5mm 的预应力钢筋，水泥标号为 525 号，标准弯矩为 E 级，混凝土强度等级为 C50。

宏观检查发现，两根电杆均从根部折断，1 号电杆根部离断开距离为 1.71m，2 号电杆根部离断口距离为 1.63m，如图 4-39 所示，GB/T 4623—2014《环形混凝土电杆》的要求，12m长电杆支持点高度为 2m，而断裂电杆的埋深均小于 2m，与规程不符。2 号电杆上端混凝土与预应力钢筋全部剥离，结合不良，如图 4-40 所示，与规程要求的锥形杆梢端或等径杆上端应有混凝土或砂浆封实不符。

图 4-39 混环形混凝土电杆倒塌现场

图 4-40 混环形混凝土电杆钢筋剥离

对断裂电杆卵石粒径和螺旋钢筋进行尺寸测量，1号电杆卵石最大粒径为33.02mm、螺旋筋直径为3.1mm、螺旋筋间距340mm，2号电杆卵石最大粒径为24.50mm、螺旋筋直径为2.8mm、螺旋筋间距110mm，与GB/T 4623—2014《环形混凝土电杆》要求不符：粗集料宜采用卵石或破碎的卵石，其最大粒径不宜大于25mm，且应小于钢筋净距的3/4；螺旋筋间距不大于120mm。

对断裂电杆预应力筋进行化学成分分析、力学性能试验，其中化学成分符合要求，但预应力筋抗拉强度值为1277MPa，小于厂家提供的数据不小于1370MPa的要求；屈服强度值为555MPa，小于GB/T 5223—2002《预应力混凝土用钢丝》规定的最低屈服强度1250MPa。

综上所述，环形混凝土电杆质量不合格是造成电杆断裂的主要原因，施工安装过程中埋深不足，是造成电杆倒塌的主要原因。加强环形混凝土电杆制造过程质量控制，严控按规程控制配料质量和配比，并加强出厂前质量检验，确保环形混凝土电杆质量；加强安装过程质量控制，严格按设计及规程要求施工，确保施工质量。

【案例4-16】　某400V输电线路混凝土电杆质量不合格导致断杆。

某400V输电线路电杆发生1根钢筋混凝土电杆断裂，该类电杆为等径杆，直径为190mm，长12m，电杆内配有6根直径为5mm的普通钢筋。

宏观检查发现，电杆均从根部折断，如图4-41所示，电杆断裂部位混凝土与钢筋全部剥离，两种结合不良；电杆断裂部位钢筋未配置螺旋筋，与GB/T 4623—2014《环形混凝土电杆》规程要求的电杆在其全部长度范围内均应配置螺旋筋不符；存在明显露钢筋现象，混凝土保护层厚度为零。

碎石

露筋

图4-41　混环形混凝土电杆断裂宏观形貌

对断裂电杆碎石进行尺寸测量，碎石最大粒径为35.03mm，与GB/T 4623—2014《环形混凝土电杆》要求不符：粗集料宜采用卵石或破碎的卵石，其最大粒径不宜大于25mm。

综上所述，混凝土电杆质量不合格：碎石粒径过大、钢筋与混凝土结合不良、无螺旋筋、露筋等，导致混凝土及碎石剥落，钢筋失稳而倒塌。

2. 施工工艺不当

【案例4-17】　混凝土电杆抗风、埋深设计不足导致倒塌。

2014年7月威马逊台风登陆海南、广东及广西地区，登陆时中心附近最大风力分别达 17 级、17 级和 15 级。据统计，受威马逊台风的影响，海南省 110kV 线路断杆 9020 基，倒、斜杆 14324 基，广东省 10kV 线路倒、断、斜杆塔共计 9000 多基，广西省倒、断、斜杆 11859 基（含 10kV、400V）。从现场情况看，损坏的多为杆高为 8~12m 的低强度电杆。

通过电杆风载荷标准值计算公式、导线风载荷标准值计算公式（GB 50061—2010《66KV 及以下架空电力线路设计规范》）复核，典型电杆普遍为低强度电杆，型号有 150mm×8m×B（8.06kN·m）、150mm×10m×C（12.08kN·m）、190mm×10m×F1（8.11kN·m）、190mm×12m×F（21.94kN·m）、190mm×15m×F（27.56kN·m），在高、低压大导线下其断杆风力等级分别为 11 级、11 级、13 级、13 级、12 级，在高、低压小导线下其断杆风力等级分别为 13 级、14 级、15 级、16 级、15 级、14 级。可见，电杆抗风能力对应的风力等级小于威马逊台风最高风力等级（15~17 级），可见，电杆强度低是威马逊台风下大量电杆断杆的主要原因，此外，树木压线时导线张力增加引起的弯矩也会导致电杆断杆。

倒杆风速核算，按埋深为杆长的 1/6 计算，杆长分别为 8、10、12、15m，埋深分别为 1.3、1.7、2.0、2.3m，按照 DL/T 5219—2014《架空输电线路基础设计技术规程》计算不带卡盘的电杆基础埋深确定后的极限倾覆力或极限倾覆力矩。上述普通电杆高、低压大导线线路在砂土下其倒杆风力等级分别为 6 级、8 级、9 级、10 级；高、低压小导线线路在砂土下其倒杆风力等级分别为 8 级、9~10 级、9~10 级、10~11 级、11 级；高、低压大导线线路在硬塑土下其倒杆风力等级分别为 8 级、10 级、10 级、11 级、12 级；高、低压小导线线路在硬塑土下其倒杆风力等级分别为 9 级、11~12 级、11~12 级、13~14 级、13~14 级可见，电杆抗倾覆能力对应的风力等级（6~14 级）远小于威马逊台风风力等级（15~17 级），因此，电杆埋深设计不够是威马逊台风下大量电杆倒杆、斜杆的原因。

DL/T 5220—2005《10kV 以下架空配电线路设计技术规程》规定：电杆基础应结合当地的运行经验、材料来源、地质情况等条件进行设计；电杆的埋设深度应计算确定，单回路的配电线路电杆埋设深度以采用表 4-2 所列值。

表 4-2 电杆埋设深度（m）

杆高	8.0	9.0	10.0	12.0	13.0	15.0
埋设深度	1.5	1.6	1.7	1.9	2.0	2.3

因此，针对沿海地区和基础设计时应特别注意，不能根据通用技术经验或计算，应根据当地运行条件，应校验电杆在强台风下不断裂、不倾倒能力，确保电力安全和财产安全。

3. 混凝土电杆钢圈焊接质量缺陷导致断杆

【案例 4-18】 某 110kV 输电线路混凝土电杆钢圈连接焊缝导致断杆。

某 110kV 输电线路杆塔型式采用耐张杆为铁塔，直线杆沿规划道路使用非拉线预应力高强水泥杆，线路为同杆双回，设计风速为 25m/s，2006 年投运。2012 年 5 月暴雨天气后发现 9 基环形混凝土电杆倒杆，1 基电杆弯曲。事发时该地区为暴雨天气，气象资料显示风速最大为 15m/s，显然，未超过设计风速的要求。

现场检查发现，失效直线混凝土电杆均为法兰连接，杆段之间采用气焊方式，现场断杆均为连接焊缝处断裂，根部基础完好，如图 4-42 所示。对断裂焊缝处进行检查，焊缝存在严重的未熔合、未焊透缺陷，大部分坡口上未有熔融痕迹，根部整圈未焊透，如图 4-43 所示。

图 4-42　混环形混凝土电杆倒塌现场　　图 4-43　混环形混凝土电杆法兰环焊缝断裂

查设计图纸时发现，该法兰焊缝未标明焊缝等级及全焊透结构，GB/T 4623—2014《环形混凝土电杆》规定电杆接头强度不得低于接头处断面承载能力，按照混凝土电杆受载荷情况判断，此连接焊缝在动载荷或静载荷下承受拉力、剪力，按等强度设计的对接焊缝应为一级焊缝；且 DL/T 646—2012《输变电钢管结构制造技术条件》规定钢管环向焊缝应为一级焊缝。一级焊缝应采用全焊透结构，且焊后应进行 100% 无损检测合格。

综上所述，混凝土电杆钢圈连接焊缝未按设计规程设计，未标明焊缝等级，施工过程中未采用全焊透结构，且焊后未进行无损检测，导致焊缝存在严重未熔合、整圈未焊透缺陷，焊缝强度不够而导致倒塌。

因此，应加强钢板圈连接部位焊接过程质量控制，严格按一类焊缝施工及检验，确保焊接质量。对于沿海地区、重要大跨越等区域，对连接部位应采取补强措施，如图 4-44 所示，确保强台风等恶劣环境下混凝土电杆的安全。

图 4-44　混环形混凝土电杆连接部位补强措施

4. 自然环境的影响

重（特）大冰雪灾害中覆冰超过设计值易造成大量钢筋混凝土电杆倾斜、断裂，如图 4-45 和图 4-46 所示，输变电线路中断，甚至街道及道路旁，因电杆意外断裂或倾倒而危及人民生命和财产。

图 4-45　冰灾中混凝土电杆倒塌情况　　　　图 4-46　混凝土电杆覆冰倾斜情况

　　混凝土电杆随着服役时间增长，存在电杆混凝土严重风化，表面混凝土水泥浆剥落，石子外露或剥落，并存在表面裂缝，表面裂缝部位容易积水，造成混凝土剥落，并使钢筋外露、腐蚀，降低承载力，如图 4-47 和图 4-48 所示。混凝土电杆接头处的钢圈是外敷水泥砂浆防护的，由于水泥砂浆收缩，接头处的砂浆发生开裂脱落，部分砂浆已完全脱落，钢圈锈蚀严重，如图 4-49 和图 4-50 所示。钢圈的锈蚀会导致接头处承载能力降低，同时会造成接头处的积水，进一步加速钢筋锈蚀。

图 4-47　混凝土电杆风化、开裂　　　　图 4-48　电杆开裂、钢筋外露

图 4-49　电杆防护水泥层剥离　　　　图 4-50　混凝土电杆接头部位钢板圈锈蚀

因此：①根据最新线路运行气象资料、环境资料及环境特征，完善设计基础数据，提出输电线路覆冰设计值的精准设计、合理设计、配置杆塔、导线及金具型号，确保所设计的输电线路满足所在地形与气象条件要求；②应加强环形混凝土电杆运行维护管理力度，发现混凝土电杆存在裂纹、表面露筋、表面混凝土剥落、钢圈及其焊缝裂纹等异常情况应及时处理。

第四节　变电站构架

一、变电站构架金属技术监督要求

1. 构架

变电站构架设计：①其承载力、稳定、变形、抗裂、抗震及耐久性等应符合现行国家产品标准和设计要求；②对于建在严寒地区的变电站工程应使用防低温脆断钢种和焊接材料，并进行相应的焊接工艺评定；③钢管、钢管混凝土、钢筋混凝土环形杆等管型构架应有排水孔等防止内部积水的措施；④钢构件采用热镀锌防腐蚀处理，热镀锌厚度应满足规定要求。

构架制造质量：外观应无弯曲、裂纹、挠曲变形、焊缝开裂、防腐涂层损伤或漏涂等质量缺陷；各种构件及其组成杆件的型号、规格、数量、尺寸应符合设计要求；各种钢构件的加工、焊接质量应符合设计要求和 GB 50205《钢结构工程施工质量验收规范》的有关规定；紧固件的复试报告、焊缝无损检验报告及镀锌层检测资料齐全。

防腐要求：应进行金属技术抽检，涂料、涂装遍数、涂层厚度均应符合设计要求，当设计对涂层厚度无要求时，涂层干漆膜总厚度：室外应为 $150\mu m$，室内应为 $125\mu m$，其允许偏差为 $-25\mu m$；构件表面不应误涂、漏涂，涂层不应脱皮和返锈等；涂层应均匀、无明显皱皮、流坠、针眼和气泡等。

构支架基础：①垫铁、地脚螺栓位置正确，地脚螺栓垂直度合格；底面与基础面紧贴，平稳牢固；底部无积水；②构支架基础宜用浇筑保护帽，柱脚保护帽高出地面应不少于150mm，基础无沉降、开裂。

紧固件连接：①设计要求：承受往复剪切力的 C 级螺栓（4.6 级、4.8 级）或对于整体结构变形量作为控制条件的，其螺孔直径不宜大于螺栓直径加 1.0mm，并采用钻成孔；主要承受沿螺栓杆轴方向拉力螺栓，宜采用钻成孔，其螺孔直径可较螺栓直径加 2.0mm；横梁和构架柱的连接应采用螺栓连接，安装螺栓孔径可比螺栓直径大 1.5~2.0mm；法兰连接的螺栓直径宜比螺栓直径大 2mm。②安装要求：仔细检查各构件的位置是否正确；螺栓应紧固无松动、表面清洁，无锈蚀、凹凸，穿孔方式正确；安装螺栓宜由下向上穿入；螺栓紧固后，螺栓外露丝扣长度不少于 2~3 扣；螺栓紧固力矩值应符合表 4-3 要求。

表 4-3   构架紧固力矩值

螺栓规格	紧固力矩（N·m）		
	4.8 级	6.8 级	8.8 级
M16	80	120	160
M20	150	230	310
M24	250	380	500

　　焊接质量要求：整体热镀锌或喷涂锌的焊接结构所采用的连接应采用封闭焊缝；大于 6mm 钢板的对接焊缝必须开坡口，坡口的形式应便于保证焊接质量，单角钢拼接（或搭接），其外包拼接角钢的长度可取被焊接角钢肢宽的 8 倍；应对焊缝进行超声波检测，焊缝完好、饱满，焊缝不允许有任何裂纹、未焊透、表面气孔或存有焊渣等现象，应符合 JGJ 81《建筑钢结构焊接技术规程》的有关规定。

　　构支架接地应牢固可靠，符合 GB 50169《电气装置安装工程接地装置施工及验收规范》有关规定，并满足：①构支架接地端子底部与保护帽顶部距离不宜小于 200mm；②构支架的设备接地端子与设备本体的接地端子方位应一致；③构支架接地色标规范，固定可靠，截面满足规程要求；④接地引下线安装应美观，焊缝饱满，无锈蚀、伤痕、断裂；⑤构支架应有两根与主地网不同干线连接的接地引下线。

　　排水孔：①钢管构架应有排水孔，且排水孔应畅通；②对于杯状载入式钢管构架，应在距基础保护帽 5cm 处开 ϕ1cm 的排水孔；对于人字柱钢管构架斜载入式结构，应在距基础保护帽 5cm 处开 ϕ2.5cm 的排水孔；对于垂直载入式结构钢管构架，应在距基础保护帽 1cm 处开 ϕ2.5cm 的排水孔；③排水孔下方钢管内部应浇筑水泥，防止地埋部分内部积水；④构支架顶部应密封良好，并有防潮大沿盖板，防止顶部焊缝腐蚀后造成进水；⑤排水孔应进行防锈处理。

　　钢爬梯：①钢爬梯、地线柱等构件应按构架透视图位置正确安装于构件杆体上，并应注意位置朝向；②构支架爬梯门应关闭上锁，标志齐全，架构爬梯脚蹬横支架无弯曲破损，构支架钢爬梯应可靠接地；③对高度高且为格构式结构的构架，可结合构架形式装设护笼。

　　构架尺寸及挠度要求：钢横梁、钢管杆尺寸偏差及安装偏差应符合规程要求；正常使用极限状态钢筋混凝土构件的裂缝控制宽度不宜超过 0.2mm。构架及设备支架在正常使用状态下的变形限值不宜超过表 4-4 和表 4-5 所规定的数值。

表 4-4   设备支架的允许挠度值

项次	结构类型	允许挠度
1	支柱绝缘子、断路器支架；电流（压）互感器、耦合电容器等支架	$H/200$
2	隔离开关支架	$H/300$

注：H 为构架柱计算点高度。

表 4–5 　　　　　　　　　　　　　构架的允许挠度值

项次	结构类型		允许挠度
1	构架横梁（跨中）	220kV 及以下	$L/200$
		330kV、500kV	$L/300$
		750kV	$L/400$
2	构架横梁（悬臂部分）	220kV 及以下	$L/100$
		330~500kV	$L/150$
		750kV	$L/200$
3	主变构架横梁（500kV 及以上每相一跨）		$L/200$
4	设置隔离开关的横梁		$L/300$
5	无拉线的单杆构架柱		$H/100$
6	人字柱	平面内、平面外（带端撑）	$H/200$
		平面外（不带端撑）	$H/100$
7	有垂直开启隔离开关时母线梁位移值		$L/200$，且 $\leq 100mm$

注：表中 L 为梁跨度，H 为构架柱计算点高度。

在役运行维修阶段监督：设备支架、构架变形与挠度符合表 4-4、表 4-5 要求，混凝土立柱不允许存在裂纹、宽度超过 0.2mm 裂缝、表面露筋大于 5%、表面混凝土剥落大于等于总面积的 45%；紧固件附件齐全、连接正常，无明显腐蚀、松动；钢结构件不允许存在裂纹，钢结构件达到重腐蚀及以上等级时，应进行腐蚀减薄尺寸测量，壁厚减薄不允许超过原设计值的 80%，表面不允许存在腐蚀深度超过 2mm 腐蚀坑或腐蚀性穿孔、边缘缺口等。

2. 户（内）外密闭箱体

户外密闭箱体包含开关操作机构及二次设备的箱体、其他设备的控制、操作及检修电源箱等，材质宜为 Mn 含量不大于 2% 的奥氏体型不锈钢（06Cr19Ni10N）或耐蚀铝合金（避免使用 2 系或 7 系铝合金），且厚度不应小于 2mm，尺寸偏差应不大于 10%；碟簧结构外壳可采用纤维增强的环氧树脂材料。设备入网验收前合金钢材质应 100% 进行光谱材质确认，箱体每面厚度抽查不少于 5 点。箱体表面不得有明显锈蚀、变形、开裂、倾斜等现象。

户内密闭箱（汇控柜）应采用敷铝锌钢板弯折后栓接而成或采用优质防锈处理的冷轧钢板制成，公称厚度不应小于 2mm，厚度偏差应符合 GB/T 2518《连续热镀锌和锌合金镀层钢板及钢带》的规定，如采用双层设计，其单层公称厚度不得小于 1mm。

3. 防雨罩

材质应为 06Cr19Ni10N 奥氏体不锈钢或耐蚀铝合金（避免使用 2 系或 7 系铝合金），且厚度不应小于 2mm，尺寸偏差应不大于 10%；当防雨罩单个面积小于 1500cm²，厚度不应小于 1mm。防雨罩无松动破损，罩体表面不得有腐蚀穿孔、变形、开裂等现象。

二、变电站构架典型金属失效案例

1. 变电站（换流站）油、水系统管道焊接质量缺陷

【案例 4-19】　某 ±800kV 换流站调相机油、气、水系统管道焊缝缺陷。

某±800kV换流站于2018年投运，2019年6月加强对基建遗留缺陷隐患进行处理，对调相机油、水系统共抽检39条焊缝，其中顶轴油系统进油侧管道抽检5条，润滑油系统进油侧管道抽检8条，内冷水系统（定子线圈总进水管道、转子线圈总进水管道）抽检6条、定子水冷却器外冷水供排水管道抽检4条、转子水冷却器外冷水供排水管道抽检6条，外冷水总进水管抽检4条，空冷器进排水管道焊缝抽检6条。材质均为06Cr19Ni10N，规格分别为 $\phi 22 \times 3mm$、$\phi 140/89 \times 6mm$、$\phi 89 \times 4mm$、$\phi 168 \times 4mm$、$\phi 168 \times 4mm$、$\phi 355 \times 4mm$、$\phi 168 \times 4mm$。除顶轴油系统进油侧管道抽检的5条焊缝按DL/T 821—2017《金属熔化焊对接接头射线检测技术和质量分级》评定为Ⅰ级外，其余所有焊缝均因存在未焊透等严重缺陷，评定为Ⅳ级，不合格，未焊透典型形貌如图4-51~图4-54所示。现场割管检查发现内部存在明显未焊透，未焊透深度约2mm，且管道内部存在错口、未开坡口等现象，如图4-55和图4-56所示。

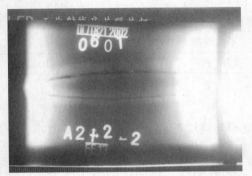

图4-51　润滑油系统进油侧管道焊缝未焊透

图4-52　内冷水系统管道焊缝未焊透情况

图4-53　定子水冷却系统管道焊缝未焊透

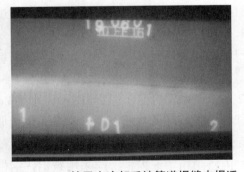

图4-54　转子水冷却系统管道焊缝未焊透

图4-55　管道内部未焊透情况

图4-56　管道未开坡口、未焊透深度情况

因此，针对变电站（换流站）基建阶段油、气、水管道管理，要做到：①对合金钢管的材质、规格进行100%复查确认，确保材质、规格符合设计要求；②严格按规范或设计要求施工，采用全焊透结构的焊缝必须开坡口，加强焊接过程质量控制，加强焊后质量验收，对油、气、水管道焊缝进行100%的射线检测，全部直管和弯头测厚，管座焊缝磁粉，应确保检测到位；③建立油、气、水管道动态管理技术台账，至少应包括管系立体走向图、焊口及弯头数量、材质规格和更新改造等技术参数；④开展对油、气、水管道安装质量的监督检验和验收；⑤做好技术资料的移交工作，建立动态管理技术台账。

2. 构架典型案例

【案例4-20】　变电站混凝土构架典型案例。

变电站混凝土构架主要存在：混凝土表面碳化、混凝土保护层胀裂剥落、宏观可见裂缝、钢筋外露及锈蚀、牛腿开裂、预埋件及爬梯锈蚀等缺陷，如图4-57所示为某500kV变电站220kV侧混凝土构架存在不同程度的纵向裂缝，裂缝最宽约3.2mm，且裂纹局部区域有白色析出物，应为水泥水化后碱性物质CaOH，遇空气后生成$CaCO_2$。混凝土构架裂纹开裂后，在运行环境的作用下，易造成水、污染气氛等侵蚀，裂缝将不断扩展，引起结构、性能持续劣化，并伴随混凝土保护层脱落、钢筋锈蚀、混凝土碳化等，影响构架使用寿命。图4-58所示为某变电站混凝土构架混凝土保护层剥落，导致钢筋外露，容易使钢筋锈蚀，显著降低构架承载力。

图4-57　混凝土构架纵向裂缝　　　图4-58　混凝土构架剥落露筋情况

针对混凝土裂纹，应采用水泥砂浆对破损部分进行修复，并采用环氧乳液水泥浆对表面进行密封处理。损坏较为严重的，还应采用加固方法对构架进行加固补强，目前常用的加固方法有粘贴钢板加固法、粘碳纤维加固法等。

第五节　支柱绝缘子及瓷套

支柱瓷绝缘子是变电站运行的重要组成设备，起着支撑导线和绝缘的作用。运行中的高压支柱瓷绝缘子时而发生断裂事故，给电力系统的正常运行及人身安全带来极大的危害。

一、支柱绝缘子及瓷套的金属技术监督要求

瓷件、法兰应完整无裂纹、破损、瓷釉无烧坏，胶合处填料应完整，结合应牢固。瓷套外表面应无损伤、法兰锈蚀等现象；绝缘子与法兰胶装部分应采用喷砂工艺，胶装处胶合剂外露表面应平整，无水泥残渣及露缝等缺陷，胶装后露砂高度 10 ～ 20mm，且不应小于 10mm，胶装处应均匀涂以防水密封胶。

支柱绝缘子要求：①在同一平面或垂直面上的支柱绝缘子的顶面，应位于同一平面上，其中心线位置应符合设计要求；②支柱绝缘子安装时，其底座或法兰盘不得埋入混凝土或抹灰层内，紧固件应齐全，固定应牢固；③支柱绝缘子叠装时，中心线应一致；④绝缘子底座水平误差不大于 5mm；叠装支柱绝缘子垂直误差不大于 2mm；纯瓷绝缘子与金属接触面间垫圈厚度不小于 1.5mm；⑤支柱绝缘子及瓷护套的外表面及法兰封装处无裂纹、防污闪涂层完好，厚度不小于 0.3mm，无破损、起皮、开裂等情况，绝缘子固定螺栓齐全，紧固。增爬伞裙无塌陷变形，表面牢固。支柱绝缘子应无明显的倾斜，新投运的支柱绝缘子应逐个进行绝缘子超声波检测，检测结果合格，投运后 5 年开始抽查，以后每隔 2 年抽查。

悬吊绝缘子串要求：①绝缘子串组合时，连接金具的螺栓、销钉及紧锁销等应完整，且其穿向应一致；②耐张绝缘子串的碗口应向下，绝缘子串的球头挂环、碗头挂板及紧锁销等应互相匹配；③弹簧销应有足够的弹性，闭口销应分开，并不得有折断或裂纹，不得用线材代替，防松螺丝紧固；④均压环、屏蔽环等保护金具应安装牢固，位置应正确；⑤悬式绝缘子串允许倾斜角度（无特殊设计时）不大于 5°；⑥瓷铁粘合应牢固，应涂有合格的防水硅橡胶；⑦防污闪涂层完好，无破损、起皮、开裂等情况。

金属附件：①绝缘子上、下金属附件应热镀锌，质量应符合 JB/T 8177《绝缘子金属附件热镀锌层　通用技术条件》，其中铸铁件和铸钢件镀锌层厚度不小于 60μm，其他钢件镀锌层厚度不小于 35μm；②带有螺孔的金属附件，应在螺孔内涂满防锈的润滑脂；所用连接螺栓应为不锈钢材质。投运后 5 年开始抽查，以后每隔 2 年抽查。

二、支柱绝缘子及瓷套典型金属失效案例

支柱瓷绝缘子的断裂主要归结为制造工艺、结构设计、安装调试与运行、环境及管理等因素的影响。

（1）制造工艺质量问题。支柱瓷绝缘子制造过程中形成的孔洞或裂纹，随着运行时间的增长萌发裂纹或扩展，当累积效应达到一定程度时，裂纹逐步扩大，导致断裂。

（2）设计问题。支柱瓷绝缘子设计裕度偏小，未考虑极端天气下产生共振等情况，导致在恶劣气候条件下，易造成断裂；普通硅质瓷中强度载体的石英在粉碎和晶形转化时易产生微裂纹，在长期机械负荷、温度的急剧变化及振动等作用下，裂纹扩展，最终导致断裂。因此，应采用高强度铝质瓷，随着氧化铝含量的增加，弹性模量增大，成瓷后莫来石、刚玉晶体所占比例增加，增加了瓷体的弹性模量值，强度高于普通硅质瓷。

（3）安装工艺不当，造成受力异常。如母线安装过程中，引线（软母线）支柱瓷绝缘子

安装过紧或固定点多于一个，安装硬母线是两头都紧固；隔离开关安装过程中，错位别劲，当气温变化时，由于热胀冷缩的作用，会产生长时间的机械应力，增加附加弯曲应力，导致断裂。

（4）检修、运行维护不当。检修期间对设备清洗、擦拭，清洗时工作人员安全带系在设备上，对支柱绝缘子产生附加弯曲应力及一定的冲击力，易使支柱瓷绝缘子受到损害；运行人员操作不当，当遇到机构卡涩时，未采取相应措施，强行操作，由于转动各关节的间隙内缺少润滑油或干枯、锈蚀，会对支柱瓷绝缘子产生很大的冲击力损伤瓷柱，造成支柱瓷绝缘子断裂或损伤。

（5）气候条件的影响。由于部分地域自然条件原因，气温低，温差大。当法兰与瓷件胶装进水，遇冷结冰，膨胀后，将产生很大的膨胀应力，使高压支柱瓷绝缘子断裂。

因此，明确采用支柱瓷绝缘子的标准和保证质量的措施，加强产品质量过程控制，优先选用干法成型工艺、高强瓷及防污型产品，加强产品质量验收。设计时要充分考虑瓷绝缘子强度的裕度，提高绝缘子抗弯强度设计标准，瓷支柱绝缘子抗弯强度设计时，应考虑支柱绝缘子运行最恶劣工况，在管母所受短路电动力的基础上，充分考虑大风载荷、管母热胀冷缩、管母附件覆冰重力以及隔离倒闸机械操作等的影响，选择合适的抗弯强度和抗扭强度，对于微气候、微地形（如大风、雨雪等）设计上应提高强度等级，软、硬母线支持瓷绝缘子也可选用相应规范的硅橡胶合成绝缘子。加强安装、调试质量过程控制，安装、调试应严格按安装技术规范、产品安装使用说明书进行，尺寸、位置调整准确，避免存在安装应力、膨胀受阻等附加应力。加强运行维护管理，确保产品安全可靠运行，防止隔离开关操作机构锈蚀、卡涩、卡死、别劲，要正确操作，严禁蛮力操作；加强绝缘子检查，主要是采用外观检查和超声检测，应充分利用变电站常规巡视和专业化巡视机会，密切关注管母和支柱绝缘子运行状态，若发现弯曲变形和倾斜应立即停电处理；对于水泥胶装的瓷件两端的铁帽和法兰支柱的金属附件胶装密封不严或脱离等情况，可采用密封且防水性优异的黏合剂进行涂敷。

1. 支柱瓷绝缘子设计存在的问题

【案例 4-21】　某 220kV 母线支柱绝缘子设计强度偏低、胶装裂纹导致断裂。

某 220kV 变电站于 1996 年 12 月投运，2013 年 3 月 10 日，变电站 D 的 220 kV Ⅰ 母 A 相东端瓷支柱绝缘子在大风作用下折断，从东至西 6 根支柱绝缘子断裂，第 7 根变形，造成 Ⅰ 母 A 相跌落接地，Ⅰ 母差动保护动作跳闸，Ⅰ 母失压，现场情况如图 4-59 所示。事故当时出现了大风灾害性天气，风速 27.3 m/s。

断裂位置为胶装部位与法兰连接处，对绝缘子断面进行宏观检查，断面可分为裂纹萌芽及扩展区和最终断裂区，二者宽度分别约为 20mm 和 95mm。其中，裂纹萌芽及扩展区呈现高低起伏状，有多条明显的细碎棱线，并组成多个微小不连续断面，为裂纹扩展痕迹，且棱线多为圆弧形，表明为多源性疲劳断裂；终断裂区表面较平整，无棱线，表明为瞬断区域，如图 4-60 所示。

图 4-59 瓷支柱绝缘子断裂现场

图 4-60 瓷支柱绝缘子断裂宏观形貌

对底部胶装部位进行宏观检查发现，法兰胶装部位存在空隙和胶装脱落等缺陷，由于水泥胶装存在间隙空洞，密封不严密，雨水进入内部促进水泥老化或铸铁锈蚀；水泥中的氧化镁等物质具有水合作用，吸水后导致水泥胶装剂膨胀，并加速水泥的腐蚀老化和风化开裂倾向；铸铁法兰锈蚀体积也将发生膨胀，长期运行过程中容易产生微裂纹。

瓷支柱绝缘子抗弯强度仅为 4kN，主要以母线短路电动力和风速为 15m/s 的风力荷载为依据，设计强度偏低。运行维修过程中未对支柱绝缘子进行超声波检测，未对胶装部位空隙及脱落情况进行防水及封堵等处理。

综上所述，设计强度偏低、绝缘子法兰胶装部位存在微裂纹缺陷，长期运行过程中产生疲劳裂纹，在强风载荷作用下发生断裂。

2. 支柱瓷绝缘子存在制造工艺质量问题

【案例 4-22】 某变电站 220kV 侧母线支柱绝缘子制造质量缺陷导致断裂。

某变电站 220kV 侧支柱绝缘子于 2005 年、2013 年 12 月发生倒塌，其中 2013 年为 220kV 旁母 A 相母线倒塌，12 支母线支柱绝缘子全部断裂，绝缘子组合型号为下节 22712 型 + 上节 22622 型，下节瓷瓶的生产日期为 1997 年，瓷件均为白色，上节瓷瓶为"青边瓷"，生产日期为 2000 年，断裂部位均为上节"青边瓷"。

对 2013 年断裂绝缘子进行宏观检查，其上节瓷瓶下部法兰侧断口根部存在典型的缺砂现象，胶装水泥处光滑无砂点，如图 4-61 和图 4-62 所示，部位缺砂高度为 22mm，其断裂对侧也存在缺砂现象。同时，胶装水泥中存在较大气孔，气孔长度达 30.6mm，不密实。同时，支柱绝缘子法兰胶装处存在空隙，且未涂抹防水硅橡胶。支柱绝缘子下法兰存在严重缺砂，且胶装水泥中存在较多气孔，造成其强度下降。

图 4-61 根部胶装处缺砂

图 4-62 根部胶装处缺砂高度、气孔

对断裂瓷瓶进行物相分析，主要晶相均为莫来石、石英，为典型的硅质瓷。对断裂瓷瓶进行化学成分分析，1997 年产的瓷瓶中 Ti、Fe 含量分别为 0.93%、1.23%，而 2000 年产的瓷瓶中 Ti、Fe 含量分别为 2.28%、2.46%，可见，2000 年产的瓷瓶中 Ti、Fe 含量明显增加，可能由于 2000 年生产用的高岭土、黏土中的 Ti、Fe 含量增加有关。在瓷瓶烧结过程中，瓷件边部还原比较充分或过度，在边部过量的 Ti、Fe 形成 Fe_2O_3、FeO 或 TiFe 尖晶石，瓷件边部与芯部物质的价态存在区别，造成颜色的差异即"青边"现象的产生。过量的 Ti、Fe 在烧结过程中，会导致有害杂质的产生，微观上导致性能的降低。

1997 年产的瓷瓶样品气孔率为 14.52%，2000 年产的瓷瓶样品气孔率为 23.93%，可见，"青边瓷"气孔明显增多，说明在烧结过程中存在工艺控制不当，造成产品气孔增多，显著降低产品性能。

玻璃相中主要成分是 SiO_2，其弹性模量仅为 72MPa，玻璃相是瓷体中最薄弱结构，其强度远低于晶相，硅质绝缘子中玻璃相成分较多，一般质量分数在 30% 以上，因此，玻璃相微结构显得非常重要，若烧结工艺不当，玻璃相容易产生裂纹。1997 年产的瓷瓶玻璃相微观组织如图 4-63 所示，组织连续且致密；2000 年产的瓷瓶玻璃相如图 4-64 所示，"青边瓷"玻璃相存在微观裂纹，破坏了玻璃相的均匀性和连续性，当遇到外加应力时，容易在微裂纹处发生破裂。

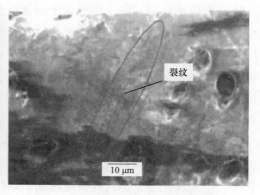

图 4-63　非"青边瓷"玻璃相组织　　　图 4-64　"青边瓷"玻璃相存在裂纹

综上所述，2000 年产的 22622 型支柱绝缘子存在严重的制造缺陷：Ti、Fe 含量偏高、气孔率高、存在玻璃相微裂纹、缺砂及胶装气孔等是造成断裂的主要原因，"青边瓷"在原料、工艺等环节存在问题，"青边"现象主要集中于该厂 1997~2000 年产品，该类型瓷件工艺过程失控，质量差，应尽快进行更换处理。

3. 支柱瓷绝缘子安装工艺不到位，造成受力异常

【案例 4-23】　某 220kV 母线膨胀受阻致使支柱绝缘子倾斜倒塌。

某 220kV 变电站于 1987 年 3 月投运，2012 年 6 月 11 日，变电站 A 出现了因 6X20-2 接地隔离开关支柱绝缘子基座螺丝锈蚀断裂，导致 220 kV Ⅱ 母倾斜，如图 4-65 所示；2012年 8 月，管型母线用瓷支柱绝缘子断裂，造成 C 相管母倾斜，并与龙门架接触，导致 Ⅱ 母失压事故。事故发生后，普查中又发现变电站 B（1999 年 1 月投运）的 602 与 604 间隔之间的 Ⅱ 母 B 相支柱绝缘子向 602 间隔倾斜约 15°，A 相绝缘子和 Ⅰ 母 B、C 相绝缘子也有轻

度倾斜，约为 5°，如图 4-66 所示。

图 4-65　A 变电站支柱绝缘子倾斜　　　　图 4-66　B 变电站支柱绝缘子倾斜

瓷支柱绝缘子抗弯强度仅为 4kN，设计值偏低。

母线固定采用 MGG 型固定金具，该金具通过调节安装方式，使"松"固定的固定金具内径与管母外径保持 2 mm 的缝隙，以保证每段管型母线设置一个固定死点，从而使管母可在固定金具内自由滑动。但安装方式错误，导致母线存在多点固定，尤其是两端点固定，固定金具选型错误和管母固定方式不当，会造成热胀冷缩时管母不能在固定金具内自由滑动，伸缩节将失去缓冲作用，瓷支柱绝缘子根部将受到沿管母方向巨大的弯曲负荷作用，导致支柱绝缘子倾斜承受更大的弯矩，且瓷瓶抗弯曲强度较低，该弯矩长期作用于底部法兰处，造成底部法兰疲劳受力而断裂。

规范变电站管母固定方式。管母固定方式应严格按照 GB 50149—2010《电气装置安装工程母线装置施工及验收规范》要求，使母线在瓷支柱绝缘子上的固定死点，每段应设置 1个，并宜位于全长或两母线伸缩节中点，以使管母在固定金具内自由滑动，伸缩节可靠起到缓冲作用。基建验收时，应重点关注固定金具型号，采用符合要求的固定金具型号，固定金具应选用 MGG、MGGH、MGG1/2、MGGZQ 等型号使管母在固定金具内可自由滑动，防止热胀冷缩时管母无法在固定金具内自由滑动，以保证伸缩节能可靠起到缓冲作用。

4. 检修、运行维护不当，瓷套胶装渗水低温结冰膨胀导致断裂

【案例 4-24】　某 550kV 瓷柱式断路器灭弧室瓷套胶装渗水结冰导致断裂。

瓷套胶装水泥外表面未涂防水硅胶或防水硅胶出现风化缺失时，雨水、雪、雾气及空气中的水分便可通过胶装时瓷套与法兰之间预留的结构空隙或胶装水泥裂纹和孔隙等渗入胶装区域内部，低温条件下，渗水会发生结冰膨胀进而产生应力作用，可能导致瓷套断裂。

2018 年 1 月，东北某 500kV 变电站 500kV 五串联络 5052C 相断路器故障，站区为晴天，微风，气温 −22℃。该断路器为 T 型瓷柱式结构，双断口灭弧室。

检查发现 5052 C 相断路器母线侧灭弧室瓷套断口完整，断裂位置在法兰内部断裂，灭弧室瓷套明显有拔出痕迹，断路器从机构连接部位以上断裂，灭弧室瓷套完全碎裂，碎片散落在地，如图 4-67 所示。

瓷件断面整体平整、凹凸现象不明显，最后断裂位置近水泥部位有瓷体突出。水泥一周未见明显薄厚不均现象，在水泥内侧粘有一半的球砂，球砂的另一半粘附在瓷套外侧。从碎裂的瓷套断面看，瓷件洁白密实，未发现明显的杂质、麻点、水痕等。

测量瓷件尺寸、偏心情况，均符合要求。

对断裂位置进行解体分析，水泥浇注充盈，瓷件根部喷砂正常。水泥层内侧和法兰内侧颜色发黑，为涂抹缓冲层沥青所致。喷砂或一部分全都粘在瓷套上，或一部分粘在水泥内侧上，或者两者都有粘附，从水泥层内侧发现多处明显的渗水痕迹，上深色和浅色区域的交界处渗水程度最为严重，如图 4-68 所示。

图 4-67　灭弧室损坏现场

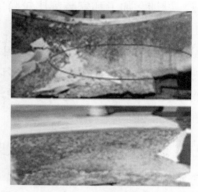

图 4-68　瓷套解体胶装水泥面宏观形貌

灭弧室瓷套的总体耐受弯矩为 40.25kN·m，实际该断路器灭弧室瓷套的试验破坏力矩为 46kN·m，可见在正常状态下，瓷套完全满足力矩的要求。

如果瓷套法兰胶装区域渗水并在低温时结冰，法兰处胶装区域所受的最大拉应力随着含水率的增大而增大，通过有限元计算，胶装区含水率与法兰所受最大拉应力的关系如图 4-69 所示。当胶装区域渗水量不同时，发生结冰膨胀对瓷套受力影响很大，当胶装水泥含水率由 4.69% 增加到 11.91% 时，最大拉应力由 30.1 MPa 增加到了 71.7 MPa，该应力超过了陶瓷的断裂极限。

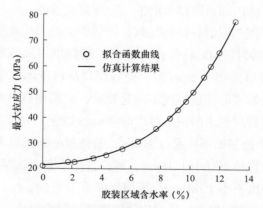

图 4-69　瓷套本体最大拉应力与含水率关系

综上所述，瓷套法兰胶装区域渗水并在低温时结冰，该处所受的最大拉应力随着含水率的增大而增大，当瓷套胶装区域进水量达到临界值时，在低温结冰膨胀作用下，最大拉应力超过陶瓷的断裂极限，导致瓷套断裂。因此，应加强瓷套的运行维护，定期在瓷套法兰胶装部位涂抹防水胶，防止瓷套法兰胶装部位渗水膨胀导致断裂。

第六节　避雷针

变电站的直击雷过电压保护常采用避雷针和避雷线，近年来，随着单杆式钢管避雷针的大量采用，不仅降低了工程造价，也为设计单位提高了设计效率。另一方面，单杆式钢管避雷针不仅有效满足了直击雷过电压保护要求，由于单杆式钢管独立避雷针由几根锥形钢管套接而成，设计、加工和安装都比较简单，大大减少了设计和施工工作量，还为工程安装单位装配工序标准化、简单化提供了可能。

但是，随着钢管避雷针在国内电网建设中的广泛应用，这种结构的避雷针也逐渐暴露出了一些问题，避雷针在变电站内多以钢架构为基础，距离母线及设备引线较近，一旦发生断裂倒塌故障，将引发系统短路及硬母线机械损伤。因此，应加强避雷针的金属技术监督检查，确保设备安全。

一、避雷针的金属技术监督要求

避雷针的设计应符合 DL/T 5457《变电站建筑结构设计技术规程》要求，位于建（构）筑物顶部和高度大于 25mm 的避雷针，不宜采用钢筋混凝土环形杆结构；避雷针构件规格应满足设计要求，且构件壁厚度不小于 3mm，避雷针的针尖部分长度不宜大于 5m，钢管支架的最小直径不宜小于 150mm；构架避雷针应采取排水措施，其排水孔应符合本章第四节《变电站构架》有关排水孔的技术要求。

新建避雷针应采用法兰式、格构式或锥形外插式结构。法兰式结构针体应插入法兰内焊接，法兰焊接部位应有加强筋，避雷针针尖部分长度不大于 5m。锥形外插式结构针体应保证插接处加工精度，且纵向焊缝应焊透。

避雷针制造或安装质量验收：

（1）钢管式避雷针针体内部采取排水措施，防止管壁锈蚀；

（2）钢构件表面应采用热浸镀锌防腐处理，镀锌层表面应连续完整，光滑无损伤，镀锌层厚度满足设计要求，当镀件厚度不小于 5mm 时，镀锌层局部厚度不小于 70μm，平均厚度不小于 86μm，当镀件厚度小于 5mm 时，镀锌层局部厚度不小于 55μm，平均厚度不小于 65μm。若镀锌层被损坏或镀锌层厚度不满足要求，应采用热喷涂锌或涂富锌涂层进行修复，修复层的厚度应比镀锌层要求的最小厚度厚 30μm 以上，修复的总面积不应超过每个镀件总表面积的 0.5%，每个修复面不应超过 10cm²，若修复的面积较大，应进行返镀。

（3）构件连接螺栓的直径不宜小于 16mm，螺孔直径不宜大于螺栓直径加 1.0mm，宜采用钻孔；螺栓镀锌层局部厚度不小于 40μm，平均厚度不小于 50μm，强度等级 8.8 级；热浸镀锌后的螺栓力学性能不低于设计要求，厂家应提供镀锌后螺栓的施工紧固力矩值。避雷针组装时，应确保每个螺栓的平垫片、弹簧垫片、双螺帽齐全，并采用力矩扳手对螺栓逐个进行力矩值复核，螺栓扭紧力矩值应符合设计规定。螺栓外露部位应涂抹二硫化钼或黄油等，防止锈蚀。

（4）防风措施：①整体强度和材质满足安装地点微气象条件；②连接螺栓应采用双帽双垫，防止出现螺栓松动；③强风地区避雷针应适度增大钢体材质的强度或规格，提高连接螺栓强度，宜采用 8.8 级高强度螺栓。

（5）焊接接头无裂纹、锈蚀、镀锌层脱落现象；焊接部位无焊疤、无虚焊。避雷针所有焊缝进行超声检测，超声检测按照 GB/T 11345—2013《焊缝无损检测　超声检测　技术、检测等级和评定》执行。

避雷针在正常使用状态下的变形，不宜超过表 4-6 的规定的数值。

表 4-6　　　　　　　　　　　　避雷针支架的允许挠度值

项次	结构类型	允许挠度
1	针尖部分	不限
2	格构式钢结构	$H/100$
	钢管结构、钢管混凝土结构、钢筋混凝土结构	$H/70$

注：H 为构架柱计算点高度。

避雷针钢结构件不允许存在裂纹，钢结构件达到重腐蚀及以上等级时，应进行腐蚀减薄尺寸测量，壁厚减薄不允许超过原设计值的 80%，表面不允许存在腐蚀深度超过 2mm 腐蚀坑或腐蚀性穿孔、边缘缺口等。

在役运行避雷针状态评价要求见表 4-7。

表 4-7　　　　　　　　　　　　在役避雷针状态评价

序号	状态量	劣化程度	评价状态
1	倾斜度	0~35mm	正常
		35~100mm	注意
		100~300mm	异常
		≥ 300mm	严重
2	锈蚀	针体表面镀锌层完好，呈正常的青灰色或青白色，螺栓、底座、基础板和基础无明显锈蚀	正常
		针体表面锈蚀达 20% 及以上，或螺栓、基础板、基础局部锈蚀	注意
		针体表面锈蚀达到 50% 及以上，或螺栓、底座、基础板、基础整体锈蚀	异常
		针体表面锈蚀达到 80% 及以上，或螺栓锈蚀无清晰螺纹，或底座、基础锈蚀缺角、分层、明显减薄，基础表面产生浮锈	严重

二、避雷针存在的主要问题

1. 结构设计不合理

（1）插接式避雷针筒节间配合间隙过大。目前变电站避雷针主要结构形式为插接式，插接式避雷针对上下节的配合间隙精度要求较高，否则易出现倾斜超标的问题。其上下节采用过渡筒进行连接，而过渡筒由于是锥形结构，精度较差，配合间隙通常大于 2 mm，若配合间隙大于 3.5mm，则间隙过大，仅能通过安装时节与节之间采用金属垫片、橡胶等填充物对间隙进行填充来控制倾斜度。长期运行后，金属垫片以及橡胶腐蚀会在大气环境中产生腐蚀、减薄、老化或脱落，致使避雷针上下节间隙越来越大，这是导致插接式避雷针产生倾斜的最主要原因，如图 4-70 所示。

图 4-70　避雷针筒节间配合间隙大

（2）设计裕度不充分，未考虑强风作用下的极限载荷；避雷针无排水孔，导致钢管内积水无法及时排除，在 0℃以下发生冰冻，冰的体积膨胀产生附加应力，导致避雷针钢管薄弱区域断裂。

（3）实际结构与设计要求不符。避雷针通常设计为插接式或法兰式，但由于以往缺乏相应监督，甚至存在避雷针的连接方式不符合设计要求或与图纸不相符的问题；法兰焊接结构不合理或焊缝未采用一级焊缝、焊缝质量存在缺陷等。

2. 制造、安装及检修工艺不当

（1）紧固螺栓安装不规范。避雷针法兰紧固螺栓和法兰盘螺孔直径公差配合过大，筒节间紧固螺栓开孔过大，螺栓紧固力矩值不到位，未采取防松措施（无弹簧垫片、防松螺母等）。

（2）基础安装不规范。安装时采用填充金属薄片调整水平度，长年运行后金属薄片腐蚀减薄形成空隙，影响避雷针的垂直度。

3. 腐蚀损伤

（1）避雷针基础锈蚀。变电站独立避雷针基础由于高度较高，防腐难度较大，通常检修中未进行单独防腐或处理，长期运行过程中造成避雷针基础防腐材料老化严重，内部顶头铁（帽）腐蚀，造成了根部倾斜、基础板锈穿等问题。

（2）插接式避雷针筒节间锈蚀。插接式避雷针因设计原因，上下节配合间隙较大，间隙过大会引起底部积水问题，同时插接位置由于无法直接观察，即使锈蚀减薄严重也无法及时发现，致使内部腐蚀减薄严重；钢管式避雷针无排水孔，导致钢管内积水无法及时排除，导致内壁腐蚀减薄超过原设计值的 80% 等。

三、避雷针典型金属失效案例

【案例 4-25】　设计未有效消除涡激共振造成强风区钢管避雷针倾倒。

新疆某 750kV 变电站构架柱采用钢管人字柱，构架梁采用三角形断面角钢格构式梁，主变进线构架避雷针采用变截面钢管避雷针，法兰连接处均采用有劲肋板法兰刚性连接，最下部法兰使用 20 个螺栓固定。构架柱高度为 27.1m，构架避雷针顶标高为 55.0m，共 2 根构架避雷针。构架避雷针采用 Q235C，连接螺栓全部采用 8.8 级 M20 双帽单垫高强度螺栓。750kV变电站构架结构设计依据当地气象站数据，采用 50 年一遇离地 10m 高 10min 平均最大风速为 36.1m/s，对应的基本风压为 0.81kN/m²，符合 GB 50009—2012《建筑结构荷载规范》标准要求。

2015 年 9 月，该站 2 号主变压器 750kV 侧进线构架上方避雷针断裂倾倒，避雷针掉落到进线构架上，构架严重变形损坏，如图 4-71 和图 4-72 所示。故障时，根据当日变电站内风力测试数据，最高风速达为 24m/s。可见，实际风速未超过设计风速。

图 4-71　避雷针倒塌情况　　　　　图 4-72　避雷针构架变形情况

连接螺栓全部采用 8.8 级 M20 双帽单垫高强度螺栓，底座连接螺栓为 20 个，第二节连接螺栓为 16 个。36 个螺栓全部断裂脱落，检查发现有 11 个螺栓断面存在超过 80% 的锈蚀痕迹，断口无明显塑性变形，呈脆性断裂，断口呈明显的疲劳断裂特征：裂纹萌芽区，断口表面光滑，呈红褐色，表面附着一层致密的氧化膜；裂纹扩展区，为中间部分断口，表面较为粗糙，具有纤维状断口特征，断口表面也附着有一层暗红色氧化铁；瞬断区为断口边缘较小的剪切唇。从萌芽区、扩展区表面存在明显的暗红色氧化物可以看出，此区域开裂时间较长，如图 4-73 所示。

其余螺栓断裂面呈塑性断裂特征，断口表面有金属光泽，无明显的暗红色锈蚀现象，如图 4-74 所示。

图 4-73　螺栓断面锈蚀情况　　　　图 4-74　栓断裂情况

对螺栓进行化学成分、硬度及金相组织分析，均未发现异常。

对避雷针进行强度校核，钢材的应力比为 0.292，连接螺栓应力比为 0.482，符合 DL/T 5457—2012《变电站建筑结构设计技术规程》中规定钢材受拉应力与抗拉应力的比值不应超过 0.8 的规范要求。

对避雷针进行动力特性分析，据 GB 50009—2012《建筑结构载荷规范》中对风载荷的要求，对于横风向风振作用效应明显的高层建筑以及细长圆形截面构筑物，宜考虑横风向风振的影响。当雷诺数 $Re < 3 \times 10^5$ 且结构顶部风速 V_H 大于临界起振风速 V_{cr} 时，可发生亚临界的微风共振（即涡激共振）。此时，可在构造上采取防振措施，或控制结构的临界风速 V_{cr} 不小于 15m/s。根据此变电站故障避雷针实际结构参数计算，其涡激共振起振临界风速为 9.41m/s。从避雷针结构分析，其根部法兰位置在涡激共振往复荷载作用下，产生持续的交变弯折应力，该应力集中在根部法兰紧固螺栓杆上，会造成金属材料的疲劳。

避雷针处于风场迎风侧最上游，横向扰流后在避雷针背风侧产生周期性脱落的旋涡，而当旋涡脱落频率增大到接近结构自身的固有频率时，就会引起结构的涡激共振。

在平均风荷载、脉动风荷载以及涡激力的共同作用下，使得避雷针长期处于摆动状态，法兰固定螺栓在螺母与垫片结合处的螺纹根部由于结构和形状因素会产较为严重的应力集中现象。在交变力作用下，应力集中部位形成疲劳源，疲劳源处易萌生疲劳裂纹，裂纹不断扩展直至螺栓断裂，螺栓断裂导致法兰连接结构失稳，最终导致钢管避雷针倾倒。

应对措施：①合理确定起振风速的临界值，更改避雷针长细比，钢管避雷针长细比取 72。②优化避雷针结构。圆形截面容易引起钢管塔发生微风振动，改变圆截面的形状，就能够增大微风振动产生的难度。采取破坏涡激共振条件的构架钢管避雷针，如刚性法兰连接更改为套装连接型式等方式。③加强变电站避雷针运行管理，定期检查构架避雷针的固定螺栓以及法兰焊接部位等薄弱点，采用防松等措施。

【案例 4-26】 避雷针无排水孔或排水孔不合理造成内壁腐蚀严重。

某变电站构架避雷针面临着严重锈蚀破裂问题，且发生了避雷针高处断裂掉落事故。将部分构架避雷针拆卸检查发现，其底部位置破裂，管材严重锈蚀减薄，钢管内积聚大量铁锈，如图 4-75 所示。构架避雷针由内壁严重腐蚀减薄穿孔，材料呈脆性开裂；外壁表面防腐蚀涂料未见明显损坏。

图 4-75 构架避雷针内部腐蚀减薄形貌

取样对腐蚀产物进行分析，锈样浸出液中存在 F^-、Cl^-、NO_2^{2-}、NO_3^{3-}、SO_4^{2-} 等五种阴离子，与典型雨水中的阴离子成分高度一致。现场环境中由于焊点腐蚀破损等原因，雨水可通过避雷针接连法兰等部位，渗透入避雷针内部，从而诱发内壁金属快速腐蚀。

内部雨水集聚，造成钢管内壁腐蚀加剧，是造成避雷针断裂的主要原因。

避雷针底部无排水孔或排水孔过小均会导致内壁腐蚀加剧，雨水进入入避雷针内后，将沿内壁自上而下流动，避雷针底部位置处于潮湿环境的时间较长，腐蚀程度也将更为剧烈。特别是腐蚀后期，铁锈将大量产生并脱落，极易堵塞底部排水孔，造成避雷针内部积水，进一步恶化腐蚀环境。如图 4-76 所示，由于排水孔过小，排水孔被铁锈堵塞，排水孔及其内壁存在严重腐蚀情况。

图 4-76　避雷针排水孔过小堵塞情况

因此，应改进新避雷针结构，加强法兰连接处密封性，法兰处采取包覆处理，避免雨水渗入；加大排水孔，防止内部积水；增强防腐蚀处理工艺，采用耐候钢材等更耐蚀材料，提高材料耐腐蚀性等，确保避雷针的安全。

【案例 4-27】　避雷针法兰焊缝组织不合格导致断裂。

某 750kV 变电站避雷针，其中 330kV 构架及避雷针于 2007 年 5 月安装，750kV 独立避雷针于 2007 年 6 月安装。750kV 区域有 3 座独立避雷针，1 号避雷针高 56m，分 8 段法兰连接，材质为 Q235B，最下部有焊缝管直径为 $\phi 750mm \times 12mm$，330kV 区域有 6 座架构避雷针，高 18.5mm，安装在构架上，构架高 20.5m，分 3 段法兰连接，材质为 Q235B，法兰规格为 $\phi 580mm \times 28mm$，最下部有焊缝管直径为 $\phi 380mm \times 6mm$。

2008 年 12 月，该变电站架构避雷针和独立避雷针均发生断裂故障。330kV 区域架构避雷针断裂位置为距离架构 1m 处第一个法兰钢管侧焊缝与母材交界处；750kV 区域 1 号避雷针断裂位置为距离地面 17m，第 2 个法兰下钢管侧焊缝与母材交界处，均为焊缝热影响区域。现场对 330kV 区域其他架构避雷针法兰焊缝与母材交界处检查，均发现裂纹情况，最长开裂为 430mm。

对 330kV 断裂的避雷针断口进行检查，断口有 250mm 长已存在氧化锈蚀及泥土情况，说明在安装前均已经存在开裂现象；对 750kV 区域 1 号避雷针断口进行检查，断口齐平，有明显疲劳裂纹，对侧有 270mm 区域出现明显的疲劳辉纹。

对断裂避雷针进行材质及力学性能分析，均符合要求。对避雷针材质进行冲击试验，-20°冲击韧性显著降低，说明 Q235B 在 -20° 冲击韧性非常低。

对断裂避雷针进行金相试验，330kV 断裂部位焊缝、始断区域过热区均为魏氏体组织，母材组织为珠光体 + 铁素体，母材组织中存在夹杂物 2.5 级，如图 4-77 和图 4-78 所示。750kV 区域 1 号避雷针断裂区域热影响区金相组织中存在明显裂纹，如图 4-79 和图 4-80 所示，母材组织为珠光体 + 铁素体，形态为带状组织。

图 4-77　330kV 断裂部位焊缝组织（200×）　　图 4-78　330kV 断裂部位热影响区组织（200×）

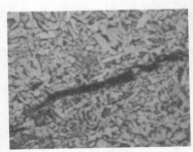 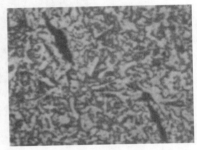

图 4-79　750kV 初始断裂部位组织（200×）　　图 4-80　750kV 斜断口组织（200×）

该变电站处于西北寒冷地区，2007 年冬季平均气温 -5.6℃，最低气温达 -25.4℃，低温下 Q235B 韧性较低，断裂型式由塑形断裂转变为脆性断裂。该避雷针钢管与法兰采用插入式角接，法兰与钢管厚度相差较大，焊接时易产生焊接应力，避雷针高度较高，在风载荷作用下，在法兰角焊缝部位产生弯曲应力，焊缝及热影响区为粗大魏氏体，塑形、韧性差，在低温环境下，塑形、韧性进一步下降，脆性增加。因此，避雷针在风载荷和低温环境共同作用下，在薄弱部位（法兰与钢管交界处）发生断裂。

针对上述情况，为避免避雷针的安全性，应采取如下措施：

（1）用于强风地区变电站的避雷针应采取差异化设计，适度提高抗风能力；针对低温寒冷地区，钢结构选材时，应充分考虑低温脆性，优先选择 Q355C。

（2）结构设计时应考虑角接接头对结构承载能力的减弱，增加相应的安全系数。

（3）对于材质为 Q235 钢管壁厚大于或等于 25mm 时，焊前应进行 100~200℃ 预热，焊后应进行 580~620℃ 热处理；材质为 Q355 钢管壁厚大于或等于 15mm 时，焊前应进行 150~200℃ 预热，壁厚大于或等于 25mm 时焊后应进行 580~620℃ 热处理；以确保焊缝强度、韧性。

（4）避雷针所有焊缝均应进行外观检查、无损检测合格，并在运行过程中定期检查，确保避雷针的运行安全。

参考文献

[1] 蒋兴良，易辉.输电线路覆冰及防护 [M].北京：中国电力出版社，2002.

[2] 刘纯，熊亮，胡彬，等.2008年湖南省输电线路覆冰铁塔典型失效形式分析 [J].中国电力，2009，42（01）：37–40.

[3] 王立新，田峰，李红，等.110kV输电线路铁塔弯折倾倒原因分析 [C] //2009年全国电力科研院（所）电网金属技术研讨会议论文集.张家界，2009–09.

[4] 冯砚厅，代小号，徐雪霞，等.龙马线N59终端塔主材开裂原因分析 [C]//2009年全国电力科研院（所）电网金属技术研讨会议论文集.张家界，2009–09.

[5] 张涛，陈浩，田峰，等.在建110kV输电线路铁塔塔脚开裂失效分析 [J].理化检验–物料分册，2018，54（10）:761–764.

[6] 吴俊健，胡家元.输电铁塔保护帽内塔脚隐蔽腐蚀的检测及评估 [J].浙江电力，2019,38（6）:94–100.

[7] 方玉群，周海飞，邢哲鸣，等.输电线路铁塔塔腿防腐的失效分析与预防 [J].浙江电力，2017，36（6）:64–75.

[8] 陈彤，庄建煌，黄伟林，等.输电线路镀锌铁塔塔脚局部腐蚀失效分析及防护 [J].中国电力，2015，48（5）:139–143.

[9] 胡新芳、刘爽，高明德，等.1000kV特高压钢管塔制造质量安全性能检验 [J].山东电力技术，2–16，43（5）:28–32.

[10] 王家庆，陈庆涛，田宇，等.输电线路钢管塔基螺栓断裂原因分析 [J].宿州学院学报，2013，28（6）:78–79.

[11] 季坤，陈安生.非拉线环形预应力混凝土电杆倒杆原因及补强方案研究 [J].宿州学院学报，2013,28（7）:94–96.

[12] 胡加瑞，刘纯，欧阳克俭，等.环形混凝土电杆纵向裂缝检测技术 [J].华北电力技术，2014，（10）:33–35.

[13] 李文胜，陈适之，聂铭，等.变电站老旧混凝土构架的加固设计的研究 [J].广东电力，2019，29(9):43–47.

[14] 国电高压事故调查工作小组.高压支柱瓷绝缘子事故调查分析及预防措施.2002，12（4）:32–37.

[15] 李强.支柱瓷绝缘子断裂事故情况及原因分析 [J].青海电力，2003.

[16] 陈琳依，帅勇，胡加瑞，等.高压支柱绝缘子断裂分析 [J].高压电器，2015,51（7）:69–73.

[17] 李永毅，曲妍，党建，等.某550 kV瓷柱式断路器灭弧室瓷套断裂原因分析 [J].高压电器，2019，55（8）:249–252.

[18] 袁开明，舒乃秋，杨松伟，等.3AT型断路器灭弧室瓷套断裂故障机理分析 [J].电瓷避雷器，2017，（2）:174–179.

[19] 李欣，何智强，单周平，等.220 kV管母用瓷支柱绝缘子运行事故分析 [J].高压电器，2015，51（5）:199–204.

[20] 胡家元，夏巧群，姜炯挺，等.某变电站构架避雷针腐蚀失效的原因 [J].腐蚀与防护，2018，39（7）:566–570.

[21] 徐贤，吴国忠，李岩，等.变电站避雷针断裂原因分析及对策 [J].宁夏电力，2010年增刊:94–99.

[22] 胡加瑞，周挺，刘纯，等.变电站避雷针隐患分析及治理措施 [J]湖南电力，2017，37（3）:76–78.

[23] 王欣欣.强风区钢管避雷针倾倒原因分析及对策 [J].新疆电力技术，2018，（1）:7–11.

[24] 熊亮，万克洋，刘蛟蛟，等.钢筋混凝土电杆断裂原因分析 [J].2017,53（11）:826–828.

第五章
电气类设备金属监督与典型案例

　　高压断路器是变电站的重要设备，担负着控制和保护电路的双重任务。断路器是瞬动式设备，在正常工作时处于静止状态，操作或事故发生时迅速动作，接通或切断电源，因而要求有较高的可靠性。

　　断路器的主要金属部件是指灭弧室触头、操作机构、支座，其中触头包括主触头、弧触头等，操作机构包括分合闸弹簧、拐臂、拉杆、传动轴、凸轮、机构箱体等。断路器的结构形式为罐式、柱式断路器，操作机构应优先选用弹簧机构、液压机构（包括弹簧储能液压机构）。

一、断路器的金属技术监督要求

　　断路器操作机构设计时应充分考虑其安全裕量，安全系数应不低于1.5；选用材料成分、组织及机械性能应符合相应标准要求，加工尺寸偏差符合图纸设计要求，表面应无明显的划痕、凹坑等缺陷。

　　操作机构的分合闸弹簧的技术指标应符合GB/T 23934《热卷圆柱螺旋压缩弹簧技术条件》的要求，表面不允许存在折叠、凹槽、裂纹、发纹、氧化皮等有害缺陷，其表面宜为磷化电泳工艺防腐处理，涂层厚度不应小于90μm，附着力不小于5MPa；拐臂、连杆、传动轴、凸轮材质宜为镀锌钢、不锈钢或铝合金，表面不应有裂纹、疏松、划痕、锈蚀、变形等缺陷；支座材质应为热镀锌钢或不锈钢，其支撑钢结构件的最小厚度不应小于8mm；卡、轴销、锁扣等应无变形、裂纹、脱落等；封闭箱体内机构零部件宜电镀锌，电镀锌后应钝化处理，结构件镀锌层厚度应不小于18μm，紧固件镀锌层厚度不小于6μm。

　　主触头的材质应为牌号不低于T2的纯铜，主触头应镀银，镀银质量应符合设计要求；弧触头的材质应符合设计要求；采用铜钨材质的弧触头，技术指标应符合GB/T 8320《铜钨及银钨电触头》的要求，铜钨烧结面不应有裂纹，凹面不大于2mm。

　　机构箱体顶部应有防渗漏措施，材质应符合设计要求，且具有良好防腐性能。

紧固连接要求：全部外露紧固螺栓均应采用8.8级及以上强度热镀锌螺栓，具有防松措施，紧固后螺纹一般应露出螺母2~3圈，各螺栓、螺纹连接件应按要求涂胶并紧固划标志线；采用垫片（厂家调节垫片除外）调节断路器水平的，支架或底架与基础的垫片不宜超过3片，总厚度不应大于10mm，且各垫片间应焊接牢固；二次回路接线螺栓应无磁性，宜采用铜质或耐蚀性不低于06Cr19Ni10N的奥氏体不锈钢。

金属法兰与瓷件胶装部位粘合牢固，防水胶完好，均压环无变形，安装方向正确，排水孔无堵塞；设备基础无沉降、开裂、损坏；各密封面密封胶涂抹均匀、密封良好，密封面的连接螺栓应涂防水胶，满足户内（外）使用要求。

接地要求：断路器接地采用双引下线接地，且直接接入不同网格，接地铜排、镀锌扁钢截面积满足设计要求；接地引下线应有专用的色标；紧固螺钉或螺栓应使用热镀锌工艺，其直径应不小于12mm，接地引下线无锈蚀、损伤、变形，并应符合GB 50169《电气装置安装工程接地装置施工及验收规范》要求。机构箱接地良好，有专用的色标，螺栓压接紧固；箱门与箱体之间的接地连接铜线截面不小于$4mm^2$。

新采购的户外SF_6断路器、互感器和GIS的充气接口及其连接管道材质应采用黄铜。

某公司生产的HPL550B2型断路器手动分闸装置的分闸线存在卷入合闸机构导致断路器拒合的隐患，应拆除该型号的断路器手动分闸装置。

二、断路器典型金属失效案例分析

（一）操作机构

高压断路器的故障类型一般分为绝缘异常、通电异常和机械异常等。断路器性能的劣化往往是多种因素所造成的，而断路器机械性能好坏的重要标志是其分、合闸的时间是否正常。机械性能劣化的一般是由于应力使材料随时间而发生变形或破坏，主要体现为疲劳和蠕变损伤以及摩擦面上的磨损或螺栓松弛等。由于上述劣化导致断路器机构部分的磨损、疲劳老化、变形以及生锈等均会引起动作时间的改变或引发电网故障。

国内断路器故障统计分析，操作机构故障占66.4%，因此，操作机构故障是造成断路器故障而产生非停的主要原因，操作机构与传动机构故障具体表现为机构卡涩、部件变形、位移或损坏、分合松动、轴销断裂、脱扣失灵等。目前，高压断路器操动机构主要包括：液压操动机构、全气动操动机构、气动－操作弹簧、全操作弹簧以及液压－操作弹簧。其中，液压机构和气动机构零部件多、结构复杂，弹簧机构由于具有操作功小、结构简单特点，因而，越来越取代液压结构和气动机构。在气动－操作弹簧、液压－操作弹簧或全操作弹簧中，操作弹簧是决定SF_6断路器性能的重要部件，其性能的优劣将直接影响断路器的技术和安全性能。由于弹簧在断路器中是处于压缩和拉伸的变动载荷下工作的，长期使用中不可避免地会出现疲劳现象，在运行过程中造成弹簧在分、合闸时产生拒动和误动事故甚至发生弹簧断裂。

弹簧是一种常见的机械零件，其作用是利用材料的弹性和结构上的特点，使之在产生或恢复变形时，能够把机械功或动能转变为变形能，或把变形能转变为机械功或动能。按形状分，有螺旋弹簧、板（片）簧、杆簧、碟形弹簧、环形弹簧、平面蜗卷弹簧、截锥蜗卷螺旋弹簧以及其他特殊形状的弹簧;按承载特点分,有压缩弹簧、拉伸弹簧及扭转弹簧等;在压缩螺旋弹簧中,又可分为圆柱状和变径两大类,前者有圆形截面、矩形截面及多股压缩弹簧;后者有圆锥形、腰鼓形(中凹型、中凸型及组合型等)及蜗卷型;由于螺距不同,又可分为等螺距和变螺距两类压缩螺旋弹簧;按成型方法,有冷成型弹簧和热成型弹簧两大类;按材质分,有碳素钢弹簧、合金钢弹簧、不锈钢弹簧、磷青铜弹簧、铍青铜弹簧以及各种特殊合金弹簧等。在外力作用下,不论哪一种类型的弹簧,在其材料中所产生的应力往往是弯曲应力或扭转应力。根据材料中产生的主要应力类型来分,弹簧类型可归纳见表5-1。

表 5-1 　　　　　　　　　　　　　　应力类型与弹簧类型

应力类型	弹簧类型
弯曲应力	板簧、扭转螺旋弹簧、蜗卷弹簧、碟形弹簧等
扭转应力	压缩、拉伸螺旋弹簧、扭杆等
拉伸应力	环形弹簧等
复合应力	Z 字形弹簧等

操作弹簧是一种以强力弹簧作为储能元件的机械操动机构,它是利用弹簧作用为高压断路器的操动能源进行分/合闸操作。弹簧一旦储能,能量就被保持住而不会有能量损失。相比之下,液压机构和气动机构储能后能量损失的机会相对多些,因为任何一个接头或阀门的泄漏,都会导致储能的损失。所以,弹簧储能是一种可靠的储能方式,储能的弹簧可随时准备动作,并满足断路器开断所需要的足够能量。

操作弹簧一般有三种形式。①压簧,也称螺旋弹簧。压簧在缠绕时,各圈之间预留一定间隙,工作时受力(压力)。②拉簧,也称螺旋卷簧。拉簧采用密绕而成,各圈之间不留间隙。弹簧两端一般采用加工成挂钩或采用螺纹拧入式接头。③碟型弹簧。要制造储存能量大的碟型弹簧,加工比较困难,国产操作弹簧采用较少。

由于操动机构是开关设备的心脏,它的适用环境很宽(既可用于 −25℃寒冷地区,又可用于 +40℃的高温地区),范围广(既用于北方干燥环境,又能用于湿度比较大的沿海地区),防污秽能力强(用于粉尘及空气污染严重地区),要求高(既要保证 1 万次试验时正常动作,又要考虑用 20 年的开关年限),故对材料性能有如下要求:

(1)要有很好的防腐能力,CT 17 采用镀锌,镀层为 8~12 μm。即使采用新工艺,新防护措施,也应按 GB 1984《交流高压断路器》及表面防护的要求作防腐试验。

(2)考虑到热胀、冷缩,在各传动铰接处,留有合适的间隙。

(3)所有弹簧应有足够的稳定度及裕度,以防止长时间处于受力状态而产生疲劳损坏和蠕变损坏,使合闸能量降低,而改变开关的机械特性。

(4)考虑冷脆应选用材料致密性好,纤维方向合理,无内部缺陷及微裂纹的原材料,必要时对重要零部件做无损检测。

(5)设备出厂应涂有不干憎水、防污秽及有研磨作用的润滑脂。

一般用于高压断路器的弹簧为压缩螺旋弹簧,其弹簧材料要有较高的强度、弹性极限和屈服强度，其主要弹簧钢性能应符合 GB/T 1222—2016《弹簧钢》要求。

1. 操作弹簧

【案例 5-1】　材质缺陷导致某高压开关断路器操作螺旋压缩弹簧断裂。

某高压开关断路器操作螺旋压缩弹簧断裂，弹簧外径 ϕ200mm，由 ϕ22mm 的热轧圆钢热卷而成，共 10 圈，材质为 60Si2Mn。断裂发生在两处，其中一处断口匹配完整，另一处由于崩裂断口失落，断裂弹簧外观如图 5-1 所示。

通过匹配完整断口，断口断裂面与轴向大约呈 45°，为典型的扭转断裂。断口上可见明显的放射撕裂条带，放射条带的收敛处位于弹簧表面一个缺口处，如图 5-2 和图 5-3 所示，缺口深度约 0.7mm，缺口周围的断口表面存在大量圆形氧化物颗粒及二次裂纹，断面呈冰糖葫芦状，属于典型脆性断裂，如图 5-4 所示。

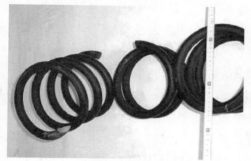

图 5-1　断裂弹簧宏观形貌

图 5-2　断口宏观形貌

图 5-3　裂纹源区及放射区域

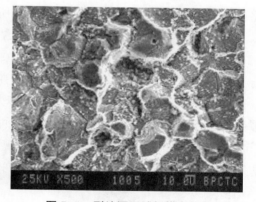

图 5-4　裂纹源区域扫描电镜图

对断裂弹簧进行化学成分、硬度试验分析，其中化学成分符合要求；硬度平均值为 HRC53.7，符合 GB/T 23934—2015《热卷圆柱螺旋压缩弹簧技术条件》规定的 HRC42-55。

对断裂弹簧进行金相分析，材料的非金属夹杂物主要为 D 型夹杂物，评定为 2 级，如图 5-5 所示；组织为回火马氏体 + 少量块状铁素体，由图 5-6 所示，可见弹簧中内部存在的裂纹，裂纹与弹簧表面呈 30° 角，裂纹粗大，尾部圆钝，裂纹边缘存在明显的脱碳层，裂纹内部存在明显的氧化物，可见，该表面缺陷为制造过程中产生，在热处理过程缺陷内部产生氧化。

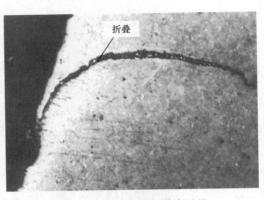

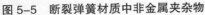

图 5-5   断裂弹簧材质中非金属夹杂物   图 5-6   弹簧表面裂纹形貌

综上所述，弹簧材料中存在较多的非金属夹杂物，组织中存在块状铁素体，表面存在裂纹折叠类缺陷等，在弹簧工作受扭转应力作用下，在表面折叠类缺陷应力集中部位萌芽裂纹，材质缺陷是造成弹簧脆断失效的主要原因。

【案例 5-2】   某 110kV 变电站 420 断路器操动机构弹簧材质缺陷导致断裂。

某 110kV 变电站断路器厂家为某开关有限公司，其操动机构为外购件，供应商为某电器厂，2007 年出厂，2012 年 10 月断路器操动机构弹簧断裂，材质为 60Si2Cr。

宏观检查发现，储能弹簧属于圆柱拉伸螺旋弹簧，锈蚀较为严重，尤其在上下圆钢接触面处，断裂位置处于弹簧中间。断面均有黄色锈迹，断口从上到下大致呈 3 个层，上下部 2 个表面较小，且垂直于弹簧圆钢周表面，该区域腐蚀严重，中间表面较大，可见裂纹扩张的纹路，整个断口无明显塑性变形，如图 5-7 所示。

对弹簧合金成分进行分析，其中 Cr 的含量为 0.62，低于 GB/T 1222—2016《弹簧钢》中 60Si2Cr 钢 Cr 的含量 0.70~1.00 范围要求；对弹簧的硬度进行试验，硬度平均值为 489.5HBW，符合 GB/T 23934—2015《热卷圆柱螺旋压缩弹簧技术条件》规定的 HBW394-560 要求；GB/T 1222—2016《弹簧钢》中 60Si2Cr 热处理为淬火（870℃）+ 回火（420℃），淬火介质为油，对断裂弹簧进行显微组织分析，其金相组织为回火贝氏体，有可见的残余缩孔，如图 5-8 所示，不符合 GB/T 1222—2016《弹簧钢》中 6.6.1 规定：钢材横截面酸侵蚀低倍试片上不应有目视可见的残余缩孔、气泡、裂纹、杂质、翻皮、白点、轴心、晶间裂纹。

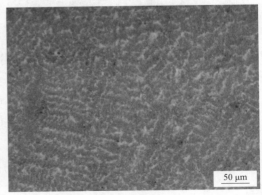

图 5-7   弹簧断面宏观形貌   图 5-8   弹簧金相组织

综上所述，由于该弹簧化学成分不合格，组织中存在缩孔，且外壁锈蚀严重，从而导致塑性显著降低，缺口敏感性增强，在弹簧受力影响下，导致疲劳断裂。该弹簧质量不合格是造成断裂的主要原因。

【案例 5-3】　材质不合格导致某 LW36-126 断路器弹簧失效。

2013 年 9 月，某变电站 LW36-126 断路器弹簧失效，表现为自由高度下降。目前自由高度为 358mm，设计高度为 367mm，材质为 60Si2CrV，设计图纸标准材料硬度为 45-52HRC。

核查设计图纸，弹簧设计直径为 26mm，弹簧中径 185mm，有效圈数 5.5，自由高度 367mm。上述四个参数中，除了有效圈数与 GB/T 1358—2009《圆柱螺旋弹簧尺寸系列》相符外，其余参数均与该标准不符。弹簧设计的安装载荷 F1 为 7082N，工作载荷 F2 为 22533N，两个载荷对应的变形量分别为 55mm 和 175mm，计算得出设计刚度 K1=K2=129N/mm，为直线型弹簧。

宏观检查发现，弹簧属于圆柱螺旋弹簧，表面漆层完好，未见明显表面缺陷。测得弹簧的自由高度 358mm，比设计高度低 9mm，弹簧材料直径为 26.22mm，与设计要求相符。

弹簧此时的安装载荷 F1 为 5982N，工作载荷 F2 为 23251N，自由高度按 358mm 计算，两个载荷对应的变形量分别为 46mm 和 166mm，计算得出刚度 K1 为 130N/mm，K2 为 140N/mm。随着自由高度的降低，弹簧的线型发生了改变，由直线型变为渐增型。

对弹簧合金成分进行分析，其 Si 含量为 2.33%，超出 GB/T 1222—2016《弹簧钢》中 60Si2CrV 钢 Si 含量 0.70~1.00 范围要求；对弹簧的硬度进行检测，其洛氏硬度平均值为 48.5HRC，符合设计技术条件要求；60Si2CrV 钢热处理规范：淬火 870℃±20℃，油冷，回火 420℃。在弹簧端面平整处进行显微组织分析，正常金相组织为回火贝氏体，如图 5-9 所示；但部分区域存在回火贝氏体 + 块状铁素体出现，如图 5-10 所示，金相组织异常。

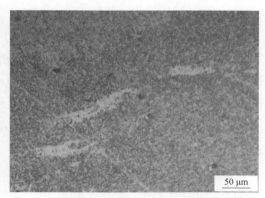

图 5-9　60Si2CrV 弹簧钢正常组织　　　　图 5-10　60Si2CrV 弹簧钢异常组织

60Si2CrV 具有强度高，其成分中含有较高的 Cr 及一定量的 V，兼有固溶强化、晶粒微细强化、碳化物弥散沉淀强化等综合强化因素，Si 元素作为强化元素，Si 元素增加，强度显著提高，但同时脆性增加，抵抗裂纹失稳扩展能力下降，因此，要求具有组织、性能均匀性等，以保证其抗疲劳性能。

综上所述，由于弹簧钢中 Si 含量超标，强度增加而脆性进一步增大，且组织中存在块状铁素体，组织不均匀，导致性能不均匀，使弹簧抗疲劳性能下降，在弹簧受到剪切应力、拉压应力等作用下，造成弹簧脆性疲劳断裂。

预防措施：

（1）针对弹簧疲劳破坏机理，应提高弹簧材料表面质量的工艺水平，降低表面粗糙度。采用一些有效的表面处理（如喷丸加工等），除去表面上存在的缺陷，增加弹簧材料的疲劳性能。

（2）优化结构，降低零件应力集中程度。如拉伸螺旋弹簧，为了施加拉伸载荷，在弹簧的两端做成钩环状，结果造成其钩环部分容易应力集中而导致断裂，故最常见的拉簧失效是钩环断裂。因此，在设计过程中，拉伸螺旋弹簧钩环处钩形的曲率半应增大，降低应力集中程度，且应采用较大的安全系数。

（3）合理选材和采用强化工艺，以提高材料的抗疲劳能力等。按设计要求获得规定的表面粗糙度；在零件的制造过程中，不产生有害的表面残余拉应力、不产生偏析、脱碳、夹杂、裂纹等缺陷。

（4）加强运行管理，避免腐蚀、误操作等造成弹簧损伤；保持设备完好，定期加强检查，对弹簧表面存在缺陷的应及时进行更换处理。

2. 操作机构拐臂、连杆、夹叉、拉杆等

【案例 5-4】 某 220kV 变电站 618 断路器 A 相合闸弹簧储能连杆螺栓断裂。

2013 年 3 月 8 日，某 220kV 变电站 618 断路器 A 相合闸弹簧储能连杆螺栓在弹簧储能时发生断裂，导致弹簧和储能连杆及螺栓等冲出断路器后盖。该断路器型号为 LW25-252，2009 年投运，储能连杆螺栓设计材质为 42CrMo 钢，规格为 M24。

储能连杆螺栓断裂宏观形貌如图 5-11 所示，连杆螺栓根部发生断裂，断面自外向内分布着间距依次增大的圆弧形细碎棱线，为典型的疲劳裂纹扩展区，中间断裂面颜色较深，为脆性瞬断区域，螺栓为疲劳断裂。

现场检查螺栓断头留在棘轮内宏观形貌，棘轮表面上残留有推力轴承垫片较明显的压痕，说明该连杆螺栓装配发生了错误。正确的装配情况下，垫片是套在轴套上的，它与棘轮表面自由接触，不可能留下残留压痕，此时螺栓 45° 斜面与棘轮内螺纹 45° 斜面紧密耦合，可以有效缓冲开关操作时螺栓根部受到的冲击，螺栓根部主要承受预紧力作用。实际的装配下，垫片被压在轴套下，使螺栓 45° 斜面与棘轮无法耦合，螺栓根部承受开关开合时较大的冲击附加弯矩应力。

对断裂螺栓的成分进行了分析，符合 GB/T 3077—2015《合金结构钢》要求；对断裂螺栓进行布氏硬度试验，其硬度平均值为 280HBW，超出 GB/T 3077—2015《合金结构钢》中 40CrMo 规定的不大于 229HBW 要求；GB/T 3077—2015《合金结构钢》中 40CrMo 热处理为：淬火（860℃）+ 回火（560℃），淬火介质为水、油，断裂螺栓金相组织为回火贝氏体 + 块状铁素体，如图 5-12 所示，与标准规定热处理规范下回火贝氏体不符。

图 5-11　储能连杆螺栓断面宏观形貌　　　图 5-12　储能连杆螺栓金相组织

综上所述，该螺栓硬度超标，组织异常，且装配存在偏差，导致附加弯曲应力增加。因此，材质不合格，且在附加弯曲应力、工作应力综合作用下，导致疲劳断裂。

因此，针对合金钢螺栓应按批次、材料、规格进行光谱、硬度、金相抽查，确保螺栓质量；加强安装过程质量检查，防止安装不当造成附加应力对螺栓运行的影响。

【案例 5-5】　某 110kV 变电站断路器机构垂直连杆断裂。

2012 年 7 月，某 110kV 变电站断路器机构垂直连杆断裂，该断路器型号为 LW36-126，连杆材质为 1Cr18Ni9。宏观检查发现，垂直连杆靠近螺纹连接处弯曲约 40°，裂纹位置在螺纹处，如图 5-13 所示；连杆开裂断面宏观形貌如图 5-14 所示，正前侧半圆弧形貌为裂纹源萌芽区，随之为裂纹扩展区，最终为瞬断区，具有典型疲劳断裂特征。

图 5-13　连杆断裂宏观形貌　　　　　图 5-14　连杆断口宏观形貌

对该连杆进行化学成分、力学性能分析，其中化学成分、抗拉强度、延伸率符合要求，但屈服强度为 163MPa，低于 GB/T 1220—2007《不锈钢棒》规定的 205MPa 要求。

连杆金相组织为奥氏体，存在黑色的富 Cr 第二相，且晶粒内部存在明显密集的滑移线，如图 5-15 所示，可见，该连杆通过加工成型后，未进行固溶处理或固溶处理不充分。对连杆断面进行扫描电镜分析，如图 5-16 所示，未见细小韧窝，可见，呈脆性断裂，断面上存在杂质，对杂质进行能谱分析，为富 Zn 氧化物。

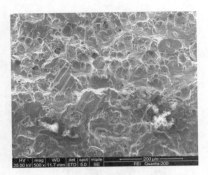

图 5-15　连杆金相组织　　　　图 5-16　连杆断口 SEM 形貌

综上所述，连杆组织中存在富 Cr 第二相、富 Zn 氧化物杂质，造成材料塑性下降、屈服强度不合格；加工成型后未进行固溶处理或固溶处理不充分，导致晶间腐蚀敏感性增加，在连杆工作应力、大气腐蚀环境等综合作用下，在螺纹应力集中区域发生疲劳腐蚀裂纹开裂。连杆材质不合格是导致开裂的主要原因，由于 1Cr18Ni9 属于粗晶奥氏体不锈钢，冷加工成型或焊接加工成型等后未重新固溶处理，均会造成晶间腐蚀敏感性增加，容易造成晶间腐蚀开裂。

【案例 5-6】　某 220kV 变电站 SF₆ 断路器开关夹叉断裂分析。

某 220kV 变电站六氟化硫断路器在使用过程中发生故障，断路器解体后经检查发现 C 相绝缘提升杆与机构联接的联接件（简称开关夹叉）断裂，断路器 C 相开关夹叉断裂位置在下部销轴孔处。该断路器是某开关厂生产的 LW11-252Q 型六氟化硫断路器，配用气动操作机构，设计材质为 45 号钢，热处理工艺为调质处理后表面渗氮。

开关夹叉一侧的两个断面存在有明显的碰磨变形痕迹，解体检查发现，销轴卡簧完好；断后的开关夹叉下部仍固定于下销轴和下部联接件上，开关夹叉下部断口无任何碰磨痕迹；下部联接件插接头端面有明显的撞击变形痕迹，可见，开关夹叉断开后，联接件插接头端面和上部开关夹叉一侧断口发生撞击碰磨情况。

通过对夹叉四个断面断口宏观分析，断裂均起源于夹叉销轴孔的内侧拐角处，断面垂直于夹叉运动方向，断口平整，无塑性变形特征，属于典型的脆性断裂，如图 5-17 所示。在两个叉子断面附近，存在有两条裂纹。一条裂纹位于夹叉上部，裂纹源位于销轴孔外侧拐角处，裂纹沿与断口有一定角度方向发展，如图 5-18 所示；另外一条裂纹位于夹叉下部，裂纹位于销轴孔内侧拐角处，裂纹发展方向与断面平行。

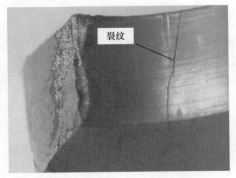

图 5-17　开关夹叉上部断口裂宏观形貌　　图 5-18　销轴孔外侧拐角处裂纹

金相组织检验发现，断裂夹叉外表面存在有渗氮形成的厚度约 0.02mm 的硬化层，如图 5-19 所示。组织为粗大珠光体＋块状铁素体，且铁素体呈网状分布，断口附近的裂纹为穿晶裂纹，裂纹附近无脱碳或腐蚀现象，如图 5-20 所示。制造厂家提供的工艺为调质处理（淬火＋高温回火），获得组织应该为回火索氏体。可见，断裂夹叉组织异常。

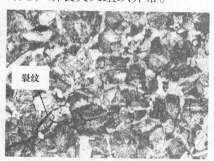

图 5-19　开关夹叉上部断口金相组织　　　图 5-20　开关夹叉断口显微裂纹

开关夹叉设计合闸力约 9.6kN，分闸力 60.65kN，设计使用寿命为 3000 次分合。开关夹叉在使用中基本为上下直线运动，合闸时上推、分闸时下拉。因为断路器配用气动操作机构，因此，开关夹叉的受力方式为瞬间冲击加载，断口部位合闸时不受力、分闸时承受拉应力，因此，使用中断面部位所受应力方式为拉－拉循环。开关夹叉氮化层具有高硬度、高耐磨性和高的疲劳强度，但由于热处理工艺不当，工件心部没有获得相应的回火索氏体组织。开关夹叉表面氮化层和心部组织存在着巨大的硬度差异和塑性差异，在受到较大冲击载荷作用时，很薄的表面渗氮硬化层易开裂；同时，由于心部组织的强度和冲击韧性远远小于设计要求，硬化层开裂后，开关夹叉在较大的瞬间冲击拉伸应力作用下发生了脆性断裂。

综上所述，开关夹叉由于制造过程中热处理不当，晶粒粗大、组织异常，导致综合机械性能显著降低，在其工作应力作用下导致开裂。

【案例 5-7】　某 220kV 变电站 HGIS 断路器操作机构拉杆断裂。

HGIS（Hybrid Gas Insulated Switchgear）是气体绝缘复合电器的简称，由断路器、隔离开关、接地开关以及电流互感器等元件组成，整体封闭于充有绝缘气体的容器内。某 220kV 变电站在送电过程中，HGIS 断路器操作机构 B 相拉杆发生断裂，拉杆规格为 ϕ33.5mm，材质为 35 号钢。

对 B 相拉杆进行宏观检查，断口位置为 B 相拉杆变截面处较细部分第一螺纹牙底处，如图 5-21 所示；断口平整无塑性变形，断面较为粗糙，具有银白色的金属光泽，断口表面存在明显的疲劳辉纹，具有典型脆性断裂特征，如图 5-22 所示。

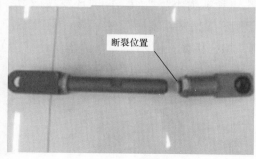

图 5-21　拉杆断裂位置　　　　　　　图 5-22　拉杆断裂断面宏观形貌

对拉杆进行化学成分分析，其中 Cr 含量为 1.7%、Ni 含量为 1.47%，不符合 GB/T 699—2015《优质碳素结构钢》中 35 号钢规定的 Cr 含量不大于 0.25%、Ni 含量不大于 0.30% 的要求，其余元素均符合要求。对拉杆进行常温冲击韧性试验，冲击平均值为 35J，低于 GB/T 699—2015《优质碳素结构钢》要求的 55J。

断口形态呈现河流花样，断裂方向沿着不同高度的解理面，不同高度的解理面之间的裂纹相互汇合形成河流花样；同时由于解理裂纹沿孪晶和基体间的界面扩展而呈现出舌状花样，如图 5-23 所示。拉杆断口金相组织为魏氏组织，具有网状铁素体（羽毛状铁素体），魏氏组织的存在显著降低了强度和韧性，容易引起沿网状铁素体开裂，如图 5-24 所示。

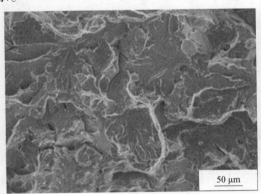

图 5-23　拉杆断面扫描电镜图

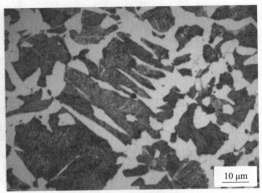

图 5-24　拉杆断口金相组织

综上所述，变电站 HGIS 断路器操作机构 B 相拉杆材质不合格，其中 Cr、Ni 含量增加，在制造过程中热处理工艺不当，形成魏氏组织，使得材料脆性增大，冲击韧性低于标准要求，在北部疆域冬天气温较低，使得材料低温脆性增加，在运行操作应力、卡涩等综合作用下，在螺纹应力集中区域产生脆性断裂。

3. 设计、制造工艺不当导致某类型断路器家族性缺陷

【案例 5-8】　某 LW29-126、LW17A-126、LW35-126 型断路器运行损坏分析。

某公司发生了 LW29-126、LW17A-126、LW35-126 三种型号断路器运行中损坏事件，LW17A-126 型断路器损坏原因为灭弧室存在设计质量问题导致；L35-126 型断路器由于连板设计强度不足断裂造成断路器合闸不到位引起灭弧室损坏；LW25-126 型断路器存在拉杆端头断裂的缺陷。

其中 LW29-126 型断路器损坏原因为开断小电流能力不足所致，同时还发现该型号部分断路器存在拐臂箱裂纹缺陷，经拐臂箱解体检测发现拐臂箱实际尺寸和设计图纸不符，如图 5-25 所示，该拐臂材质为铸造铝合金 ZL101，综合机械强度不高，拐臂盒设计结构欠佳，与操作机构连接部位的拐角处未进行厚度补偿及圆滑过渡，操作过程中易造成应力集中，导致拐臂盒的开裂。

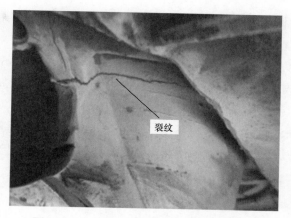

图 5-25 LW29-126 型断路器拐臂箱裂纹

因此，针对拐臂盒拐角处裂纹问题，制造单位应在设计制造时，提高材料等级，如采用铸铝 ZL114A，提高材料综合机械性能；优化拐臂盒结构设计，增加拐臂操作机构连接处的厚度并进行圆滑过渡处理，降低应力集中程度。

针对上述型号的断路器，运行检修单位应加强检查，发现问题及时更换处理。

（二）触头典型金属缺陷

【案例 5-9】 某 110kV 508 断路器 A 相引弧触头材质缺陷。

某 110kV 508 断路器 A 相灭弧室完成炸毁，触头外露，B 相极柱根部断裂导致整体向 C 相倾倒，瓷瓶碎片散落在附近 50m 范围内，A 相静触头铜钨合金引弧棒烧熔约 30mm，半面的上环形触指烧熔约 100mm，动触头和下环形触指则完全被烧熔。

对爆炸断路器引弧触头进行外观检查，铜钨合金触头外部有纵向裂纹，裂纹由铜钨合金与铜铬合金结合面处向端部扩展，且在径向上已贯穿，铜钨合金与铜铬合金结合面处出现缺口。

对触头进行材质及金相分析，触头铜含量为 31.2%、钨含量为 67.4%，其钨含量不符合标准规定的 68%~74% 范围，杂质含量高于规定的 0.5% 要求；金相组织中铜钨合金触头存在明显裂纹，裂纹周围存在众多大小不一的气孔与夹杂物，对附近较大的气孔进行测量，直径约 154.3μm，如图 5-26 和图 5-27 所示。

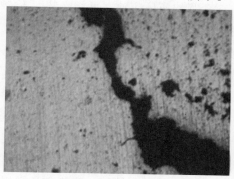

图 5-26 触头金相组织中裂纹形貌

图 5-27 触头金相组织中气孔、夹渣

按照厂家提供的《粉末冶金整体式铜钨－铜铬合金弧触头技术条件》要求：在铜钨合金

的整个磨面的金相织金相视场中，不允许出现 $80\mu m$ 长的气孔或夹杂物。可见，该触头不符合厂家提供的技术要求。

对断路器引弧触头的铜钨合金进行导电率测试，为 23.1%ICAS，不符合按照厂家提供的《粉末冶金整体式铜钨 - 铜铬合金弧触头技术条件》规定的 CuW70 合金的导电率为 43% ~ 53% ICAS 要求。

综上所述，静弧触头铜钨合金材料不良，且与铜件烧结时存在质量问题，故障开断时熔化、脱落导致不能正常熄弧；该断路器属于自能式灭弧室，开断小电流时电弧加热膨胀效应不足导致开断失效。

第二节　变压器

一、变压器金属技术监督要求

1. 变压器

变压器的主要金属部件是指绕组、引线、套管、分接开关、油箱、储油柜、散热器等。绕组、引线导体的技术指标应分别符合 GB/T 3953《电工圆铜线》、GB/T 5584.2《电工用铜、铝及其合金扁线　第 2 部分　铜扁线的要求》；母线铜排应采用 T2 铜，导电率不低于 97%IACS。分接开关传动机构材质与规格应符合设计要求，室外金属部件应具有良好的防腐性能。油箱、储油柜、散热器等壳体的防腐涂层应满足腐蚀环境要求，其涂层厚度不应小于 $120\mu m$，附着力不应小于 5MPa；波纹储油柜的不锈钢芯体材质成分应符合锰（Mn）含量不大于 2% 的奥氏体型不锈钢；重腐蚀环境散热片宜采用锌铝合金镀层。

套管金属技术要求：①套管的主要金属部件为接线端子，套管接线端子的技术指标应符合 GB 5273《高压电器端子尺寸标准化》的要求；② 110kV 及以上变压器套管桩头（抱箍线夹）应采用 T2 纯铜材质热挤压成型，禁止采用黄铜材质或铸造成型的抱箍线夹；③ 6.0 级以上地震危险区域内的主变压器，要求各侧套管及中性点套管接线应采用带缓冲的软连接或软导线；④室外运行的主变应加装套管防雨罩；⑤套管均压环应独立可靠安装，不应安装在到点头（将军帽）上方接线板上或与套管顶部密封件共用密封螺栓；⑥新采购的 110kV 及以上变压器套管，其顶部若采用螺栓载流的导电头（将军帽）结构，需采取有效的防松措施，防止运行过程中导电头（将军帽）螺栓松动导致接触不良引起发热。

入网质量验收时应对套管、散热片、蝶阀等其他组部件进行抽检，抽检比例不少于每批供货量的 5%。阀门应采用金属钢板阀。

紧固连接：所有紧固螺栓应按力矩要求紧固，并做好防松动或位移的标识；分接开关头部法兰与变压器连接处的螺栓应紧固，密封良好；全部紧固螺丝均应采用热镀锌螺丝，具备防松动措施；器身紧固用螺栓紧固，并有防松措施；绝缘螺栓无损坏，防松绑扎完好；主导电回路采用强度 8.8 级热镀锌螺栓，采取弹簧垫圈等防松措施。

户外变压器的瓦斯继电器（本体、有载开关）、油流速动继电器、温度计均应装设防雨罩。

油箱及所有附件应齐全，无锈蚀及机械损伤，密封应良好；油箱箱盖或钟罩法兰及封板的连接螺栓应齐全，紧固良好，无渗漏；变压器油箱真空度和正压力的机械强度试验应符合 GB/T 6451 的规定，不得有损伤和不允许的永久变形；均压环表面应光滑无划痕，安装牢固且方向正确，均压环易积水部位最低点应有排水孔。

控制箱、端子箱、机构箱：安装牢固，密封、封堵、接地良好，接地线应使用截面不少于 $100mm^2$ 的铜缆（排）可靠连接；端子箱体、箱门应采用不锈钢或铸铝，不锈钢标号不应低于 304，正门应具有限位功能，且厚度应不小于 2mm；接地符合规范要求，端子箱内设一根 $100mm^2$ 不绝缘铜排，电缆屏蔽、箱体接地 均接在铜排上，且接地线应不小于 $4mm^2$，而铜排与主铜网连接线不小于 $100mm^2$，箱门、箱体间接地连线完好且接地线截面不小于 $4mm^2$；由开关场的变压器、断路器、隔离开关和电流、电压互感器等设备至开关场就地端子箱之间的二次电缆的屏蔽层在就地端子箱处单端使用截面面积不小于 $4mm^2$ 多股铜质软导线可靠连接至等电位接地网的铜排上，在一次设备的接线盒（箱）处不接地。

主变压器变低 10kV（20kV）侧母线连接母线桥应全部采用绝缘材料包封（可预留接电线挂点），防止小动物或其他原因造成变压器附近短路。新建、扩建及技改工程变电站 10kV 及 20kV 主变压器进线禁止使用全绝缘管状母线。

在役运行检修重点监督变压器本体、储油柜、冷却装置、操作装置、套管无渗油与明显锈蚀，波纹管无卡涩，紧固件连接完好、无松动。

2. 交流穿墙套管

交流穿墙套管由瓷件、安装法兰及导体装配而成，按所使用导体材料又可分为铝导体、铜导体及不带导体 (母线式) 三种类型。Q/GDW 11651.13—2017《变电站设备验收规范 – 第 13 部分：穿墙套管》规定：

（1）瓷绝缘子：①金属法兰密封面平整，无沙眼，无锈蚀，粘合牢固，涂有合格的防水硅橡胶；②伞形结构、干弧距离、爬电比距与技术规范或技术协议一致；③釉面应平滑、光亮、坚硬，无裂纹、划痕、褶皱、起泡和杂质等其他有损运行性能的缺陷；④单个釉面缺陷面积不应超过 $25mm^2$，研磨面或倒角边缘不应存在釉面碰损；⑤绝缘子的直线度满足标准要求。

（2）复合绝缘子：①金属法兰密封面平整，无沙眼，无锈蚀，粘接部位无脱胶、起鼓等现象；②伞形结构、干弧距离、爬电比距与技术规范或技术协议一致；③金属部件的安装应符合图样规定,伞套和金属附件结合处粘接牢靠,伞套表面不超过 1mm 的模压飞边。

（3）套筒法兰：①套筒法兰无尖角、毛刺，焊接面无缺陷；②套筒法兰尺寸与总装配图纸相符，其公差为：$L \leqslant 300mm$ 时，$\pm（0.04 L +1.5）mm$，$L > 300mm$ 时，$\pm（0.025 L +6）$ mm，对于爬电距离，适用上述的负偏差，其正偏差不做规定；③芯子末屏出线位置与套筒法兰末屏出线孔一致；④套筒法兰与芯子卡装后牢靠、无松动。

（4）法兰或其他紧固件密封试验：①油浸式套管：充以相对压力为 0.15 MPa ± 0.01MPa 的空气或任何适宜的气体并维持 15min，或充以相对压力为 0.1 MPa ± 0.01 MPa 的油维持

12h；②无泄漏现象。

（5）一次引线安装：①全部紧固螺丝均应采用热镀锌螺丝，具备防松动措施，导电回路应采用 8.8 级热镀锌螺栓，各接触面应涂有电力复合脂；②引线松紧适当，无散股、扭曲、断股现象；③不得采用铜铝对接过渡线夹；④标称截面 400mm² 及以上压接型设备线夹安装角度朝上 30°~90° 时，与接线板连接好后应钻直径 6mm 的排水孔。

（6）安装要求：①安装穿墙套管的孔径应比嵌入部分大 5mm 以上，混凝土安装板的厚度不得大于 50mm；②穿墙套管直接安装在钢板上时，套管周围不得形成闭合磁路；③穿墙套管垂直安装时，其法兰应在上方，水平安装时，其法兰应在外侧；④ 600A 及以上母线穿墙套管端部的金属夹板（紧固件除外）应采用非磁性材料，其与母线之间应有金属相连，接触应稳固，金属夹板厚度不应小于 3mm，当母线为两片及以上时，母线本身间应予固定；⑤充油套管水平安装时，其储油柜及取油样管路应无渗漏，油位指示清晰，注油和取样阀位置应装设于巡回监视侧，注入套管内的油必须合格；⑥套管接地端子及不用的电压抽取端子应可靠接地；⑦套管接地应可靠。

3. 电容器

新建户外电容器接至汇流排的接头应采用铜质线鼻子和铜铝过渡板结合连接的方式，不应采用哈夫线夹连接方式；电容器接头防鸟帽应选用高温硫化复合硅橡胶材质并可反复多次拆装，不可选用易老化和脆化的塑料材料。

4. 电抗器

干式空心电抗器绕组导线采用纯铝材料；干式铁芯电抗器的铁芯应由优质冷轧硅钢片制成，绕组使用铜线；平波电抗器装配件的结构应防爆，所有的金属件、法兰、螺栓和螺母应采用防磁材料，即采用铜质或奥氏体不锈钢材质；铁芯电抗器布置在户内时，应采取防振动措施。

在役运行检修重点监督紧固件连接完好、无松动，支柱绝缘子无裂纹、破损、胶装部位完好、无倾斜变形等，铁芯无松动、异响、过热、烧蚀等现象，引线无变形、开裂、散股、脱焊、烧蚀等现象。

二、变压器典型金属失效案例

1. 变压器绕组存在以铝代铜现象

变压器作用为变换电压、传递电能，因此，要求变压器的本身的损耗越小越好，变压器的铁芯为晶粒取向高导磁冷轧硅钢片或非晶合金，工作时的损耗（磁滞损耗和涡流损耗）很小；变压器的线圈承载变压器的工作电流，必用电阻率小的导电材料，这样它的损耗就小；变压器存在较大的电流，运行过程中容易发热，因此，需要散热快、导热性好的材料。变压器绕组材质主要为铜、铝两种材质，在室温下铝的物理性能一般为：密度为 2.7g/cm³、热率:237W/（m·k）、导电率 59%IACS、纯铝抗拉强度为 80~100MPa；铜的物理性能一般为：密度为 8.96g/cm³、热导率:397W/（m·k）、导电率 96%IACS、纯铜抗拉强度为 230~240MPa，可见，大型变压器绕组材质优先选用铜，但铜的价格约为铝的 3 倍，铜绕组材质变压器成本明显高于铝绕组变压器。因此，部分变压器厂家存在"以铝代铜"来制造变压器绕组降低成本，尤其在配电变压器中，存在"以铝代铜""铜掺杂铝"现象。

变压器在基建或入网验收中，重点监督绕组材质，应对变压器绕组材质进行100%确认，确保变压器运行安全。

2. 304奥氏体不锈钢制造工艺不当造成开裂

【案例5-10】　某110kV主变压器有载调压分接开关转动连杆抱箍裂纹。

有载分接开关是指能在变压器励磁或负载状态下操作、变换变压器的分接，从而调节变压器输出电压的一种装置，操作机构是使开关动作的动力源，带有必需的限位、安全连锁、位置指示、记数以及信号发生器等附属装置。电动操作机构垂直轴齿轮、电动机轴带、垂直轴和水平轴等与开关本体相连接。而转动连杆抱箍是调压开关传力装置。该抱箍设计材料为304奥氏体不锈钢，铸造成型。

某110kV主变压器于2005年投运，2014年巡检时发现1号主变压器有载调压分接开关转动连杆抱箍表面存在细小裂纹，裂纹开口内部有黄色锈迹，如图5-28所示。

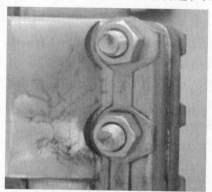

图 5-28　抱箍裂纹宏观形貌

对抱箍进行化学成分分析，符合要求。对抱箍裂纹进行金相分析，组织为奥氏体，有明显的晶间析出物，裂纹沿晶界开裂，具有明显的晶间腐蚀特征。

304奥氏体不锈钢在腐蚀环境下或室外长期积水沉积物下特别在铸造或冷加工成型后未进行固溶处理、稳定化处理易产生晶界腐蚀，在操作机构转动应力下造成应力腐蚀开裂。新采购抱箍材料应更换成抗腐蚀等级更高的TP347H，加工成型后应经过最终固溶处理、稳定化处理，提高材料抗晶间腐蚀的能力。

3. 设计或制造工艺不当造成铸造黄铜开裂

【案例5-11】　某220kV变电站主变压器10kV套管抱箍线夹裂纹分析。

主变压器套管抱箍线夹连接套管内导电杆与三侧母线，是连接主变压器、三侧母线导流的重要连接部件。某220kV主变压器多起套管抱夹发热，停电检修发现抱夹出现断裂情况，其开裂部位位于抱夹抱箍中部，沿轴向延伸，如图5-29所示，抱夹材质为ZCuZn40Pb2铸造铅黄铜。

对抱箍线夹进行化学成分分析，Cu含量为56.79%，低于GB/T 1176—2013《铸造铜及铜合金》规定的58%~63%下限值；其中Pb含量为5.07%，超过GB/T 1176—2013《铸造铜及铜合金》规定的0.5%~2.5%范围；可见，Cu含量偏低、Pb含量严重超标，材质化学成分不合格。

对断裂抱箍线夹进行金相分析,组织为 α + β +Pb 三相组织,α 呈块状,按照 JB/T 5108—2018《铸造黄铜金相检验》进行分级,为 4 级;晶粒度为 5 级;沿晶界分布较多单独的黑点 Pb,弱化晶界,如图 5-30 所示。可见,铸造黄铜组织块状 α 含量多、且晶粒度较粗,这可能是由于铸造过程中温度过高,退火不完全,造成晶粒粗大,性能降低。

图 5-29 抱箍线夹裂纹宏观形貌

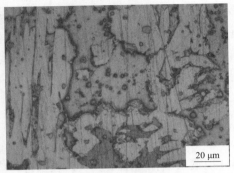
图 5-30 抱箍线夹铸造铅黄铜金相组织

由于 Pb 含量超标,且呈网状分布,弱化晶界,α 呈块状,使合金的力学性能下降;由于抱箍线夹抱耳通过紧固螺栓抱箍导电杆,避免因接触电阻过大导致发热,因此,要求螺栓预紧力较大,抱夹就承受较大的轴向应力,在环境或积水污秽沉积等腐蚀环境下,在抱箍线夹抱耳应力集中部位产生应力腐蚀开裂。

材质不合格是导致线夹开裂的主要原因。

【案例 5-12】 某 110kV 主变压器套管抱夹裂纹分析。

2013 年 5 月,某 110kV 变电站 2 号主变压器检查中发现 35kV 桩头 A、B、C 三相抱夹均开裂,材质为 ZCuZn40Pb2 铸造铅黄铜。宏观检查发现开裂部位位于抱耳中部,沿轴向延伸,同时,紧固螺孔处也存在裂纹,裂纹贯穿至外表面,如图 5-31 所示。

对该抱夹进行化学成分分析,Cu 含量为 59.3%,符合要求;其中 Sn 含量为 0.4%,符合要求;Pb 含量为 2.1%,符合 GB/T 1176—2013《铸造铜及铜合金》规定的 0.5%~2.5% 范围要求。

对断裂抱夹进行金相分析,组织为 α + β +Pb 三相组织,α 相呈块状 + 羽毛状,分布在晶界,黑点为 Pb 相,按照 JB/T 5108—2018《铸造黄铜金相检验》进行分级,为 4 级;裂纹由外壁向内扩展,呈沿晶界开裂,如图 5-32 所示。

图 5-31 抱夹裂纹宏观形貌

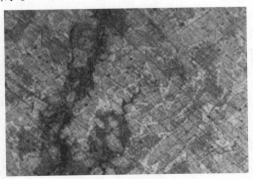
图 5-32 抱夹铸造铅黄铜金相组织

含锌量大于 15% 特别是双相黄铜（含锌量 ≥ 32%）具有明显的脱锌腐蚀和应力腐蚀倾向，脱锌腐蚀为铜的二次沉积所致，而应力腐蚀是在氨、水蒸气、氧等介质和应力的共同作用下导致材料开裂现象。由于 ZCuZn40Pb2、ZHPb59-1 铸造黄铜 Zn 含量高，存在 α + β +Pb 三相组织，脱锌腐蚀、应力腐蚀倾向性大，且铸造黄铜铸造过程中温度过高、退火不完全，导致块状 α 相 + 羽毛状，沿晶界析出，导致晶界弱化，综合机械性能降低、腐蚀敏感性增加，在螺栓预紧力、环境腐蚀介质等作用下产生应力腐蚀开裂。

应加强铸造黄铜铸造过程中工艺质量控制，在熔铸时采用加强搅拌等措施，使铅分散、均匀、细小分布，避免 α 相沿晶界析出、增多、增粗，提高机械性能、降低应力腐蚀敏感性；采用低温退火（250℃、1h）措施，消除内应力；或避免采用腐蚀敏感性铅黄铜（含锌量 ≥ 32%），在 α – 黄铜中加入少量的 Si（0.5%）可显著降低黄铜的应力腐蚀倾向，采用无腐蚀应力开裂倾向性的锻造铜及铜合金，改善组织状态，细化晶粒，提高综合机械性能。

由于 ZCuZn40Pb2、ZHPb59-1 黄铜对应力腐蚀十分敏感，不宜作为抱夹材质使用，在设计环节推荐采用含锌量 <15% 的黄铜或 T2 铜材质的冲压型抱夹，该类抱夹使用 T2 铜板材制造，在 800℃ 对其进行冲压成型，并对成品进行镀锡处理，镀锡层厚度不低于 12μm，具有较好的强度与抗应力腐蚀能力。

4. 变压器套管导电密封头（将军帽）缺陷

【案例 5-13】　某 500kV 变电站变压器套管导电密封螺孔裂纹。

变压器变线圈通过穿缆软线引至套管上端，通过套管头部结构与外部导线连接。套管头部主要由接线板、导电密封头（俗称将军帽）、引线接头（导电杆）、圆柱销（定位螺栓）、螺钉、密封压板、螺栓和橡皮垫圈等组成，变压器内部引线穿过导电管后其接头通过定位销固定在接线座上，然后与导电头（将军帽）通过螺纹连接，导电头与套管接线端子之间通过螺栓夹连接，套管接线端子与外部导线接线端子通过螺栓连接。导电密封头（将军帽）与套管头部密封罩采用 6 个奥氏体不锈钢材质螺栓密封紧固，罩体材质为铝镁合金，螺孔内螺纹、螺栓材质为奥氏体不锈钢，螺孔采用过盈配合装配在密封罩孔内，其中套管导电杆材质为紫铜。某 500kV 变电站内变压器套管发现大量将军帽螺孔部位裂纹，如图 5-33 所示，裂纹沿铝镁合金螺孔内横向开裂，孔内不锈钢材质螺孔未见异常。

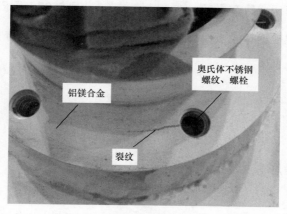

图 5-33　套管紧固螺孔部位裂纹

分析认为,导电头与高压套管穿缆铜头采用螺纹连接,螺纹未拧紧或内外螺纹配合存在间隙,均会引起接触电阻增加,导致发热;由于主导电回路中的接触电阻增大,部分负荷电流经外壳、固定螺栓及将军帽进入出线,由于此路径中 6 个不锈钢螺栓的电阻率高(20℃,一般不锈钢电阻率为 $73 \times 10^{-8} \Omega \cdot m$,铝镁合金电阻率为 $4 \times 10^{-8} \Omega \cdot m$)且存在异种材质接触电阻,因此,发热量大,与过盈配合的铝镁合金孔产生较大膨胀应力,且奥氏体不锈钢材质螺栓强度相对大(抗拉强度约为 600MPa、铝镁合金抗拉强约为 200MPa),裂纹在铝镁合金螺孔应力集中区域萌芽、扩展,设计、制造工艺不当是造成螺孔裂纹开裂的主要原因。因此,应优化结构设计,避免接触不良引起的发热;应采用与连接体材质相同螺栓连接,避免材质膨胀系数差异不同造成的应力或连接松弛,从而造成接触电阻增加。

5. 紧固件连接工艺不当

【案例 5-14】 某 220kV 变电站螺栓松动导致主变压器漏油故障。

某 220kV 变电站投产于 2012 年 3 月,2013 年 3 月进行了第一次例行试验及检修时发现主变压器漏油问题:

1 号主变压器铁芯及夹件螺栓螺母未紧固或紧固力矩未满足设计或标准要求,造成渗漏;排油充氮装置安装于变压器本体上的断流阀由于质量原因漏油,部分螺栓未安装垫片、未采取防松措施,如图 5-34 所示;有载调压开关由于安装质量原因,部分螺栓单侧安装垫片达 4 个,超过规程规定的单边不超过 2 个垫片的要求,未紧固,大盖渗漏,如图 5-35 所示。

图 5-34 主变压器断流阀漏油   图 5-35 调压开关大盖漏油

综上所述,设备螺栓连接未按要求施工导致螺栓松动或未拧紧等是造成设备故障的主要原因。

第三节 隔离开关

一、隔离开关金属技术监督要求

1. 隔离开关

隔离开关的主要金属部件是指导电部件、传动结构、操作机构、支座,其中导电部件包括触头、导电杆、接线座，传动结构包括拐臂、连杆、轴齿等。导电部件的弹簧触头应为牌号不低于 T2 的纯铜；触头、导电杆等接触部位应镀银，镀银层厚度不应小于 $20\mu m$，硬度应大于 120HV；动、静触指非导电接触部位应镀锡，铜、铝接触部位应镀银或镀锡，镀锡层厚度不小于 $12\mu m$，防止电化学腐蚀。触指压力应符合设计要求。导电杆、接线座材质应符合设计要求。

导电杆、接线板、静触头横担铝板等宜采用牌号为 6061、6063、6005 或其他 6 系列铝合金，且表面进行阳极氧化处理，氧化膜不低于 $6\mu m$；隔离开关的所有部件不应采用牌号 2 系列、7 系铝合金，防止剥落腐蚀。

操作机构要求与断路器操作机构要求一致。户外使用的连杆、拐臂等传动件应采用装配式结构，不得在施工现场进行切焊配装。传动机构拐臂、连杆、轴齿、弹簧等部件应具有良好的防腐性能，不锈钢材质部件宜采用锻造工艺。操动机构垂直连杆抱箍若采用铸造铝合金，应采用压力铸造，避免砂型铸造成型。

轴销和开口销的材质应为 06Cr19Ni10N 奥氏体不锈钢，户外隔离开关的销轴与轴套，可采用不锈钢销轴配石墨复合轴套，不宜采用不锈钢销轴配不锈钢轴套或钢制镀锌销轴配黄铜轴套。连杆万向节的关节滑动部位材质应为 06Cr19Ni10N 奥氏体不锈钢，同时所有滑动摩擦部位需采用可靠的自润滑措施，严禁非自润滑异种材料的直接接触，如铜、铝或不锈钢、铝的直接接触。

经常撤卸的螺栓应采用热镀锌钢，其他直径 12mm 及以下螺栓宜采用不锈钢材质。60Si2Mn、60Si2CrVA 等合金钢操作弹簧宜采用磷化电泳工艺防腐处理，耐受中性盐雾试验不低于 480h。不锈钢弹簧应严格执行 GB/T 24588《不锈弹簧钢丝》标准要求，并经过疲劳试验。

软连接可采用 1060 铝合金、镀锡 T2 铜，不宜采用其他材料。

接地螺栓：①隔离开关、接地开关底座上应装设不小于 M12 的接地螺栓；②每相一个底座的隔离开关，各相应分别装设接地螺栓；③接地接触面应平整、光洁、并涂上防锈油，连接截面应满足动、热稳定要求。

支架接地：①隔离开关及构架、机构箱安装应牢靠，连接部位螺栓压接牢固，满足力矩要求，平垫、弹簧垫齐全、螺栓外露长度符合要求，用于法兰连接紧固的螺栓，紧固后螺纹一般应露出螺母 2~3 圈，各螺栓、螺纹连接件应按要求涂胶并紧固划标志线；②采用垫片安装（厂家调节垫片除外）调节隔离开关水平的，支架或底架与基础的垫片不宜超过 3 片，总厚度不应大于 10mm，且各垫片间应焊接牢固；③底座与支架、支架与主地网的连接应满足设计要求，接地应牢固可靠，紧固螺钉或螺栓直径应不小于 12mm；④接地引下线无锈蚀、损伤、变形；接地引下线应有专用的色标标志；⑤一般铜质软连接的截面积不小于 $50mm^2$；⑥隔离开关构支架应有两点与主地网连接，接地引下线规格满足设计规范，连接牢固；⑦架构底部的排水孔设置合理，满足要求。

新采购的开关类设备，继电器接点材料不应采用铁质，继电器接线端子、紧固螺栓、压片应采用铜材质。

双臂垂直伸缩式隔离开关的传动连接不得采用空心弹簧销，应采用实心卡销。空心卡销强度不够，多次合分闸后出现变形，最终导致断裂，会导致合闸不到位或接触压力不够接触电阻过大导致刀闸发热，严重时会导致自动分闸，造成带负荷拉闸故障。

　　某公司 2014 年 12 月前生产的 GW10A-126 型隔离开关存在导电基座上的传动拉杆无过死点自锁装置的设计缺陷，当隔离开关收到短路电动力、风压、重力及地震时，隔离开关上部导电杆滚轮与齿轮盒坡顶位置会产生偏离，隔离开关存在从合闸位置向分闸的可能，应核查该型号隔离开关传动拉杆，增加自锁装置及限位功能。

　　对 2013 年前某公司生产的 GW35/36-550 型隔离开关锻造件关节轴承进行更换处理；对 2008 年 6 月前出厂的某公司 GW10-252 型隔离开关的整个导电部分进行更换处理。

　　对 35kV 及以上隔离开关垂直连杆上下抱箍处应加装穿销，加强隔离开关垂直连杆上下抱箍处应加装穿芯销检查与改造，穿芯销的固定方式采用非完全贯穿型穿芯销固定的方案，穿芯销采用实心卡销方式。

2. 跌落式熔断器

　　Q/GDW 11257—2014《10kV 户外跌落式熔断器选型技术原则和检测技术规范》规定：户外跌落式熔断器导电片应采用材质 T2 及以上纯铜，T2 纯铜导电率应不低于 96%IACS；户外跌落式熔断器的导电片触头导电接触部分均要求镀银，且厚度不小于 3μm；铁件均应热镀锌，镀锌层厚度不小于 80μm；弹簧材质应选用不锈钢（S304），应符合 GB/T 24588《不锈弹簧钢丝》要求。

　　设备入网验收或基建阶段质量抽检：导电片导电率检测每批次抽查数量不少于 3 件，导电片触头镀银层厚度检测每批次抽查数量不少于 3 件，铁件镀锌层厚度每批次抽查数量不少于 3 件，弹簧材质检测每批次抽查数量不少于 3 件。

二、隔离开关典型金属案例

1. 结构设计不当造成膨胀开裂

【案例 5-15】　某 110kV 变电站 GW5 型开关触头膨胀开裂。

　　2009 年 10 月，某 110kV 变电站 35kV 隔离开关 630A 共 10 组，1250A 共 4 组，110kV 隔离开关 630A 共 3 组，1250A 共 6 组，总计 23 组发现触头开裂现象，投运日期为 2007 年 10 月。该批次 GW5 型隔离开关结构型式为：触头与支臂为过盈配合连接，触头材质为黄铜，支臂材质为铝。

　　对开裂触头进行取样检查，发现触头一侧平整，另一侧变形凸起，且呈十字形开裂，裂纹呈锯齿状，如图 5-36 和图 5-37 所示。

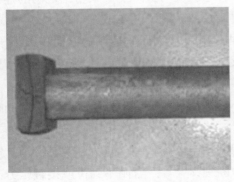

图 5-36　触头裂纹宏观形貌　　　　　图 5-37　触头连接方式

黄铜的膨胀系数为 $17.2 \times 10^{-5}/℃$，铝的膨胀系数为 $23 \times 10^{-5}/℃$，由于膨胀系数不一致，在运行中易产生结构热应力。支臂连接部位铝材已氧化，铜铝接触面电阻大，运行时温度高，触头两侧面中间部位为应力集中点。

对触头裂纹部位进行金相分析，组织为 $α + β$ 双相组织，大裂纹为沿晶开裂，细小裂纹存在穿晶开裂，如图 5-38 所示，可见，触头承受较大的应力。

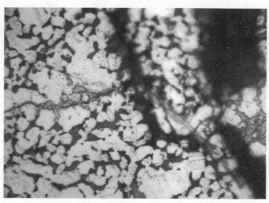

图 5-38　触头金相组织

综上所述，触头与支臂连接结构型式存在设计缺陷，运行中的热应力和装配过盈配合预应力共同作用导致触头侧边中间薄弱部位开裂。优化为触头与支臂连接结构型式，可以避免因热膨胀不一致导致触头开裂情况发生。

2. 制造工艺不当导致材质缺陷

【案例 5-16】　某 220kV 变电站隔离开关接线座制造缺陷导致开裂。

某 220kV 变电站于 2006 年投运，2010 年发现多个 GW4-126 型隔离开关接线座断裂，接线座材质为铸铝件。接线座断裂位置均为螺栓连接部位，该位置受力最为复杂，即承受螺栓预紧力矩作用，也承受导电杆的力矩作用，如图 5-39 所示。对接线座断裂部位进行宏观检查，发现铸铝断面位置外表面存在明显气孔，断面存在明显缩松或气孔，如图 5-40 所示，通过渗透检测，证实了铸铝件中存在气孔、疏松类缺陷，不符合 GB 2314—2016《电力金具通用技术条件》的规定：铝制件的重要部位不允许有缩松、气孔、砂眼、渣眼、飞边等缺陷。

图 5-39　隔离开关接线座断裂宏观形貌

气孔、缩松

图 5-40　隔离开关接线座制造缺陷

可见，铸铝件制造质量不合格是造成接线座断裂的主要原因。因此，制造单位应加强制造过程质量控制，加强产品出厂前检验，杜绝不合格产品进入施工现场；建设单位、安装及维护单位应加强设备入网检测及基建设备质量验收工作，杜绝不合格设备投入运行。

【案例 5-17】 某 500kV 变电站高压开关连杆材质不合格导致断裂。

2013 年 3 月，某 500kV 变电站高压开关连杆存在开裂现象，连杆设计材质为 1Cr18Ni9，形状为六边形。经检查发现，纵向裂纹长约 300mm，占连杆长度约 72%，裂纹深超过厚度的 50%；横向裂纹呈密集状态，分布在连杆中间部位，裂纹由表面向内部扩展，如图 5-41 所示。

图 5-41　连杆裂纹宏观形貌

对该连杆进行化学成分、力学性能及硬度分析，其中化学成分符合要求，但抗拉强度为 475MPa，低于 GB/T 1220—2007《不锈钢棒》规定的 520MPa 要求；延伸率为 6%，低于 GB/T 1220—2007《不锈钢棒》规定的不小于 50% 的要求；硬度平均值为 HB265，超过 GB/T 1220—2007《不锈钢棒》规定的不大于 HB187 要求。

对该连杆进行金相分析，组织为奥氏体，晶粒内部存在明显密集的滑移线，裂纹沿晶开裂，具有典型晶间腐蚀特征，如图 5-42 所示，可见，该连杆通过加工成型后，未进行固溶处理或固溶处理不充分。对连杆断面进行扫描电镜分析，如图 5-43 所示，晶界变宽，且存在 $M_{23}C$ 析出物，弱化晶界。

图 5-42　连杆金相组织

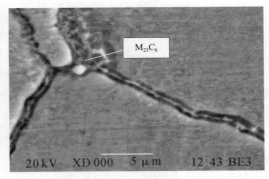

图 5-43　连杆断口 SEM 形貌

综上所述，连杆硬度平均值为 HB265、组织中晶粒内存在明显的滑移线，可见，连杆进行过锻压成型工艺，塑性变形量较大，且最终加工成型后未进行相应的固溶处理。冷加工成型（变形量大）后未进行固溶处理，导致材料晶间腐蚀敏感性增加，在连杆工作应力、大气腐蚀环境等综合作用下，造成晶间腐蚀，导致强度、塑性显著下降。连杆冷加工成型后未重新固溶处理是造成晶间腐蚀开裂的主要原因。

【案例 5-18】　某 500kV 变电站 GW35 开关垂直连杆抱箍断裂分析。

2012 年 5 月，某 500kV 变电站检修中发现 GW35 开关垂直连杆抱箍断裂，抱箍的设计材质为压铸铝合金 YL112。

对断裂部位进行宏观检查，断裂部位位于抱箍中部，断口较平齐，周边无塑性变形痕迹，呈典型的脆性断裂特征，同时断口上有较多气孔存在，如图 5-44 所示。测量抱箍的壁厚为 26.91mm，宽度为 89.93 mm。

对失效抱箍的成分进行分析，符合 GB/T 15115—2009《压铸铝合金》中对 YL112 成分的规定。

对失效抱箍的进行金相分析，金相组织中存在较多的气孔，最大气孔达到了 1251μm，同时气孔周围伴生着较多的疏松如图 5-45 所示。

图 5-44　抱箍断口宏观形貌

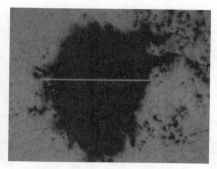

图 5-45　抱箍金相组织

根据 GBT 2314—2016《电力金具通用技术条件》要求，铝制件的重要部位（不允许降低机械载荷部位）不允许有缩松、气孔、砂眼、渣眼、飞边等缺陷；厂家设计中也明确要求铸件应无砂眼、气孔等缺陷。

综上所述，抱箍中存在较多的气孔、缩松等缺陷，显著降低了材料强度、塑性，在长期运行中气孔、缩松等缺陷应力集中部位形成裂纹，最终导致疲劳断裂。材质缺陷不合格是导致抱箍断裂的主要原因。

3. 安装、运维检修不当

【案例 5-19】　某变电站隔离开关螺旋钢板弹簧断裂分析

某变电站隔离开关螺旋钢板弹簧在正常使用条件下发生断裂，弹簧材质为 51CrMoV4 的，规格为 3700mm × 120mm × 11.4mm，使用条件扭矩为 825N/rad，使用环境为 –50~70℃，螺旋钢板弹簧技术要求：经热处理后硬度为 45.0~48.0 HRC。

断裂部位处于弹簧外缘的第二圈，如图 5-46 所示，断口两边局部有明显较严重的摩擦损伤及摩擦挤压痕迹，裂源起源在外表面擦伤处，向中心呈圆弧形扩展，呈放射状发展，整个断口平坦，断裂源区呈脆性沿晶开裂，在裂源边有较窄的剪切唇，剪切较为亮色，为瞬断区，其形貌特征清晰可见，如图 5-47 所示。

图 5-46　断裂弹簧宏观形貌

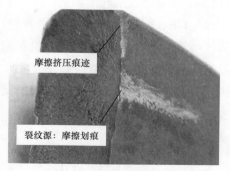

图 5-47　弹簧表面摩擦损伤形貌

对断裂弹簧进行化学、硬度试验分析，均符合要求。对断裂弹簧进行金相分析，组织为回火索氏体，非金属夹杂物符合要求，表面存在脱碳层，脱碳层厚度为 $0.2\mu m$，符合要求。

综上所述，在安装过程中或使用过程中存在偏差，使弹簧外圈与邻近固定件碰磨，造成弹簧表面损伤引起应力集中，导致微裂纹的萌生和扩展，最终产生疲劳断裂。

4. 紧固件连接缺陷

【案例 5-20】 某 220kV 变电站螺栓松动导致隔离开关故障。

某 220kV 变电站投产于 2012 年 3 月，2013 年 3 月进行了第一次例行试验及检修时发现隔离开关存在如下问题：

电容器间隔曾经在投运后一个月内处理过发热缺陷 2 次。检修时发现隔离开关部分螺栓未紧，螺栓预紧力矩不符合规程要求，如图 5-48 和图 5-49 所示。

图 5-48　6X14 隔离开关螺栓未紧固

图 5-49　3103 隔离开关螺栓未紧固

综上所述，设备螺栓连接未按要求施工导致螺栓松动或未紧固等是造成设备故障的主要原因。

5. 触头镀层典型案例

开关类设备触头基本上都镀银，主要采用 Ag-Sb 合金 (Sb 含量 1.7%~3.0%)，增加触头的导电性，减小表面的接触电阻。镀银层的质量直接影响设备的运行安全，触头镀银效果不好，如镀银层厚度不够、镀银层硬度偏低、镀银层附着力小而导致镀层剥落、触头露铜等，均导致触头接触电阻大、触头发热、触头加速氧化等。

【案例 5-21】　镀银层起泡剥落。

某 220kV GIS 设备现场安装过程中发现间隔本体至出线套管连接（运输解体）部分，绝缘盆导体连接面（运输包装侧）镀银层起泡脱落，绝缘盘材质为铝。镀银层普遍存在剥落现象，脱落后表面呈现黑灰色，部分区域存在大块镀银层剥落现象，如图 5-50 所示。对剥落部位进行扫描电镜及能谱分析，银层脱落后，基体呈黑色，表面分布一些白色块体，能谱分析表明这些黑色及白色块体均为 Al_2O_3，与基体氧化程度不同，而造成衬度的差异，如图 5-51 所示。

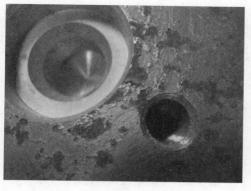

图 5-50　镀银层起泡剥落

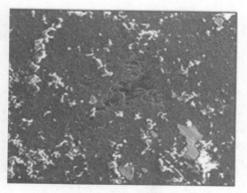

图 5-51　镀银层剥落面 SEM 图

对未剥落部位进行扫描电镜分析，如图 5-52 所示，镀银层存在明显的起泡现象，在镀银层起泡附近存在较大的白色颗粒或黑色剥落孔，其尺寸相对较大，图 5-52 所示中白色颗粒直径约 $150\mu m$，能谱分析结果以氧化铝为主，说明镀银前表面存在较大的铝或氧化铝颗粒未清除干净。在镀银层表面氧化铝颗粒周围、黑色剥落孔洞等均存在界面空隙，空气可以通过空隙进入基体，造成基体氧化。

对镀银层截面进行扫描电镜分析，如图 5-53 所示，整个截面由基体、富 Cu 层以及银层构成。结合厚度测量可知局部区域富 Cu 层与银层的总厚度约为 $10\mu m$，其中富 Cu 层约为 $2\mu m$，银层约为 $8\mu m$。起泡脱落位置全部在基体与富 Cu 层之间，而非在银层与过渡铜层之间。

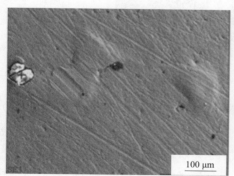

图 5-52　镀银层起泡 SEM 图

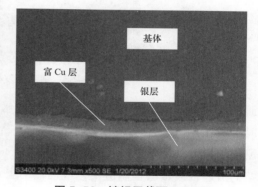

图 5-53　镀银层截面 SEM 图

因此，镀银层起泡或剥落的主要原因为镀银前基体未清除干净，使镀层结合强度降低，且氧化颗粒界面空隙为空气提供通道，加速基体氧化，进一步促进镀银层起泡或剥落。

【案例 5-22】　镀银层表面氧化发黑。

在某 220 kV 变电站基建过程中检查发现，10kV 中置柜梅花触头导电杆镀银层表面存在黑色薄层，约占周长的 25%，且部分位置有露铜现象，如图 5-54 所示。对导电杆黑色区域进行金相组织分析，发现黑色区域的厚度约为 $201\mu m$，如图 5-55 所示。

图 5-54　镀银层发黑

图 5-55　镀银层发黑区域金相组织

对发黑区域进行扫描电镜分析，如图 5-56 所示，发黑处存在大量颗粒状物质，对这些颗粒物进行能谱分析，存在 S、O、Cl 等元素，可见，这里颗粒物质为产生的硫化物、氯化物颗粒。

图 5-56　镀银层发黑区域扫描电镜图

镀银层对 H_2S 和 SO_2 等含硫化合物特别敏感，当空气中存在一定浓度的 H_2S、SO_2 等硫化物时，镀银层即发生反应变色。随反应进行，镀层表面逐渐由亮白色向深灰色及黑色变化。黑色产物主要为 $\beta-Ag_2S$ 和 Ag_2SO_3。

综上所述，镀银层在制造工艺或运输不当，遇有高含硫、氯化物空气时，造成镀银层表面硫化，表面变黑。触头处涂覆惰性物质，可以防止其表面与空气接触，避免产生氧化。

【案例 5-23】　镀银层厚度不足、硬度偏低。

某 220 kV 变电站 10 kV 开关柜在耐压试验中不合格，现场对该开关柜进行解体检查，发现梅花触指及导电杆均有大量的露铜现象。采用显微维氏硬度计测得导电杆镀银层的显微硬度为 96 HV，不符合 DL/T 486—2010《高压交流隔离开关和接地开关》规定的导电回路主触头的镀银层显微硬度不应小于 120 HV 要求。硬度偏低，在开关磨合过程中易造成剥落，导致露铜现象发生。

部分新生产的触头存在镀银层厚度不符合要求的情况。对开关触头镀银层厚度测量中，部分镀银层厚度仅为 7.8μm，不符合 DL/T 486—2010《高压交流隔离开关和接地开关》规定的镀银层厚度应不小于 20μm 要求。

又如某 220kV 变电站改造工程新更换的 220kV 侧 GW16 型隔离开关静触杆，现场检查发现隔离开关仅在两端（与导电环的抱箍连接处）镀银，而与触指接触的中间位置均未镀银，如图 5-57 所示，不符合高压隔离开关主触头必须镀银且厚度不小于 20μm 的要求。

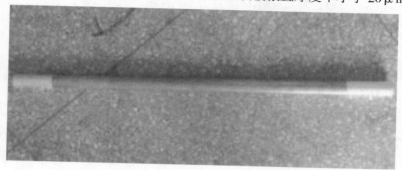

图 5-57　GW16 隔离开关静触杆部分区域未镀银

【案例 5-24】　某 220kV 变电站隔离开关触指未镀银、紧固件材质不合格等现象。

某 220kV 变电站隔离开关备品进行入网检测，共 2 组隔离开关，型号为 GW6，触头未镀银，为搪锡产品，同时搪锡层有大量的麻点，如图 5-58 所示，不符合要求。

对隔离开关的不锈钢紧固件进行检查，不锈钢螺栓出现明显的锈蚀现象，如图 5-59 所示。对隔离开关所用的不锈钢螺栓成分进行检测，其中 Cr 含量为 8.6%、Ni 含量为 0.4%、Mn 含量为 14.4%，不符合 GB/T 3098.6—2000《紧固件机械性能不锈钢螺栓、螺钉、螺柱》要求，其 Mn 含量严重超标，同时 Cr、Ni 含量较少，是其出现锈蚀的主要原因。

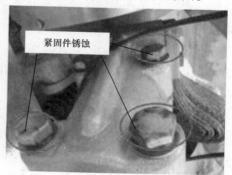

图 5-58　隔离开关触指未镀银　　　　图 5-59　不锈钢紧固件锈蚀现象

第四节　组合电器设备

气体绝缘开关（gas insulated switch，GIS）设备是由断路器、母线、隔离开关、电压互感器、电流互感器、避雷器、套管、接地刀等元件组合而成的高压配电装置，是变电站的重要设备，具有安装方便、占地面积少、环境污染少等优点，GIS 设备缺陷导致故障，会造成大范围停电事故，因此，GIS 设备监督、检测与处理显得越来越重要。

一、GIS 设备金属技术监督要求

GIS 设备壳体材质、规格和防腐涂层应符合设计要求，防腐涂层厚度不应小于 $120\mu m$，附着力不小于 5MPa；重腐蚀环境壳体材质宜为 Mn 含量不大于 2% 的奥氏体型不锈钢或铝合金。波纹管及法兰应为 Mn 含量不大于 2% 的奥氏体型不锈钢或铝合金；对于补偿筒体热胀冷缩的波纹管，其法兰连接螺栓两侧应预留足够的膨胀间隙。

户外 GIS 设备伸缩节反事故措施要求：①规范 GIS 设备伸缩节设计选型，制造商应根据伸缩节在 GIS 设备中的作用，选择不同型式的伸缩节（普通安装型、压力平衡型和横向补偿型），并在设备招标技术规范书中明确；②伸缩节的设计应充分考虑母线长度及热胀冷缩的影响，确定补偿的方式及方法，制造商应根据设计提出的变电站日温差或年温差最大值计算出壳体的变形量，并综合考虑伸缩节的变形量，确定伸缩节选型及设置数量；采用压力平衡型伸缩节时，每两个伸缩节间的母线筒长度不宜超过 40m。

最大设计风速超过 35m/s、最低温度为 –30℃ 及以下、重污秽Ⅳ级（沿海Ⅲ级）等地区的变电站，新建、改扩建变电站应优先选择户内 GIS 或 HGIS 布置。

目前应用较广泛的壳体材质为 5052、5083、5A05、6A02，铸造壳体部分选用 ZL101。壳体厚度一般为 6mm、8mm。壳体的静压力试验按 GB 7674—2008《额定电压 72.5kV 及以上气体绝缘金属封闭开关设备》中第 7.101 条执行。

母线材质与规格应符合设计要求。目前使用最广泛的直线导体材质为 6063 铝合金，异形导体材质为 ZL101。直线导体的主要连接形式为焊接或螺栓连接。焊接导体的焊接方式为氩弧焊，焊缝表面不允许出现裂纹、气孔等缺陷。导体焊缝应进行渗透检测及 X 射线检测，验收中如无法进行射线试验应进行剖切检查，焊缝不应存在未熔合、裂纹等缺陷。螺栓型连接导体应进行紧固力矩核实。母线导体触头部位应镀银，镀银层厚度不应小于 $8\mu m$。

新建变电工程 GIS 壳体焊缝质量超声检测抽查：不同制造厂家、不同型号应抽查 1 个 GIS，抽查比例为 GIS 壳体按照纵缝 10%、环缝 5%；超声检测应符合 NB/T 47013.3《承压设备无损检测 第 3 部分：超声检测》要求，当壳体壁厚小于 8mm 时，按 8mm 壁厚的相关规定执行，GIS 圆筒部分的纵向焊缝属于 A 类接头，环向焊缝属于 B 类接头，超声检测不低于Ⅱ级合格。

某公司 2013 年投运的 ZF12–126（L）型 GIS 线型接地开关所配绝缘子内部存在应力集中隐患，运行过程中会导致裂纹的萌芽与扩展，因此，应对存在隐患的 ZF12–126（L）型 GIS 线型接地开关进行更换。

某公司 300SR–K1 型 220kV GIS 隔离开关拉杆轴套和轴销存在加工精度不足的问题，容易发生悬浮放电，应进行开盖更换。

二、GIS 设备典型金属案例

由于 GIS 设备的全封闭性，其内部出现的缺陷如接触不良、螺栓松动、异物等缺陷时，常规的检测方法难以检测及观察内部缺陷情况，而采用 X 射线检测技术可以对封闭的 GIS 设备进行可视化检测，先进的 X 射线数字成像技术在 GIS 设备检测中应用越来越广泛；GIS 母线筒相对较长，在部分日温差大的地区，设计阶段未考虑日温差大造成冷收缩或热膨胀，对于长母线的 GIS 伸缩节的配置位置和配置数量考虑不周、伸缩节在安装时未严格区分安装伸缩节和补偿伸缩节，且各位置进行螺栓紧固，使伸缩节处于失效状态，两端的筒体支撑焊接处容易产生裂纹。

1. 结构设计不当造成触头弹簧变形

【案例 5-25】　某 220kV 变电站 GIS 弹簧触头故障分析。

GIS 触头主要有 3 种：表带触头、弹簧触头、梅花触头。这 3 种触头在静电连接方面各有优点，触头接触不良造成接地事故在电力系统时有发生，其生产工艺、安装工艺的优劣对设备安全稳定运行至关重要。

某 220kV 变电站共有 12 组 GIS 开关间隔，2017 年 3 月在对运行中的 GIS 设备进行分合闸操作时，在合闸过程中出现触头卡死现象。检查发现触头部位的弹簧触指发生变形，在合闸过程中弹簧严重变形导致在分合闸操作时触头卡死，如图 5-60 所示。对余下 11 组 GIS 开关间隔组 180 个部位进行 X 射线检测，共发现 6 个触头部位的弹簧均存在不同程度的变形，如图 5-61 所示，在备用 GIS 开关处也发现一处弹簧触指变形的情况。

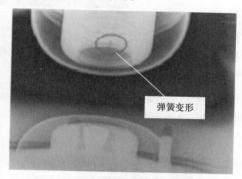

图 5-60　触头弹簧变形　　　　　图 5-61　触头弹簧变形 X 影像

弹簧触指是由金属丝绕制的用于导电的环形螺旋弹簧，通常直径为 0.8~1.5mm。目前 GIS 开关设备中弹簧触指材料主要有 3 种：铬锆铜、铍钴铜和铍铜。其导电性高低分别为铬锆铜、铍钴铜和铍铜，而抗拉强度排序则与导电性相反。开关在合闸后，弹簧触指通过与动触头和静触头接触传递电流，合闸时弹簧触指可承受 1~1.5mm 的变形量。

拆卸后对变形弹簧触头部位检查，每个触头弹簧都有两处严重变形，且触头接触部位磨损严重，每个弹簧变形部位、形状均类似。对相应的动触头磨损部位进行检查，在齿轮槽的末端处有明显磨损的痕迹，并且齿轮槽的宽度与弹簧触头两处变形的距离相吻合，弹簧变形处留有动触头金属碎屑。因此，齿轮槽影响弹簧触指的正常受力条件，齿轮槽末端与弹簧触指严重磨损，导致弹簧严重变形。

综上所述，由于弹簧触头在开合闸操作时动触头与弹簧接触力过大，应力在齿轮槽部位集中磨损，导致弹簧变形。通过优化动触头结构，在动触头末端边缘区域及齿轮槽末端区域进行打磨圆滑处理，消除动、静触头摩擦，防止弹簧变形。

2. 基础下沉导致设备变形

【案例 5-26】　某 220kV 变电站 GIS 设备地基下沉导致设备变形缺陷。

2016 年 11 月，某 220 kV 变电站地基不同地段发生不同程度的下沉和塌陷现象，地基的下沉导致了变电站内某些 GIS 管道发生了微小的倾斜现象，对全站内倾斜 GIS 设备进行了局部放电检测，未发现问题，地基下沉并未导致站内 GIS 设备严重损坏。

现场检查发现站内 220 kV Ⅰ段母线和Ⅱ段母线区域地基下沉严重，两端母线的波纹管中段存在较为明显的变形，如图 5-62 所示。

图 5-62　波形管变形

对波纹管变形处导体和Ⅰ段母线、Ⅱ段母线两侧导体进行 DR 检测，发现在变电站地基下沉严重的区域，GIS 设备内部的导体存在严重的倾斜状态，导致导电杆倾斜、导体倾斜受力，触头发生抵死的状态，存在严重的安全隐患，如图 5-63 和图 5-64 所示，地基下沉严重区域 GIS 波形管变形严重内Ⅰ段母线左侧导体螺栓存在明显受力变形、导体明显受力挤压无间隙。因此，地基下沉严重时会对 GIS 设备内部导体存在受力变形、挤压等严重安全隐患，应对地基下沉严重的区域进行相应的地基处理，矫正地基的水平度，消除设备安全隐患。

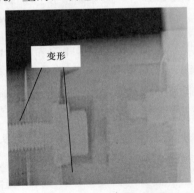

图 5-63　地基下沉处Ⅰ段母线左侧导体

图 5-64　正常设备Ⅰ段母线左侧导体

3. 焊接质量缺陷

【案例 5-27】　某 750kV 变电站 GIS 母线壳体焊缝开裂分析。

2017 年 3 月，某 750 kV 变电站 750 kV GIS Ⅱ母 C 相 14 气室壳体焊缝开裂造成气室漏气，开裂位置为铝合金板材与铸铝合金法兰连接焊缝，靠铸铝合金法兰侧，外壁裂纹长 240mm，内壁裂纹长 180mm，可见，裂纹从外壁沿内壁开裂，如图 5-65 所示。铸铝合金法兰材质为 ZAlSi7Mg，牌号为 ZL101，热处理方式 T6，厚度约 26mm；铝合金板材为 5083 铝合金，厚度约 8mm。

对壳体材质进行化学成分分析，均符合要求；对焊缝部位取样进行力学性能分析，抗拉强度均低于标准要求。对壳体焊缝开裂部位取样进行金相分析，从图 5-66~ 图 5-68 可知，铸铝合金法兰侧存在明显的疏松、微裂纹等缺陷，疏松缺陷评为 3 级；开裂部位为焊缝铸焊法兰件侧熔合线应力集中部位，垂直向内扩展，裂纹为沿晶开裂，组织为固溶体理的 α 铝基体 +（α + Si) 共晶。

图 5-65　壳体开裂宏观形貌

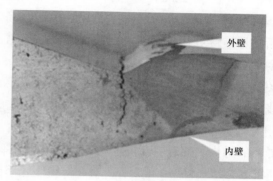

图 5-66　壳体开裂截面形貌

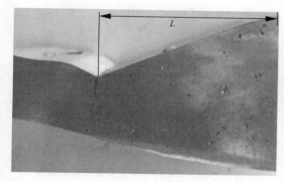

图 5-67　壳体开裂截面形貌（未侵蚀）

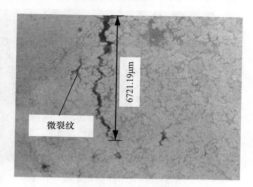

图 5-68　壳体开裂裂纹金相组织

由于铸铝合金法兰采用厚度补强原则，壁厚明显大于铝合金板材侧，因此，铸铝合金法兰与板材为不同厚度的焊接组件，不同厚度对接的两厚度差不超过表 5-2 规定时，则焊缝坡口的基本形式与尺寸按较厚侧的尺寸数据来选；否则，应采用单面或双面削薄，其削薄长度 L 不小于 3 倍厚度差。该母线壳体铸铝合金法兰与铝合金板为典型的外壁尺寸不相等而内壁齐平，且两者壁厚差约 18mm，因此，采用壁厚大的外壁削薄长度 L 应不小于 3 倍厚度差，即铸铝合金法兰侧削薄长度 L 应不小于 54mm，而实际铸铝合金法兰侧削薄长度约 28mm，如图 5-67 所示，可见，铸铝合金法兰与铝合金板组焊坡口加工不符合要求，导致铸铝合金法兰侧角度增大，应力集中程度显著增加，在焊接及在役使用过程中容易产生较大的应力集中。

表 5-2　　　　　　　　　　不同厚度焊缝坡口基本形式与尺寸

薄侧厚度 δ_1(mm)	≤ 2~5	>5~9	>9~12	>12
允许厚度差 $\delta - \delta_1$（mm）	1	2	3	4

综上所述，铸铝合金法兰内部存在微裂纹、疏松等超标缺陷，组件坡口削薄长度偏小，造成铸铝合金法兰侧熔合线处应力集中程度显著增加，在焊接过程及在役运行中铸铝合金法兰熔合线侧缺陷在应力集中部位产生裂纹并扩展。铸铝合金法兰内部超标缺陷及坡口形式不当是造成该处开裂的主要原因。

【案例 5-28】 某 220kV 变电站 GIS 设备导体裂纹。

2015 年 4 月，某 220kV 变电站 110kV GIS 设备 502 间隔发生故障，对 5023 母线隔离开关与断路器连接导体进行了 X 射线数字成像检测，X 射线检测电压为 270V，曝光时间为 180s，检测结果发现：5023 隔离开关主触头、5023 间隔断路器与隔离开关触头、502 间隔与隔离开关触头接触良好，触指弹簧、屏蔽罩、紧固螺栓等均无异常，502 间隔断路器主触头数字射线检测影像无异常。

利用 X 成像系统对导体进行检测，检测电压为 220V，曝光时间为 90s，检测发现：502 气室内导体靠触头侧的近底部位置均存在明显的内部线性缺陷，如 3 号导体 X 成像如图 5-69 所示。拆开 5021 气体隔离开关后，对 3 根导体底部位置内部线性缺陷部位进行 PT 检测，其中 3 号导体检测出表面环向裂纹，如图 5-70 所示，其余未发现表面缺陷。

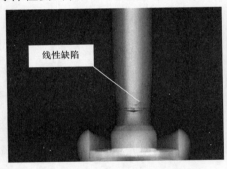
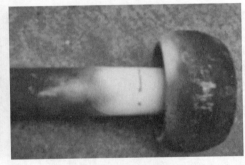

图 5-69　3 号导体 X 数字成像　　图 5-70　3 号导体表面检测发现表面环向裂纹

拆开 3 根导体，在内部缺陷位置纵向剖开，发现内部缺陷均为焊接缺陷，在该焊接部位均存在未焊透、未熔合、裂纹、气孔等缺陷，其中 1、2 号导体裂纹萌芽于焊缝根部未焊透部位，沿熔合线扩展，如图 5-71 所示；3 号导体裂纹沿熔合线向外扩展至表面，形成表面环向裂纹，如图 5-72 所示。

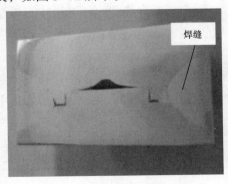
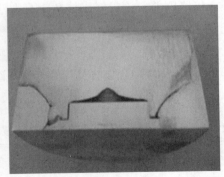

图 5-71　1 号导体焊缝内部缺陷　　图 5-72　3 号导体焊缝内部缺陷

导体两侧材料均为 6063 铝合金，采用氩弧焊接。对 3 号导体焊接缺陷进行金相分析，裂纹在熔合线未焊透应力集中区域萌芽并扩展，如图5-73所示；如果熔合线处焊缝与母材结合较好，在焊缝内部缺陷处萌芽，焊缝组织中存在密集微裂纹，并在微裂纹等薄弱部位扩展，如图5-74所示。

图5-73　3号导体焊缝熔合线裂纹

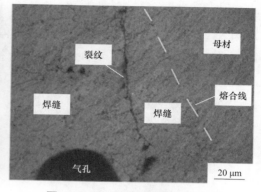

图5-74　3号导体焊缝内部裂纹

综上所述，焊接工艺不当造成焊缝缺陷是造成导体裂纹的主要原因。加强焊接过程质量控制，采用合理的开坡口角度、装配工艺，保证根部焊透，并采用小线能量氩弧焊工艺，适当多层多道焊接，严格控制预热温度和层间温度等，确保焊接质量。

4. 安装工艺不当

【案例5-29】　某330kV变电站GIS母线导电杆限位止钉漏装缺陷。

某330kV变电站330kV Ⅲ母跳闸，解体检查发现C相导电杆连接处限位止钉漏装，使C相限位止钉缺失，如图5-75所示，限位止钉应该在母线端部间隔A、B、C三相各安装1颗，中间间隔A、B、C三相各安装2颗限位止钉。

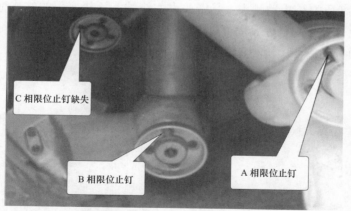

图5-75　C相限位止钉缺失

由于C相触头限位止钉缺失，在机械振动、电动力、母线筒热胀冷缩等作用下，C相母线导体发生窜动，引起相对位移，触头脱离正常位置，导致盆式绝缘子静触头触指与导体动触头接触面变小，在长期运行电流作用下持续发热，造成动静触头烧蚀，母线跳闸。

采用X射线检测技术可以在不停电、不解体的情况下，对在运GIS母线导电杆限位止钉进行成像检测，可以排除因限位止钉缺失引起的设备故障。

【案例 5-30】 某 750kV 变电站在 GIS 母线筒气室吸附剂罩漏装缺陷。

某 750 kV 变电站一节 800 kV GIS 母线筒解体后发现，气室母线筒吸附剂罩未安装。母线及出线气室吸附剂罩安装位置均在筒体下方手孔处，每个母线及出线气室吸附剂罩安装位置数量不等，一般为 3~5 处。

利用 X 射线数字成像检测技术在设备不停电情况下，可以对母线筒上的吸附剂进行检测，并确定吸附剂安装数量，对缺失部分进行补装，消除隐患。母线及出线气室内部吸附剂罩是否安装能够清晰地判断，如图 5-76 和图 5-77 所示。

图 5-76 吸附剂罩 X 影像   图 5-77 吸附剂罩漏装 X 影像

5. 紧固件连接典型缺陷

【案例 5-31】 复合式组合电器隔离开关外拐臂紧固件松动导致跳闸故障。

2012 年 10 月，某变电站 506 断路器跳闸，5023 隔离开关存在内部接地故障。该复合式组合电器（HGIS）型号为 ZHW-145，2011 年 10 月出厂，2011 年 12 月投运。通过现场解体发现 5023 隔离开关 C 相动触头、静触头发生烧蚀，该相底部的盆式绝缘子表面存在闪络痕迹，C 相隔离开关外拐臂处紧固件螺栓松动，动触头在分闸后较正常分闸位置偏低，如图 5-78 和图 5-79 所示。

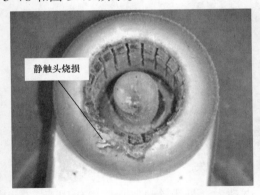 

图 5-78 5023 隔离开关静弧触头烧损   图 5-79 C 相隔离开关外拐臂紧固件螺栓松动

由于紧固螺栓松动，将导致外拐臂不能有效带动隔离开关传动轴转动，在合闸过程中，当动触头与静触头刚接触后，动触头需要插入静触头时，由于传动阻力增加，而外拐臂紧固螺栓松动，外拐臂与传动轴夹紧力不足，不能有效继续带动传动轴继续转动，外拐臂与传动轴间打滑（六角螺帽设计，若紧固螺栓松动，则易出现打滑现象），最终使得动触头不能有效插入静触头，从而导致隔离开关合闸不到位的现象。

出厂时未能按工艺要求对紧固螺栓进行涂胶，和使用规定力矩扳手进行紧固，现场安装未对紧固螺栓进行紧固确认，投运后经过多次操作后，紧固螺栓逐渐松动。

综上所述，5023隔离开关内部接地故障是由于盆式绝缘子表面绝缘下降所致，外拐臂处紧固螺栓松动造成隔离开关合闸不到位，从而引起动触头、静触头烧蚀，在烧蚀过程中，产生了很多金属杂质掉落在处于下方的盆式绝缘子表面，降低盆式绝缘子表面绝缘性能，最终导致盆式绝缘子沿面闪络，表面绝缘性能彻底被破坏。

紧固件螺栓松动是导致此故障的主要原因，结构件紧固件投运后一年应100%进行紧固力矩复核，运行检修期间，应定期检查紧固件是否齐全、无松动。

第五节　开关柜

一、开关柜金属技术监督要求

开关柜材料要求：柜体板材厚度不小于5mm；开关柜所有导电部分铜排应全部选用T2铜，开关柜铜排搭接面采用压花、镀银工艺；20kV及以上绝缘件需采用双屏蔽结构；观察窗必须为机械强度与外壳相当的内有接地屏蔽网的钢化玻璃遮板，严禁使用普通或有机玻璃；开关柜隔离挡板应采用阻燃绝缘材料。

静触头连接方式宜采用多螺栓固定；开关柜内隔离开关触头、断路器小车触头镀层质量检测，被检测隔离开关/开关柜内触头表面应镀银且镀银层厚度应不小于$8\mu m$，硬度不小于120HV氏，触头表面光滑无毛刺；梅花触头材质应为牌号不低于T2的纯铜，紧固弹簧及触头座应为06Cr19Ni9、0Cr19Ni10N、12Cr18Mn9Ni5N等无磁不锈钢，并应符合GB/T 24588《不锈弹簧钢丝》要求。

设备入网验收或基建调试阶段，应采用导电测试仪按GB/T 32791《铜及铜合金导电率涡流测试方法》对开关柜铜排导电率检测，导电率应符合GB/T 5585.1《电工用铜、铝及其合金母线 第1部分：铜和铜合金母线》中规定：导电率应大于等于97%IACS；抽查比例：每个厂家每种型号的开关柜不少于1台。

选用适当力矩扳手对电气连接螺栓紧固处理，力矩要求满足规程或厂家技术标准要求。

GG1A型高压开关柜属于母线外露的老式产品，对于运行时间超过10年或缺陷较多的GG1A柜应进行更换。新建、扩建变电站工程不得采用GG1A柜型。

新采购的35kV开关柜，内穿柜套管应采用包括内屏蔽和外屏蔽的双层屏蔽结构，且内屏蔽与导电排使用等电位连接线的软连接方式并通过螺栓可靠连接。

运行检修期间，重点监督触头及其连接部位应无发热、烧损等情况，电气部位紧固件应定期进行100%紧固力矩紧固复核，确保紧固件连接无松动。

二、开关柜典型金属失效案例分析

【案例 5-32】 某 110kV 变电站开关柜梅花触头烧损。

2011 年 3 月，某 110kV 变电站检修过程中发现开关柜梅花触头严重烧损，且有一根固定弹簧断裂，弹簧材质为 12Cr8Mn9Ni5N，钢丝直径为 1.3mm，公称外径为 6.5mm。

宏观检查发现梅花触头烧损严重，已经烧穿一个缺口，固定弹簧全部断开，触头全部烧损变色，如图 5-80 所示。扫描电镜分析，断面具有烧熔迹象，不平整，且存在杂质，对杂质进行能谱分析，含有 Al、Ca 和 C 元素，如图 5-81 所示。

图 5-80　梅花触头烧损宏观形貌

图 5-81　固定弹簧断口 SEM

对固定弹簧材质进行分析，符合要求。

对完好触头的触指镀银层厚度进行测量，平均厚度为 1.92μm，不符合 DL/T 1424—2015《电网金属技术监督规程》规定：梅花触头接触部位镀银层厚度不应小于 8μm 的要求。

综上所述，梅花触头镀银层厚度显著低于标准要求，导致接触电阻增大，运行过程中发热或放电造成触头烧损。因此，应加强梅花触头镀银层质量检测，对于厚度达不到要求的应进行更换处理。

第六节　接地装置

一、接地装置金属技术监督要求

接地装置包括接地体和接地线。接地装置不应为铝导体。中性或酸性土壤地区接地金属宜采用热浸镀锌钢。强碱性或钢制材料严重腐蚀土壤地区，宜采用铜质、铜覆钢或其他等效防腐性能材料的接地网，其中铜覆钢的技术指标应符合 DL/T 1312《电力工程接地用铜覆钢技术条件》的要求。对于室内变电站及地下变电站宜采用铜质材料的接地网。电力线路杆塔的接地极引出线的截面积不应小于 50mm^2。钢接地极和接地线的最小规格应满足：圆钢直径 8mm、地下 8/10mm（线路 / 变电站、发电厂）；扁钢截面积 48mm^2、厚度 4mm；角钢厚度地上部分 2.5mm、地下部分 4mm；钢管管壁厚度地上部分 2.5mm、地下部分 3.5/2.5mm（土 / 变电站、发电厂）。铜及铜覆钢接地极的最小规格为：铜棒直径地上为 8mm、地下水平接地极为 8mm、垂直接地极 15mm；铜排截面积 50mm^2、厚度 2mm；铜绞线单股直径不应小于 1.7mm、铜绞线截面积 50mm^2；铜覆圆钢／铜覆绞线直径地上 8mm、地下 10mm；铜覆扁钢截面积 48mm^2、厚度 4mm。

接地极的连接采用焊接，接地线与接地极的连接应采用焊接，电气设备上的接地线应采用热镀锌螺栓连接。接地体（线）的焊接应采用搭接焊，扁钢搭接长度为其宽度的 2 倍并四面施焊，圆钢的搭接长度不应小于其直径的 6 倍并应双面施焊；扁钢与圆钢连接时，其长度为圆钢直径的 6 倍。当采用液压接连时，接续管的壁厚不得小于 3mm，对接长度应为圆钢直径的 20 倍，搭接长度应为圆钢直径的 10 倍，接续管的型号与规格应与所连接的圆钢相匹配。接地体的连接部位应采取防腐措施，防腐范围不应小于连接部位两端各 100mm。

接地装置接地电阻不应超过原设计值，接地引下线不应断开或与接地体接触不良，接地装置不应外露或腐蚀严重，被腐蚀后其导体截面不应低于原设计值的 80%。

接地网接地极的截面不应小于连接至该接地装置接地引下线截面的 75%，腐蚀剩余导体面积应不小于 60%，且不能满足热容量。接地引下线本体及附件不应出现松脱、锈蚀、变形、伤痕、断裂，支撑绝缘子等附件不应出现松脱、变形、伤痕、断裂；连接螺栓应设置防松螺帽和防松垫片，不应出现严重的锈蚀、脱落、松动现象。

接地体涂覆层厚度检测及要求：新建工程每种规格接地体抽取 5 件进行检测，应符合 DL/T 1342—2014《电气接地工程用材料及连接件》中 6.1.2.2 要求（热浸镀层厚度最小值 70μm，最小平均值 85μm）、DL/T 1342—2014《电气接地工程用材料及连接件》中 6.3.2.2 中要求（单根或绞线单股铜覆钢铜层厚度，最小值不得小于 0.25mm）。

《防止电力生产事故的二十五项重点要求》规定：对于 110kV 及以上新建、改建变电站，在中性或酸性土壤地区，接地装置选用热镀锌钢为宜，在强碱性土壤地区或者其站址土壤和地下水条件会引起钢质材料严重腐蚀的中性土壤地区，宜采用铜质、铜覆钢（铜层厚度不小于 0.8mm）或者其他具有防腐性能材质的接地网。对于室内变电站及地下变电站应采用紫铜材料的接地网。铜材料间或铜材料与其他金属材料的连接，须采用放热焊接，不得采用电弧焊接或压接。土壤具有强腐蚀性变电站应采用铜或铜覆钢材料。

二、接地装置典型金属案例

接地装置（或接地网）在地下或阴暗、潮湿的环境下长期运行，运行环境恶劣，容易发生腐蚀，而接地装置（或接地网）一旦发生腐蚀，则会影响接地电阻，可能造成设备或电网故障；接地装置接头缺陷、螺栓松动、锈蚀，接地引下线保护管破损、固定不牢靠，接地引下线断股、损伤等缺陷，也会造成接地电阻增加对设备造成损坏或电网故障。因此，应加强接地装置的腐蚀与防护，对接地装置进行合理评价，以保证接地装置可靠运行。

1. 变电站接地网腐蚀

变电站接地网主要是埋入变电站土壤中，土壤中存在水分、空气及各种盐类电解质，接地网在土壤中主要为电化学腐蚀。接地网的腐蚀形貌以锈层形式，成层状剥落，表面局部区域内有点状腐蚀坑，如图 5-82 和图 5-83 所示。

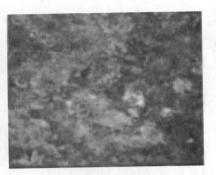

图 5-82　变电站接地圆钢腐蚀形貌　　　　　图 5-83　变电站接地扁钢腐蚀形貌

2. 电缆沟接地体腐蚀

电缆沟一般在地面以下，容易积水，且水汽不宜蒸发，因此，湿度大，水汽在电缆沟接地体形成水珠或水膜，水珠或水膜电解质浓度存在差异，因此，易造成接地体形成浓差电池腐蚀，接地体表面腐蚀形貌主要以点状或长条状腐蚀坑，如图 5-84 所示。

3. 接地引下线腐蚀

接地引下线通过接地装置连接设备与土壤，埋入土壤部位运行环境存在水分、空气及各种盐类电解质，主要为电化学腐蚀，土壤上面与设备体连接段则主要为大气腐蚀为主。而土壤上部分与埋入土壤部分结合位置即接地网与空气交界处因接触腐蚀介质浓度的显著差异，形成浓差电池腐蚀，且存在一定的应力，该位置腐蚀最为突出，该区域接地体腐蚀形貌主要以整体均匀腐蚀减薄，如图 5-85 所示。

图 5-84　电缆沟接地圆钢腐蚀形貌　　　　　图 5-85　接地引下线腐蚀形貌

4. 接点装置连接螺栓未采取防松措施

接地装置连接螺栓应设置防松螺帽或防松垫片，不应出现严重的锈蚀、脱落、松动现象。输电线路部分杆塔接地装置连接螺栓未采用防松螺母和防松垫片，导致运行过程中接地螺栓松动或遗失，造成接地装置失效问题。

如图 5-86 所示，某输电线路角钢塔接地装置未采用平垫片、防松螺母或弹簧垫片，且角钢塔连接螺栓也存在防松螺帽松动及未紧固力矩的情况。图 5-87 为某 10kV 输电钢管塔接地情况，由于接地装置未采用平垫片、防松螺帽和防松垫片，且未进行紧固或紧固力矩不符合要求，导致连接螺栓松动脱落，接地装置失效。

图 5-86 角钢塔紧固件连接未采取防松措施　　图 5-87 钢管接地紧固件连接未采取防松措施

参考文献

[1] 郭强 . 高压断路器操作弹簧材料特性与失效研究 [D]. 华北电力大学，2006.

[2] 李建基 . 高压断路器及其应用 [M]. 北京 : 中国电力出版社，2004.

[3] 上海超高压输变电公司 . 常用中高压断路器及其运行 [M]. 北京 : 中国电力出版社，2004.

[4] 冯文吉，耿进锋 . SF₆ 断路器开关夹叉断裂原因分析 [J]. 理化检验 (物理分册). 2008，44(12):711-714.

[5] 吕磊，陈浩，张涛 . 220 kV 变电站 HGIS 断路器操作机构 B 相拉杆断裂失效分析研究 [J]. 热加工工艺，2019，48(10):247-249.

[6] 胡加瑞，刘纯，谢亿，等 . 高压开关设备镀银缺陷分析 [J]. 电镀与涂饰，2013，32(10):23-25.

[7] 谢亿，王军，李文波，等 . 主变压器金属附件典型故障分析 [J]. 内蒙古电力技术 . 2015 (6):86-88.

[8] 胡加瑞，谢亿，刘纯，等 . 主变黄铜抱夹失效分析及解决措施 [J]. 湖南电力 . 2015，35 (1):39-41.

[9] 谢亿，陈军君，牟申周，等 . 电网铸铝件典型失效形式 [J]. 铸造技术，2012，33(4):423-425.

[10] 胡加瑞，龙毅，刘纯，等 . 高压开关 Cr18Ni9 部件失效分析及解决措施 [J]. 高压电器 . 2014，50(11):151-154.

[11] 刘高飞，张烁，云峰，等 . 750kV 变电站 GIS 母线壳体开裂失效分析 [J]. 青海电力，2018，37(4):60-64.

[12] 胡加瑞，李文波，刘纯，等 . GIS 设备导体缺陷 X 射线数字成像检测及缺陷产生原因分析 [J]. 无损检测，2017，39(9):76-79.

[13] 刘荣海，杨迎春，耿磊昭，等 . X 射线影像识别技术在 GIS 缺陷诊断中的作用 [J]. 高压电器，2019，55(6):62-69.

[14] 刘荣海，唐法庆，董志聪，等 . 某 220kV 变电站 GIS 弹簧触头故障分析及优化方案 [J]. 高压电器，2019，55(5):239-244.

[15] 谢亿，刘纯，陈红冬，等 . 电网金属部件材质失效分析与策略 [J]. 华中电力，2012，25(3):57-59.

[16] 陆培钧，黄松波，豆朋，等 . 佛山地区变电站接地网腐蚀状况分析 [J]. 高电压技术，2008，34(9):1996-1999.

第六章

连接类设备金属监督与典型案例

第一节 导地线、电力电缆

架空导地线是输电线路电功率的载体，是保证电力系统安全运行的重要组成部分。架空导地线由于长期处于大气环境中，受自然环境影响非常大：架空导地线在大气环境中承受大气腐蚀，影响大气腐蚀因素较多，雨水、相对湿度、腐蚀性气氛（硫化物、氯化物、氮氧化物）含量、盐密度等均会对导地线造成影响，导地线与金具材质不同在大气环境下易造成接触腐蚀，腐蚀造成导地线及其连接金具减薄、性能脆化，最终导致断股等电网故障；架空导地线受到风的激励时，易产生振动，一般认为导线一直处于微风振动状态，微风振动幅度虽小，但导线是通过铝线和钢线之间成一定角度缠绕在一起的，在轴向拉力和弯曲作用下可使导线与线夹之间、导线内部金属线之间产生局部的微小滑移，导致各接触面发生微动损伤，致使导线断股，造成输电线路的破坏；架空导地线在适宜的气候条件下表面将出现覆冰，覆冰按形成或危害可分为雨凇、混合凇、雾凇、积雪、白霜，其中雨凇由于密度大、粘附力强对输电导线危害最大。气温为 –5~0℃，风速为 2~15m/s 时，空气相对湿度为 80% 及以上，大雾或连续阴雨、雨雪条件下，架空导地线表面将出现雨凇覆冰，导致线路机械负荷增加，引起导线舞动、断线、倒塔等安全事故。雷击会造成导地线表面损伤，在运行过载、覆冰、风振等情况导致断线，严重威胁电网可靠运行。

一、导地线、电力电缆金属技术监督要求

1. 导地线

架空导线应符合 GB/T 1179《圆线同心绞架空导线》要求，铝包钢绞线应符合 YB/T 124《铝包钢绞线》要求，镀锌钢绞线应符合 YB/T 5004《镀锌钢绞线》要求，稀土锌铝合金镀层钢绞线应符合 YB/T 183《稀土锌铝合金镀层钢绞线》要求，光纤复合架空地线（OPGW）应符合 DL/T 832《光纤复合架空地线》要求。扩径导线不得有明显凹陷和变形，同一截面处损伤面积不得超过导电部分总截面的 5%。

重腐蚀环境架空地线宜采用铝包钢绞线。

110kV 及以上线路的导线引流线以及融冰绝缘普通地线引流线，采用螺栓型并沟线夹的应改造为液压连接等可靠连接方式。螺栓型并沟线夹（特别是线夹与导地线为两种不同金属材料的）连接方式由于接触电阻增大容易导致断股故障。

融冰绝缘 OPGW 应采取接头盒进出线合并位置包缠铝包带并安装两套铝合金并沟线夹等长期有效的短接措施，以减少通过光缆接头盒的融冰电流。

110kV 及以上运行线路的档中接头严禁采用预绞式金具作为长期独立运行的接续方式，应采用接续管压接方式连接。

新建 110kV 及以上输电线路采用复合绝缘子时，绝缘子串型应选用双（多）串形式。运行线路更换单串复合绝缘子时参照执行。

在役运行导地线不应有毛刺、断股、腐蚀减薄强度小于原设计值的 80%、导地线直径测量超过设计值的 8%；导地线弧垂不应超过设计允许偏差：110kV 及以下线路为 +0.6%、−2.5%，220kV 及以上线路为 +3.0%、−2.5%；导线相间的弧垂值不超过：110kV 及以下线路为 200mm，220kV 及以上线路为 300mm；相分裂导线同相子导线相对弧垂值不应超过：垂直排列双分裂导线 100mm，其他排列形式分裂导线 220kV 为 80mm、330kV 及以上为 50mm。

2. 电力电缆

电力电缆导体应符合 GB/T 3956《电缆的导体》要求，电力电缆压接用的接线端子和连接管应符合 GB/T 14315《电力电缆导体用　压接型铜、铝接线端子和连接管》要求。电力电缆制造质量要求应符合相应电压等级电力电缆标准要求，电力电缆接头安装应符合 DL/T 342《额定电压 66kV~220kV 交联聚乙烯绝缘电力电缆接头安装规程》要求，电力电缆户外终端安装应符合 DL/T 344《额定电压 66kV ~ 220kV 交联聚乙烯绝缘电力电缆户外终端安装规程》规定。

二、导地线典型金属失效案例

1. 导地线与金具接触磨损、剪切导致断股

【案例 6-1】 某 500kV 输电线路导线线夹接触剪断分析。

某 500kV 输电线路，全长 182.074km，共计杆塔 468 基，于 2007 年 12 月 26 日正式投入运行。2008 年 10 月 3 日，251 号 C 相一根子导线在线夹附近发生严重断股缺陷，断股的导线型号为 LGJ-400/50，铝股为 54×3.07mm，钢芯为 7×3.07mm。251 号塔型为 ZB152-36，铁塔处于山丘顶部，前侧档距 312m，后侧档距 230m，250 号和 252 号导线悬挂点高程均低于 251 号，252 号与 251 号高差达到 71.9m，导线应力为 103.8MPa。该档距内导线未安装防振锤，导线防振由间隔棒承担。

该导线断线部位位于线夹出口处，铝股线全部断裂，钢芯未受损。铝股线断口较新，断面较齐且为分层断裂。铝股线断面沿铝股转向断裂，沿输电铁塔小号至大号方向的导线右侧断口为 45° 斜截面，无明显变形，沿输电铁塔小号至大号方向的导线左侧断口为颈缩圆截面，如图 6-1 和图 6-2 所示。

图 6-1 导线受损部位

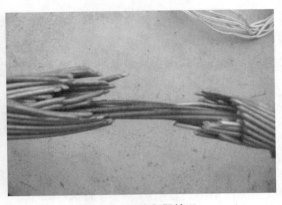

图 6-2 导线断股情况

导线断股外层断口为呈 45° 斜截面，说明该斜截面上剪切应力最大，剪切力来源于导线的扭转运动，在线夹接触处形成剪切口，受剪切力导致断裂；内层铝股线断口存在明显颈缩，说明该导线承受的拉力超过了弹性极限，导线发生塑性变形，在铝股线断口处产生颈缩，截面积变小而断裂，如图 6-3 和图 6-4 所示。

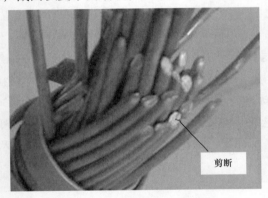

图 6-3 外层呈剪切断裂为主

图 6-4 内层呈颈缩断裂为主

对断裂导线进行分股试验，圆铝线抗拉强度、钢丝抗拉强度、钢丝伸长 1% 应力、钢丝伸长率和钢绞线计算拉断力均符合要求。

根据放线应力表计算，该 500kV 输电线路年平均运行应力（年平均温度取 15℃）为 35.3MPa，LGJ-400/50 钢芯铝绞线的计算拉断应力为 205.8MPa，两者的比值为 17.15%，GB 50545—2010《110kV~750kV 架空输电线路设计规范》5.0.13 条规定：对于年平均运行应力上限值与拉断力的百分数小于 16 档距不超过 500m 的开阔地区可不采取任何防振措施。可见，该部位为大高差，且年平均运行应力上限值与拉断力的百分数大于 16，该档距导线应该加装防振锤。

架空输电力线路运行时，除了自身重力应力外，还受到空气作用下的振动，由于未加装防振锤等防振动措施，在大高差、线路两侧又无风力屏蔽下，空气引起的振动振幅增大，振动的相对持续时间增长，加剧了导线的疲劳断股。外层导线线夹出口处承受剪切应力最大，在长期的交变剪切力作用下，铝股线的右侧顺铝股线旋转方向发生剪切断裂，然后左侧被拉断，最终当导线剩余股数承载力不足导致塑性拉断。

综上所述，扭转疲劳荷载下在线夹处的剪切断裂是导线断股的主要原因，大高差下未安装防振锤导致导线振动加剧是加速导线断股的重要因素。

2. 导地线材质不合格导致断股

【案例 6-2】　某 500 kV 输电线路架空地线材质不合格频繁断股分析。

某 500kV 输电线路于 2005 年 8 月投入运行，架空地线为某电力线材厂生产的 GJ-80 型镀锌钢线，断面结构为 1×19 型，钢线整束外径为 11.5 mm，单股标称直径为 2.3mm，钢线材质为 65 号钢。自 2011 年 4 月开始，该线路架空地线已累计发生 10 余次断股损伤，严重影响线路安全稳定运行。

地线断股部位均位于各塔间档距的中部，距离线夹或金具较远，断股全部为钢绞线最外圈镀锌钢线，且存在散股现象。地线的断口齐平，无塑性变形、颈缩等现象，断口表面呈暗灰色，表面未见电流灼伤和高温熔断痕迹，钢线表面及断口表面未见严重氧化及腐蚀损伤等现象，呈脆性断裂，如图 6-5 所示。扫描电镜观测地线断口端面，如图 6-6 所示，表面未见明显疲劳辉纹，断口附近钢线表面也未见周向裂纹，可见其不属于微动振动导致的疲劳断裂。但在脆性断口边缘发现沿钢线母线方向的轴向裂纹，且钢线表面也存在尖锐凹坑缺陷，该轴向裂纹为钢线断裂的初始断裂源。

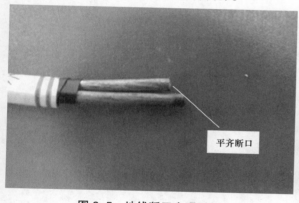

图 6-5　地线断口宏观形貌

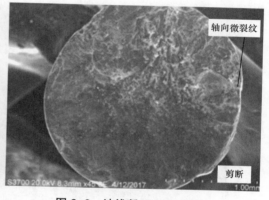

图 6-6　地线断口 SEM 形貌

对断股的架空地线取样进行尺寸测量，镀锌钢线的单丝直径偏差符合 GB/T 3428—2012《架空绞线用镀锌钢线》标准要求；对架空地线镀锌钢线取样进行单丝拉力和韧性等力学性能测试，钢线的抗拉强度为 1108 MPa，低于标准 GB/T 3428—2012《架空绞线用镀锌钢线》规定的镀锌钢线的 1 级抗拉强度≥ 1310 MPa 的要求。

对断裂地线断口处取样进行显微组织分析，组织为等轴状分布的细小索氏体 + 网状铁素体；从纵向截面观察，为拉拔状的细长条状索氏体 + 条状铁素体，组织中存在明显的铁素体，如图 6-7 所示。此外，横截面及纵截面组织中均存在严重的夹杂物缺陷（如图 6-8 所示），这些夹杂物在拉拔加工过程中被拉长，形成细长的线形或面形缺陷，不符合钢线截面不允许有缩孔，分层和夹杂缺陷的要求。

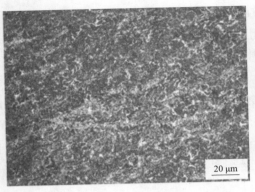

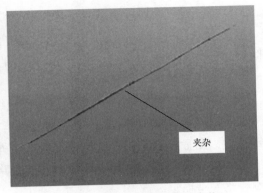

图 6-7　地线金相组织 　　　　　　　　　图 6-8　地线金相组织中夹杂物

在对钢线镀锌层及表层组织检查发现，钢线表面大部分区域均覆有厚度为 30~50 μm 的镀锌层，但镀锌层极不均匀，局部存在厚约 160 μm 的锌瘤，而局部区域存在无镀锌层现象，不符合镀锌钢线表面镀层没有孔隙、厚度均匀光洁等表面质量要求。

在钢线表层组织中整圈均存在明显的脱碳层，脱碳层 30~50 μm，表层整圈均存在线性缺陷，最深约 16 μm，且线性缺陷覆盖在镀锌层下面，如图 6-9 所示，说明钢线表面线性缺陷于镀锌前已经存在，不符合镀锌前钢线应光洁、并不应有与良好的商品不相称的所有缺陷的要求。

对钢绞线进行卷绕试验，以不超过 15 r/min 的速度在直径为 4 倍导线直径的芯轴上紧密卷绕 8 圈，如图 6-10 所示，可见，钢线表层的镀锌层发生了严重龟裂状开裂、起皮脱落现象，钢线表面存在明显的轴向开裂现象。

图 6-9　地线钢线表面缺陷 　　　　　　图 6-10　卷绕试验地线表面开裂

架空地线用钢绞线的材料为优质碳素钢热轧盘条，供货状态为热轧态，是在连续热轧空冷工艺条件下形成的均匀的回火索氏体高碳钢盘条，断股钢线的金相组织为细小索氏体 + 网状铁素体，存在较为明显的铁素体，组织异常，网状铁素体显著降低钢线材料的强度和韧性。

镀锌钢线表层存在明显的脱碳层、开口性的线性缺陷，内部存在线性夹杂类缺陷，显著降低强度和抗疲劳性能，表面开口性缺陷易形成成为断裂源。

综上所述，该地线存在组织异常、内部存在线性夹杂物、表面开口性缺陷及表面脱碳严重等制造质量缺陷，在低温及强风载荷的作用下沿钢线表面开口性线性缺陷等应力集中部位产生脆性断裂。

因此，应加强架空导地线制造过程质量控制，严格控制拉拔模具及热处理过程质量控制，杜绝导地线钢线表面质量、组织等不合格情况发生。加强架空导地线入网质量验收，应严格按 GB/T 3428—2012《架空绞线用镀锌钢线》标准进行质量验收，增加金相试验分析，对于金相组织、强度、韧性、表面质量及卷绕试验不合格的应杜绝使用。

3. 线夹（或金具）与导地线使用两种不同的金属，导致接触腐蚀断股

【案例 6-3】 某 500 kV 输电线路地线融冰改造后断股原因分析。

2015 年 11 月年度检修时发现某 500kV 输电线路地线多处 CH 线夹处锈蚀严重，打开线夹后发现部分地线镀锌钢绞线 7 股已锈断 5 股。锈蚀的地线均为 GJ-80、GJ-100 型镀锌钢绞线，2012 年底进行了地线融冰改造，对耐张塔前后两侧的架空地线加装了引流线，引流线与普通地线的连接采用两个 CH 型线夹固定，CH 线夹为铝材质。

对 3 段锈蚀镀锌钢绞线地线进行检查，其中 2 段为 GJ-80，1 段为 GJ-100，锈蚀部位均发生在与 CH 线夹连接处，表面覆盖黄色或黄褐色的锈迹，锈蚀长度为 15~25 cm，表明镀锌层已完全消耗，基体铁发生锈蚀。

对腐蚀最严重的 GJ-80 地线进行检查，7 根钢丝中有 2 根严重残缺，1 根钢丝断裂，局部有明显黑色区域，为金属灼烧熔化痕迹，如图 6-11 和图 6-12 所示。测量腐蚀严重残缺的钢丝厚度为 1. 67 mm（设计单股钢丝直径为 3.80mm），无残缺的黄锈钢丝直径测量为 3.87~4.08 mm，即因腐蚀后表面覆盖锈蚀产物发生了膨胀现象。

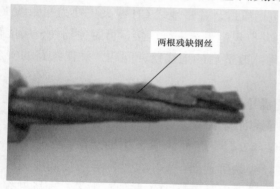

图 6-11 地线钢线表面锈蚀情况

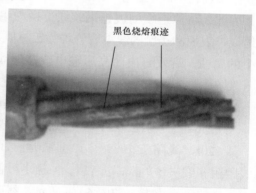

图 6-12 地线钢线表面局部烧熔痕迹

CH 线夹内壁均有明显的黄锈和白锈腐蚀产物，黄锈为镀锌钢绞线的腐蚀残留，且两侧内壁存在铝腐蚀现象。对其中黄锈、白锈产物进行 X 衍射分析，黄锈主要为含有 Fe、Zn、Al 的氧化物，并有少量的 S 和 Cl，表明镀锌钢绞线与 CH 线夹均发生了腐蚀；白锈产物的物相主要为铝的氧化物（$Al_2O_3 \cdot 3H_2O$）和氢氧化物（$AlOOH$），其中氢氧化物（$AlOOH$）是形成于 80℃以上的环境，因此，说明线夹的铝材质也发生了腐蚀，且曾经历过较高温度环境。

铝金相组织为正常的固溶体，锈蚀地线的金相组织为珠光体组织，组织未见异常。地线熔融部位金相组织脱碳明显，且晶粒更粗大，表明该处达到了较高温度，晶粒发生了组织变化与再生长。

现场按 GB /T 10125—2012《人造气氛腐蚀试验盐雾试验》的规定进行盐雾试验，试验样品分别为：按实际情况压接的镀锌钢绞线与 CH 线夹压接样品 1，按规范工艺压接镀锌钢绞线与 CH 线夹压接样品 2，按规范工艺压接镀锌钢绞线与耐张线夹压接样品 3（压接前钢绞线涂抹导电脂），按实际情况压接的铝包钢绞线与 CH 线夹压接样品 4，按规范工艺压接铝包钢绞线与耐张线夹压接样品 5（压接前钢绞线涂抹导电脂）。试验地线锈蚀严重程度为：样品 1> 样品 2> 样品 3> 样品 4> 样品 5，即铝包钢绞线与耐张线夹压接样品腐蚀最轻，镀锌钢绞线与 CH 线夹现场状况压接样品腐蚀最重。

综上所示，CH 线夹为 C 形半包裹结构，压接两端存在较大开口缝隙，线夹内部易积水、积盐，具备电化学腐蚀所需要的电解液环境；CH 线夹中 GJ-80、GJ-100 地线均为镀锌钢绞线，表面是锌层，基体是铁，而线夹是铝材质，相互接触时形成接触电偶，当表面锌快速腐蚀消耗完后，钢绞线就会发生快速腐蚀现象；多频次的融冰电流提供了外加电流条件，覆冰融化的水分和缝隙腐蚀产生的硫酸根离子提供了电解液环境，此时会发生阳极氧化腐蚀；CH 线夹和镀锌钢绞线连接的部位界面两侧金属发生了双向腐蚀（镀锌钢绞线由于电化学腐蚀，表面被黄色铁锈即氧化铁覆盖，铝线夹由于阳极氧化腐蚀，表面也被铝氧化物覆盖），导致地线减薄、线夹空隙增加等均造成接触电阻显著增加。

综上所述，腐蚀使 CH 线夹和地线连接处的接触电阻急速增加，当电流通过时易发生电阻发热现象，导致温度升高、地线过热，电阻增加；同时 CH 线夹和地线接触面腐蚀减薄造成空隙增加，形成电位差，易产生电弧烧断地线。

因此，将原地线的镀锌钢绞线更换为铝包钢绞线，并将地线 CH 线夹更换为耐张线夹，使地线外表面和接触的线夹套管均为铝材质，并按规范工艺进行压接，可避免异种金属接触产生的腐蚀，有效解决超高压输电线路地线融冰改造后的地线锈蚀问题，确保线路的安全运行。

4. 导地线局部松股腐蚀，电阻增加发热超温导致塑性拉断

【案例 6-4】 某 220 kV 输电线路耐张段导线断线分析。

某 220kV 线路于 1989 年 12 月投运，2012 年 9 月，某耐张段发生断线跳闸事故，A 相导线距耐张线夹 590mm 处断裂，A 相小号侧导线跌落地面，A 相大号侧导线连同线夹以及绝缘子悬挂于横担上，如图 6-13 所示。线路断线发生时气温 21℃并伴有微风，现场勘查结果排除外破、雷击、强风、过载原因导致的断线可能。

事故段塔形为 JL30° -18，塔高 18m，呼高 12m，前侧档距 279m，后侧档距 277m，导线采用 LGJQ-400(1) 型钢芯铝绞线，防振锤型号为 FD-5，重量为 7.2kg，安装距离为 2m，右侧地线采用 OPGW 光缆，绝缘配置为 2×14×LXP-70，结构高度 146mm，干弧距离 2044mm，统一爬电比距 30.3mm/kV，污区等级 B 级。

对断线进行宏观检查：外层铝线表面发黑，内层铝线表面呈灰色状，钢芯表面镀锌层已基本脱落，局部位置有锈斑；断口铝股全部拉伸至圆尖状，说明其在断裂过程中发生了塑性形变，其中残留钢芯线中最长的一根断口表面为光滑的重熔状态。可见，铝线断口为典型拉伸锥形断口，但其伸长率较室温拉伸要大，断面截面积较室温拉伸断口要小，颈缩更明显，如图 6-14 所示。

图 6-13 A 相后侧耐张线夹出口断线现场　　　图 6-14　断线宏观形貌

GB1179《铝绞线及钢芯铝绞线》规定 LGJQ-400(1) 铝单线标准直径为 4.60mm，距断口 50mm 处铝线的直径为 4.00mm，距离断口 150mm 处铝线的直径为 4.40mm。检查还发现断口两侧约 500mm 范围内铝线明显较其他部位铝线变软，存在退火现象，而耐张线夹出口部分铝线强度正常。距离断口 10m 处铝线直径为 4.56mm。

对断线进行力学性能试验，铝单线抗拉强度仅为标准规定值的 50%，钢丝单线抗拉强度符合标准要求。

综上所述，导线断口两侧约 500mm 范围内铝线明显较其他部位铝线变软，断口呈现明显圆尖状，铝线颈缩的断面收缩率明显大于室温拉伸试验，说明导线断裂前该断裂区域存在局部超温现象；断裂区域导线直径存在明显变小、且外层、内层均存在氧化锈蚀现象。长期运行过程中导线局部松股腐蚀、导线直径变小，局部区域电阻增大，局部超温，加速导线腐蚀、缩颈，进一步导致局部电阻增大、温度增加，最终超温导致导线塑性断裂。

5. 导线覆冰超过设计值引起断线故障

【案例 6-5】　导线覆冰超过设计值导致断线。

某 110kV 线路，2017 年 12 月 31 日投运，全长 9.7km，37 基杆塔，导线型号为钢芯铝绞线 JL/G1A-300/40，地线型号为铝包钢绞线 JLB20A-80。其中 001~018 号杆塔均位于山上，基本风速为 23.5m/s，导线最大设计覆冰为 15mm。2019 年 2 月低压交流融冰过程中，发生了 005~007 号 B 相导线断线故障。

导线断口形貌如图 6-15 所示，钢芯端口可看到熔化痕迹，塑性变形明显，部分导线外层铝股（共 15 根）中有 9 根断口呈 45° 斜截面，具备扭转剪切断裂特征；6 根铝股断口呈现出明显的塑性变形颈缩特征；外层导线断股附近存在明显损伤，损伤变形表面存在明显氧化锈蚀情况。图 6-16 所示为断口附近悬垂线夹损伤情况，损伤部位锈蚀明显，表明断线之前均已损伤，悬垂线夹中的导线存在严重扭曲和损伤，说明运行过程中受到较大的扭转力作用。

对导地线材质进行检测，均符合要求；对线路覆冰情况进行检查，经测量实际覆冰厚度达 36mm，远超过设计覆冰厚度 15mm。

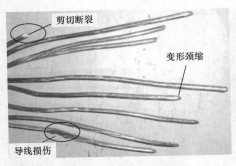

图 6-15　导线断口宏观形貌

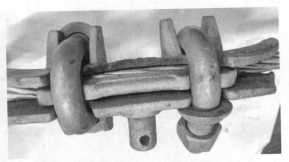

图 6-16　断口附近悬垂线夹损伤情况

综上所述，运行过程中导地线覆冰超过设计值，005~006 号导线水平荷载大于 006~007 号，造成 006 号悬垂绝缘子串向小号方向倾斜 45°，悬垂线夹对该处导地线存在扭转剪切损伤，融冰过程中造成脱冰跳跃、导线温升等造成导线断线。

【案例 6-6】　导线覆冰超过设计值弧垂增加导致跨输电线路区段交叉放电断线。

某 35kV 线路于 1986 年投运，全场 17.6km，全线杆塔 90 基，采用 LGJ-70 钢芯铝绞线架设。2019 年 2 月经全线巡视发现 029-30 档 C 相断线，故障区段线路呈自西向东走向，位于山坡上，最高海拔 900m，水汽丰沛，常年山上雾气重，气温低时易覆冰。

30 号杆塔小号侧断口形貌如图 6-17 所示。外层铝股 6 根中 5 根断口平齐，呈现出明显的熔融态痕迹，无塑性变形，部分铝股表面存在明显放电灼伤痕迹；1 根铝股和钢芯呈现出颈缩特征，同时也存在熔融态痕迹。现场检查该段线路覆冰严重，如图 6-18 所示，测量断线覆冰厚度为 35mm，严重超过设计值（设计覆冰厚度为 10mm）。

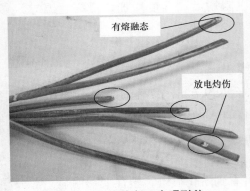

图 6-17　导线断口宏观形貌

图 6-18　导线覆冰情况

现场查勘表明，该线路故障段正下侧为穿越的某 10kV 线路 072-073 号杆段，可见，该线路 029-30 号档段覆冰严重超过设计值导致导线弧垂降低，与下侧穿越的 10kV 线路相互放电造成断线。

因此，应重点加强"三跨"即跨高速铁路、跨高速公路及跨输电通道的架空输电线路区段的监督，对该区段导线最大设计验算覆冰厚度应比同区域常规线路增加 10mm、地线增加 15mm；导线弧垂应按照导线允许温度计算，应每年至少开展一次导地线外观检查和弧垂测量，在高温高负荷前及风振发生后开展耐张线夹红外测温工作。

6. 导线雷击损伤、运行过载导致断线

【案例6-7】　某110 kV 输电线路导线雷击损伤。

某110kV 输电线路投运时间为 2002 年 7 月，导线型号为 1×LGJ-185/30，地线型号为 GJ-35。2019 年 1 月 6 日发现 027~028 号档 B 相导线断线，断线点距 027 号塔 157m、距 028 号塔 218m，027~028 号档距 375m。

铝股断口形貌如图 6-19 所示，铝股断口存在明显的受热、熔化与高温氧化痕迹，最外层铝股表面发黑，具有明显高温熔融氧化痕迹，表明铝股在断裂前表面承受过高温熔融作用且熔融部位已经氧化。钢芯断口呈典型的高温拉伸的塑性变形颈缩形状，说明断裂时存在发热高温情况。

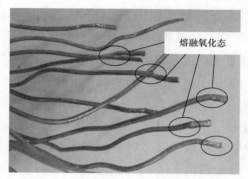

图 6-19　导线断口宏观形貌

对故障附近的导地线进行了检查，发现断线位置上方的地线存在明显的雷击损伤痕迹，如图 6-20 所示。调查运行检修资料，2012~2018 年该线路共发生 3 次雷击跳闸故障，可见，该线路属于雷击多发线路，易遭受雷击，导致导地线受损。

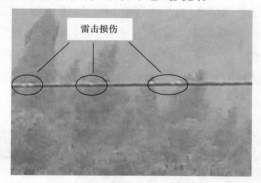

图 6-20　地线雷击损伤情况

该线路断线前，负荷陡增，负载率达 140.8%，运行存在重过载。

综上所述，该线路因导线铝股存在雷击损伤，导致导线导流截面降低、导流能力下降，在负载率达 140.8% 的过负载条件下，引发导线发热，在高温条件下抗拉强度降低，承受不了导线张力而断裂。

因此，应加强运行检修管理，对于发现存在雷击损伤的导地线应及时更换处理；严禁线路超负荷运行，避免超载运行下导线发热影响线路运行安全。

7. 电力电缆故障

高压电力电缆主要应用在城市地下电网、电站、变电站等场重要场所，一旦发生故障，将严重危及电网安全。统计表明，电缆故障中本体制造质量占3%、安装质量占12%、电缆附件质量占27%及外力破坏占58%，因此，除了要严格控制电缆外力破坏外，电缆附件安装工艺不当也是造成电缆故障的重要因素。

（1）电缆本体故障。

电缆本体故障与电缆本体结构相关，目前，高压电力电缆基本上是采用交联聚乙烯（XLPE）绝缘，绝缘层中可能存在微孔、杂质及界面突起，电力电缆国家标准对微孔、杂质及界面突起均有严格的规定，因此应严格按标准要求控制绝缘中的微孔、杂质及界面突起尺寸。

外屏蔽层是包覆在绝缘层上的金属或非金属材料，与绝缘层接触，与金属护套等电位，避免在绝缘层与金属护套间发生局部放电。外屏蔽层的主要缺陷为拉痕、腐蚀、凹坑及凸起。电缆缓冲层用于阻止水或潮气进入电缆内部，缓冲层主要故障为搭盖不均匀、烧蚀、白斑等。电缆金属护套具有一定的机械强度，能承受一定的过电压、过电流，电缆金属护套主要故障为开裂、凹坑、变形等。电缆外护层位于电缆最外层，起保护电缆作用，电缆外护层受损会导致水或空气进入电缆，水或空气进入主绝缘可能导致放电故障。

国内多地的110kV及以上电压等级XLPE绝缘皱纹铝护套电缆，出现了一种新的电缆故障现象，在澳大利亚等也多次发生同类故障。故障发生在电缆金属护套和绝缘屏蔽层之间，即在电缆绝缘屏蔽层、（缓冲）阻水带、铜丝织造带和皱纹铝护套内壁均存在大量白色粉末和烧蚀（或腐蚀）痕迹，部分故障点已严重损伤主绝缘如图6-21和图6-22所示，其主要特征为：缓冲层白色粉末大量聚集在皱纹铝护套波谷接触处，护套内表面波谷、缓冲层和绝缘屏蔽的损伤位置相对应，蚀痕附着大量白色粉末，呈条带状或点聚集状分布；电缆缓冲层与绝缘屏蔽层之间存在放电痕迹，放电痕迹均位于皱纹铝护套波谷处，皱纹铝护套内表面、缓冲层以及绝缘屏蔽均出现蚀痕，严重的蚀痕已经贯穿缓冲层、甚至绝缘屏蔽；绝缘屏蔽内表面和绝缘均未发现电树枝及放电痕迹，这说明故障不是绝缘层引起；相对非故障电缆，电缆故障部位皱纹铝护套与绝缘外屏蔽间隙较大，存在脱离现象。

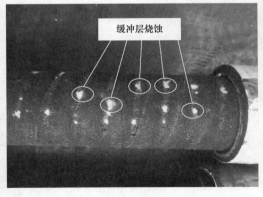

图6-21　缓冲层烧蚀宏观形貌

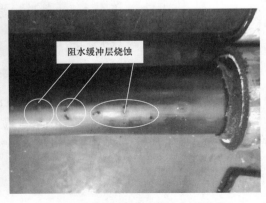

图6-22　阻水缓冲层烧蚀宏观形貌

阻水带和缓冲带中添加的阻水粉（如聚丙烯酸盐类高吸水聚合物等），当水分从电缆中间接头或外护套缺陷破损处侵入电缆本体，阻水粉与水接触之后能迅速吸水溶胀，并保持很好的弹性凝胶强度，从而阻断电缆轴向方向的渗水通道，实现电缆纵向阻水功能。阻水带中添加的阻水粉的主要成分为聚丙烯酸钠，因中和程度不同，聚丙烯酸钠水溶液的 pH 值一般为 6~9。

正常电缆缓冲层也存在白色粉末，正常电缆缓冲层中白色粉末细小且均匀。当阻水带吸潮后体积电阻率和表面电阻都会上升，缓冲层烧蚀白色粉末不具备导电性，近似于绝缘体，白色粉末出现后，铝护套与绝缘屏蔽层间的接触电阻增加，可能导致径向方向上存在电位差；电缆在实际运行时存在皱纹铝护套与电缆绝缘外屏蔽脱离现象，也可能导致径向方向存在电位差。通过试验分析，故障电缆上白色粉末的成分含有 Na 盐和 Al 元素，而新电缆上白色粉末不含 Al 元素，在施加电压和受潮或者施加压力和受潮的多因素作用下，阻水带上均会析出白色粉末，受潮是白色粉末析出的必备条件。故障电缆铝护套内表面处白色粉末的 Al 含量极高，而其他位置上的白色粉末中并不含 Al 元素，说明白色粉末（或白色粉末中的水分）与铝护套发生了反应：阻水带受潮或吸水先析出白色粉末，聚丙烯酸钠吸水或与空气中二氧化碳等反应，形成酸性的碳酸氢钠等酸性物质，与铝护套接触产生氢氧化铝或三氧化铝，电压和受潮（或皱纹铝护套与电缆绝缘外屏蔽脱离放电、受潮和机械压力或受潮膨胀应力）；作用下的电化学腐蚀是造成缓冲层白色粉末聚集的主要原因，白色粉末聚集导致阻水带体积电阻增加、接触电阻增加，使绝缘屏蔽层与铝护套径向电位差增加，当此电位差大于某个值时将会导致空气间隙击穿，引起皱纹铝护套和缓冲层间的放电，长时间作用下会导致缓冲层烧蚀。

高压 XLPE 电缆缓冲层在受潮后，体积膨胀，机械应力（或外力、吸水受潮膨胀应力、皱纹铝护套与电缆绝缘外屏蔽脱离引起的径向电位差）作用下，在皱纹铝护套波谷接触处形成挤压造成阻水粉（白色粉末）析出聚集并在皱纹铝护套波谷接触处腐蚀，白色粉末聚集导致体积电阻增加、绝缘屏蔽层与铝护套径向电位差增加，电位差大于某个值时造成放电烧蚀，进一步促进白色粉末聚集，长时间作用下会导致缓冲层烧蚀，最终可能引起电缆绝缘击穿。

因此，应加强电缆缓冲阻水带材制造质量控制，严格控制半导电缓冲阻水带材生产现场储存条件，避免缓冲阻水带材吸潮造成电阻上升；优化控制缓冲阻水带材与铝护套之间的配合松紧程度，保证电缆结构紧凑。改善电缆缓冲层阻水带材的导电性能，降低表面电阻和体积电阻率。加强电缆入网质量抽检，重点抽检电缆缓冲阻水带材的体积电阻率，杜绝不合格产品进入现场。加强在役运行线路电缆监测与检测，着重开展局部放电在线监测等手段检测缓冲层故障，利用 DR 检测技术开展电缆缓冲层故障在线检测，或利用电缆主绝缘释放特征气体开展主绝缘外破损泄漏在线监测，如发现电缆绝缘屏蔽层烧蚀或主绝缘外破损泄漏等缺陷时，应根据缺陷严重情况进行针对性处理。若绝缘屏蔽层烧蚀已影响到主绝缘时，应尽快更换，避免事故发生。

交联聚氯乙烯（XLPE）电缆的结构包括导体铜芯线、交联聚氯乙烯（XLPE）绝缘层、聚酯纤维非织造布阻水缓冲层、皱纹铝护套等，电缆各结构层密度从交联聚乙烯的 $0.93g/cm^3$

到铜的 8.89g/cm³，且缓冲层缺陷密度为 3.50~3.90g/cm³，各层密度与射线吸收系数相差很大，因此，利用不同物体密度差异及对射线的吸收率不同的特性来实现 DR 检测的。某 110kV 高压 XLPE 电缆 DR 数字射线成像典型缺陷图如图 6-23 和图 6-24 所示，在合适的射线检测工艺参数下，其缓冲层包裹的内部结构可以清晰可见，阻水粉聚集或烧蚀产物其密度相对缓冲层、主绝缘层更大，对 X 射线的衰减系数越大，在缓冲层、主绝缘层影像中呈白色，可以利用电缆缓冲层烧蚀缺陷的射线成像影像特征和电缆结构特征，实现对电缆缓冲层故障的在线检测。

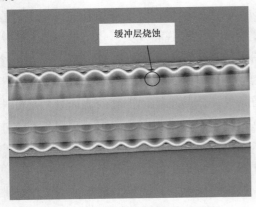

图 6-23　缓冲层烧蚀 DR 成像图

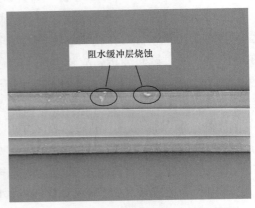

图 6-24　阻水缓冲层烧蚀 DR 成像图

（2）电缆接头接地工艺不当导致电缆故障。

电缆故障中除了外力破坏外，安装质量及附件（电缆接头及其附件）质量是影响电缆故障的主要因素，因此，应严格加强电缆接头及其附件安装过程质量控制。电缆接头一般分为中间接头或户外终端接头，常见的接头制作方式主要有三种，分别是整体预制式接头、绕包式接头和熔接接头。预制式接头采用导体压接连接，附件结构采用橡胶分层注胶工艺，形成内屏蔽、增厚绝缘、应力锥等密切结合的结构，现场只要套装紧固即可，施工方便；绕包式接头采用导体压接，附件需将靠近导体连接端的绝缘切削呈锥形面，然后包缠增绕绝缘，增绕绝缘两端形成应力锥面，两根电缆的屏蔽用经过应力锥及增绕绝缘表面上包缠的导体完全连接起来，形成等位面。

熔接接头采用焊接工艺，接头形式一般分为导体分层焊接、导体分单丝焊接、导体整体焊接，导体分层焊接分为分层银钎焊以及分层氩弧焊两种，导体整体焊接分为整体银钎焊、铜焊以及放热焊三种。熔接接头以导体分层银钎焊、导体分层氩弧焊和放热焊使用较多，陆地用电缆熔接接头以放热焊为主。熔接接头相对整体预制式接头、绕包式接头而言，导体连接性能更优，其导体等径、低电阻、高机械强度，能经受起故障电流冲击和长期大电流运行，持久可靠的电气连接；电气性能更稳定性可靠，按原电缆的导体屏蔽和外屏蔽结构、规格和相同材料恢复制作导体屏蔽层与绝缘屏蔽层，实现熔接接头与原电缆以连续、等效匹配的电缆电场屏蔽体，使电场分布和电场强度处于最佳的自然状态；绝缘性能更优，采用与电缆绝缘相同的 XLPE 恢复，熔接接头绝缘与电缆绝缘无气隙界面熔融结合，结构上形成与电缆一致的整体而无明显的接头特性，绝缘强度与原电缆一致，具有更高的电气绝缘和运行稳定的耐久性能；防水性能更佳，现场分层注熔，内外半导、绝缘本体与原电缆无缝隙熔融结合、无界面，防水性能好；外形更美观，与电缆外径近似相等或等直径的制作，外观与原电缆基本一致；施工环境要求不高，熔接接头对环境温度湿度要求不高（采用模具，环境更可控），传统预制接头对现场湿度及温度要求严格，典型整体放热焊熔接接头结构如图6-25所示。

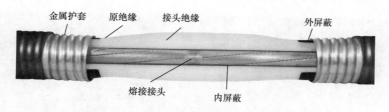

图6-25　放热整体焊熔接接头结构示意图

【案例6-8】　某220 kV输电线路电缆终端接头故障分析。

电力电缆附件安装过程中，主绝缘的预处理、应力锥安装、接地与密封是3个关键环节，每一环节安装工艺处理或质量存在忽视，则均可能导致接头工艺缺陷引起的电缆故障。

电缆中间接头或户外终端的尾管与金属套进行接地连接时一般采用封铅方式或采用接地线焊接方式，密封可采用封铅方式或采用环氧混合物/玻璃丝带等方式。封铅或接地焊接的主要作用是使电缆附件的铜壳或尾管与电缆铝护套间实现电气连接；封铅或环氧混合物/玻璃丝带主要起到密封防水作用。若接地、密封工艺不良，附件就会在运行过程中逐渐进水受潮或在感应电压作用下引起异常放电，进而引起电缆绝缘击穿故障。

某220kV高压电缆端部接地采用焊接方式，2013年12月投运，2018年发生终端接头接地故障。打开故障电缆接头发现，击穿通道从电缆线芯，直接击穿交联聚乙烯主绝缘后，到达接地的铝护套，烧损电缆端部的绕包带材及外护套。由于电缆端部的铝护套附近发热，引起铝护套下方区段内的交联聚乙烯主绝缘受损，并最终引起绝缘击穿。主要原因为电缆接头的铜壳与铝护套间的焊接工艺不规范，接头两侧的焊点处存在接触面积不足、虚焊、脱焊现象，铜壳与铝护套间的焊缝已断裂，使铝护套和铜壳失去了等电位连接点。对该站类似电缆终端接头检查发现也存在铜壳与铝护套间的焊接点存在接触面积不足、虚焊现象。

综上所述，电缆接头的铜壳与铝护套间的焊接缺陷使接地失效是导致电缆接头故障的主要原因。

在新建工程中，应加强施工过程质量控制，避免因工艺不当引起的接地失效情况；对运行在通道湿度较大或可能浸水环境中的电缆接头，应采用全封铅方式进行接地与密封处理，以防止潮气进入电缆内部引起电化学腐蚀或绝缘劣化。

（3）电缆中间接头质量缺陷导致电缆故障。

【案例6-9】　某35 kV线路电缆中间接头爆炸分析。

电缆中间接头是电缆线路的重要组成部分，在接续电缆线路的同时维持了电缆的绝缘性能，保证电缆线路的完整性。相对于电缆本体，电缆中间接头为多层固体复合介质绝缘结构，容易产生电场集中现象，且中间接头一般在现场安装完成，由于安装工艺不当在电缆附件中形成薄弱点。

　　某 35kV 线路，2012 年 10 月投运，2017 年 9 月发现该线路电缆中间接头爆炸故障。打开故障接头，电缆接头表面烧蚀碳化严重，安装在接头表面的铜网已破碎，电缆铜屏蔽层存在明显烧蚀痕迹。电缆接头采用预制接头，压接管表面半导电带缠绕不足，压接管未与电缆主绝缘层等径，连接管、主绝缘端部和预制件未紧密接触，预制件内部存在较大间隙，如图 6-26 所示；压接管表面存在尖锐凸起，未发现进行清洁与圆滑处理的痕迹，如图 6-27 所示。

图 6-26　预制件内部存在空隙　　　图 6-27　压接管表面未进行圆滑处理

　　综上所述，未严格执行电缆中间接头安装工艺及相关规程，压接管未按要求进行圆滑处理、压接管表面半导电带未按要求缠绕至与电缆主绝缘等径，且存在明显的间隙，在长期运行过程中，间隙造成局部放电并导致主绝缘劣化，最终导致电缆中间接头绝缘击穿故障。

第二节　母线

　　管母线是变电站、换流站中的重要设备，随着电网输送容量的增加，在高电压及大容量的变电站内大都采用铝合金管型母线作为汇流管型母线。铝合金具有良好的挤压成形性、耐腐蚀性和良好的焊接性，变电站用管母线具有占地面积少、混凝土杆钢梁构架简明、布置清晰、腐蚀率低而经久耐用、集肤效应系数小等优点。国内对管型母线的安装一般采用悬吊式、支撑式和分裂式三种，材质大多选用铝镁和铝镁硅合金管等。铝合金管母线虽然具有良好的综合性能，但由于焊接过程中受焊接热的影响，其焊接接头的组织和性能会发生很大的变化，将严重影响到焊接强度。

一、母线的金属技术监督要求

1. 母线材料要求

　　母线包含铝母线、铜排、铝排等导流部件，铜、铝及其合金母线应符合 GB/T 5585.1《电工用铜、铝及其合金母线　第 1 部分：铜和铜合金母线》、GB/T 5585.2《电工用铜、铝及其合金母线　第 2 部分：铝和铝合金母线》的要求；铜包铝母线应符合 DL/T 247《输变电设备用铜包铝母线》的要求。母线支撑连接处应预留足够的膨胀间隙。

2. 母线设计要求

　　母线、构架、棒式绝缘子及基础应满足抗地震烈度设计要求，地震烈度 8 度以上不能选支撑型母线，不能选用玻璃绝缘子；在地震基本烈度超过 7 度的地区，屋外配电装置的电气设备之间应采用绞线或伸缩头链接；硬母线长度超过 30 m 时应设置一个伸缩头，其他每隔

30m 安装一个；母线支撑绝缘子构架或门型构架基础满足母线对空距离要求；基础、构架达到允许安装设备的强度、高层构架的走道板、栏杆、爬梯、平台安全牢固；同相管段轴线应处于同一垂直面上，三相母线管段轴线应互相平行。

3. 母线的制造、安装及运行检修技术要求

母线挠度要求：母线自重、集中载荷产生的垂直弯矩，最大风速条件下产生的水平弯矩及考虑短路状态、地震状态最大状态下的合成挠度值应满足以下要求：①挠度允许值（当有滑动支持金具）为：$y \leqslant (0.5 \sim 1.0) D$，其中 y 为母线跨中挠度允许值；D 为母线外径（cm），如为异形管母线，则 D 取母线高度；②大容量或重要配电装置，跨中挠度允许值采用 $y \leqslant 0.5D$ 选择。

母线金具：表面光泽、无裂纹、伤痕、砂眼、锈蚀等，零件应配套齐全，金具设计及连接应符合要求。

合金管：表面应无严重腐蚀及机械损伤且光洁平整、无裂纹、折皱、夹杂物及变形、扭弯等现象；户外管母线最低端、终端球应开设排水孔，排水孔的直径不小于 6mm，且排水孔应朝下；支撑式管母线内部安装阻尼导线。

螺栓连接母线：搭接面应平整，镀层应均匀，不应有麻面、起皮及未覆盖部分；紧固件连接符合要求。·

金属及构件：① 各种金属构件的安装螺孔，不得采用气焊或电焊割孔；② 金属构件防锈应彻底，防腐漆涂刷应均匀，粘合应牢固，不得有起层、皱皮等缺陷；③ 室外金属构件应采用热镀锌制品。

母线连接端子：①母线连接接触面应保持清洁，并应涂电力复合脂；②母线平置时，螺栓应由下往上穿，螺母应在上方，其余情况螺母置于维护侧；③母线接触面应连接紧密，连接螺栓应用力矩扳手紧固，紧固力矩符合技术文件或标准要求；④母线与螺杆形接线端子连接时，母线的孔径不应大于螺杆形接线端子直径 1mm；⑤丝扣的氧化膜应除净，螺母接触面平整，螺母与母线之间应加铜质搪锡平垫圈，并应有锁紧螺母，但不得加装弹垫；⑥重型母线的紧固连接，铝母线宜用铝合金螺栓，铜母线宜用铜及铜合金螺栓，紧固螺栓时应用力矩扳手。

母线与支柱绝缘子固定：①交流母线的固定金具或其他支持金具不应成闭合铁磁回路；②母线在支柱绝缘子上的固定死点，每一段应设置 1 个，并位于全长或两母线伸缩节中点；③母线固定装置无棱角和毛刺。

母线焊接：①焊接前应进行焊接工艺试验，焊接试验接头合格；②铝及铝合金材质的管形母线、槽形母线、金属封闭母线及重型母线应采用氩弧焊；③直径大于 300mm 的对接接头采用对接焊；④母线对接焊缝应有 2~4mm 的余高；角焊缝的焊脚尺寸应大于薄壁侧母材壁厚 2~4mm；⑤ 330kV 及以上电压等级焊缝应呈圆弧形，不应有毛刺、凹凸不平的缺陷；引下线母线采用搭接焊时，焊缝的长度不应小于母线宽度的 2 倍；⑥焊接接头表面应无可见的裂纹、未熔合、气孔、夹渣等缺陷；⑦重要导电部位或主要受力部位，对接焊焊头应经射线或超声抽检合格。

二、母线典型金属失效案例

（一）新建变电站铝母线焊缝质量缺陷

1. 焊接缺陷的射线检测结果统计分析

220kV 及以上变电站铝母线牌号及化学成分一般见表 6-1，铝及其合金具有导热快、熔点低、和氧亲和力强、热膨胀与冷收缩比钢大两倍以及液体时对气体吸收等物理性能，决定了铝及其合金的焊接性。焊接过程中容易产生 Al_2O_3 氧化膜，将妨碍基体金属的熔合，热膨胀与冷收缩快容易产生焊接裂纹，对气体吸收易产生气孔，导热快导致焊接热对热强化合金性能的恶化等。电力行业铝母线焊缝可以采用射线或超声波检测。

表 6-1   常用铝管母线化学成分   Wt%

化学成分	Si	Fe	Cu	Mn	Mg	Re
LDRE	0.20~0.60	0.35	0.10	0.10	0.45~0.9	0.13
6063	0.30~0.60	0.35	0.10	0.10	0.45~0.9	—
3A21	0.60	0.7	0.2	1.0~1.6	0.05	

铝母线常采用焊接方式连接，其焊接接头性能严重影响铝母线整体机械强度、电阻率，焊缝外观成型还会影响电晕产生等，因而，铝母线焊接接头是影响铝母线机械性能、电气性能的重要因素。从图 6-28 所示可知，铝母线焊缝质量整体合格率不高，从送样焊缝质量检验情况来看，铝母线焊缝射线检测不合格率达 32.31%，其中射线检测质量评级中Ⅱ级也具有较高的比率，达 44.62%，铝母线焊缝质量有很大的提升空间。

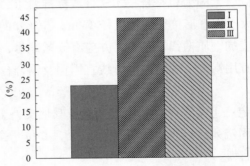

图 6-28   铝母线焊缝射线检测质量分级比较

从图 6-29 可知，从铝母线送样焊缝质量射线检测结果情况看，220kV 变电站铝母线合格率为 66.67%，低于 500kV 变电站铝母线焊缝合格率。500kV 变电站铝母线焊缝射线检测质量总体比 200kV 好，这可能是由于 500kV 铝母线总体规格中外径较大、壁厚较厚，从而影响了焊接施工及焊接质量。

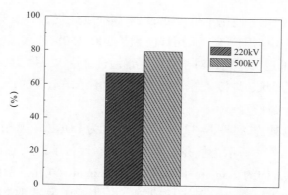

图 6-29　200kV 与 500kV 变电站铝母线焊缝射线检测质量合格率比较

2. 焊接缺陷的分类统计分析

铝及其合金的焊接容易产生缺陷，从图 6-30 可知，铝母线焊接过程中，缺陷类型中以气孔为最多，出现比率达 60.63%，超过所有缺陷中一半。其次为夹渣（包含夹钨），出现比率为 17.32%，其中夹渣类型中主要由于夹钨造成的。再次为未熔合，出现比率为 14.17%。

图 6-31 所示为射线检测影响焊缝不合格中缺陷分布统计，影响焊缝质量不合格的主要缺陷依然为气孔，占整个影响不合格因数焊缝缺陷的 37.5%，其次为未熔合，占 33.33%，再次为未焊透。焊缝中夹渣（夹钨）以及其他类型如内凹等缺陷并未影响母线焊缝的缺陷的合格率。

铝母线焊接易产生的缺陷以气孔、夹渣、未熔合以及未焊透为主，其中以气孔最为常见，而影响焊缝质量的重要缺陷以气孔、未熔合以及未焊透为主，其中气孔影响因素最大。

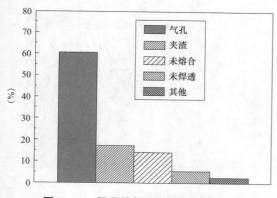

图 6-30　铝母线焊接缺陷分类统计分析

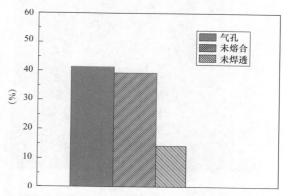

图 6-31　影响铝母线焊缝不合格缺陷分类统计分析

从上分析可知，气孔、未熔合、未焊透是影响铝母线的主要因素，因而，在焊接过程中应避免这些缺陷的产生。首先要加强焊工技术培训，提高焊工操作水平，焊工技术水平直接影响焊接缺陷及焊接质量。铝合金接头中产生气体的直接根源是氢气，引起气孔的氢气来源主要来自溶解氢、表面上吸附的水分、有机物等、保护气体中氢气和水分以及保护不充分时卷入电弧气氛中来自空气的水分等，因而，焊接前，应清除表面，杜绝和较少水汽来源，工件及焊丝焊前必须清理干净并烘干，焊前去除油污、表面氧化膜及对焊接有害物质，焊前对焊丝进行清理，间隔为 24h，使用不低于 99.99% 高纯度氩气，尽量避免采用气孔敏感性强的焊接位置施焊如横焊和仰焊位置，采用焊前预热 100~150℃，多层多道焊，层间温度不超过 150℃，宜采用适当的退火工艺，对于铝镁、铝锰合金退火温度为 300~450℃。

未熔合主要由坡口形状、焊接条件不良以及层间不洁净造成的，因而应选择适当的坡口尖端半径以及正准的焊接规范。

铝母线焊缝典型缺陷如图 6–32 所示，材质为 LDRE，规格分别为 $\phi 130 \times 7mm$、$\phi 110 \times 5mm$，其中：（a）中所示为气孔，典型圆状，上下有 2 个气孔，上气孔约 $\phi 0.5mm$，下面大气孔沿焊缝厚度方向约 2.5mm，沿水平方向约 2mm，气孔内壁比较光滑；（b）中所示为未熔合，与坡口未熔合；（c）中所示为未焊透，未焊透 1 为根部未焊透，两侧坡口均未焊透，未焊透 2 为单侧坡口未焊透。

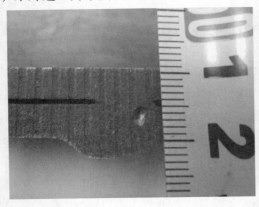

(a)

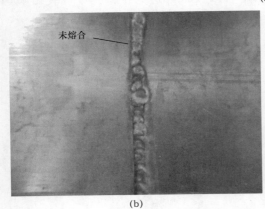
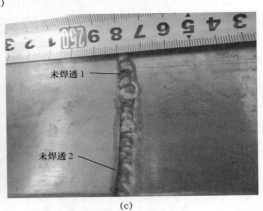

(b)　　　　　　　　　　　　　　　　(c)

图 6–32　铝母线焊缝气孔、未熔合、未焊透典型缺陷
（a）气孔（$\phi 110 \times 5mm$）；（b）未熔合（$\phi 130 \times 7mm$）；（c）未焊透（$\phi 130 \times 7mm$）

3. 焊接接头力学性能合格情况统计分析

GB 50149—2010《电气装置安装工程母线装置施工及验收规范》中对铝母线焊缝强度有规定，铝及铝合金母线其焊接接头的平均最小抗拉强度不得低于原材料的 75%，而现场铝母线焊接中一般很难符合要求。目前电力行业常用的验收规程为 DL/T 754—2013《铝母线焊接技术规程》，其规定铝合金焊接接头的抗拉强度不得低于原材料标准值的 60%。铝母线原材料强度采用标准规定的下限值值，如湖南电网变电站常用的铝母线材料为 LDRE，材料抗

拉强度不小于 180MPa。

图 6-33 所示为铝母线焊接接头力学性能试验结果中抗拉强度与原材料标准下限值比值百分比分类统计图，从图 6-33 可知，无损检测结果合格后铝母线焊缝抗拉强度小于原材料标准值的 60% 的只占 2.13%，绝大部分抗拉强度分布在原材料标准下限值的 60%~75% 之间，铝母线焊缝强度不小于原材料标准下限值 75% 的只有 8.51%，可见，利用 GB 50149—2010 标准中规定去验收，铝母线机械强度合格率只有 8.51%，铝母线焊接的工艺还需要很大的提高。但是，仍然还有 8.51% 比例铝母线接头强度分布在 75% 及以上，可见，只要工艺适当、过程控制适当、管理适当，铝母线焊缝强度一定能达到 GB 50149—2010 要求。

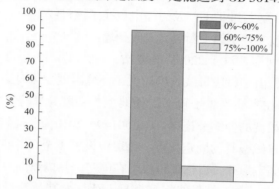

图 6-33 铝母线焊接接头力学性能分类统计

缺陷对焊接接头机械强度影响因素比较大的，因而降低缺陷产生的工艺均能提高铝母线焊接接头的强度。此外由于铝合金导热快，焊接热会造成热影响区会出现软化，使强度降低，使基体金属近缝区部位的一些力学性能变坏，并且焊接线能量越大，性能降低的程度也愈严重。而且，铝合金管母线中含有低沸点的合金元素如 Mg、Mn 等，在焊接熔池的高温下容易烧损，从而改变了焊缝金属的化学成分，降低了焊接接头的性能。因此，为了提高铝母线焊接接头机械强度，除采用上述严格控制焊缝缺陷产生的工艺及工序外，还应采取符合特定材料焊接的工艺措施：焊接方法宜选用钨极氩弧焊或熔化极氩弧焊；焊接材料宜选用强度、耐腐蚀性不低于母材的焊丝，焊丝中镁、锰含量不低于母材；采用能量集中的焊接方法和小线能量、多层多道焊接，严格控制预热温度和层间温度，根据材料的状态及力学性能要求对铝镁硅合金进行固溶时效处理等。

综上所述，新建变电站送样铝母线焊缝一次合格率为 67.39%，铝母线焊缝中缺陷主要以气孔最多，达 60.63%，其次为夹渣、未熔合、未焊透等，由于采用的补强衬管焊接，焊接工艺采用手工氩弧焊，因而未焊透情况以及其他类型缺陷如内凹相对出现概率较少。其中影响射线检测不合格缺陷中以气孔居多，占整个影响不合格因数焊缝缺陷的 37.5%，其次为未熔合、未焊透。

铝母线焊接接头抗拉强度分布在原材料标准下限值的 60%~75% 之间占 89.36%，铝母线焊接接头强度不小于原材料标准下限值 75% 的有 8.51%。通过提高焊工操作水平、改善工艺、加强焊接管理以及严格控制焊接施工过程等，从而使铝母线焊接接头机械强度达到原材料强度的 75% 及以上。

（二）在役支撑式母线典型缺陷案例

1. 管母线裂纹

管母线一般均采用铝及铝合金材质，由于铝及其合金具有导热快、熔点低、和氧亲和力强、热膨胀与冷收缩比大以及液体时对气体吸收等物理性能，在焊接过程中容易产生裂纹等缺陷，在役过程中，裂纹类缺陷扩展导致母线存在安全隐患。除焊接裂纹外，铝及铝合金管母线在制造过程中，由于质量控制不严，会存在杂质含量超标或夹杂物存在，在运行应力作用下，超标的杂质或夹杂物形成裂纹源，进一步扩展，最终导致断裂。

2015 年在某 220kV 变电站巡检中，发现 II 母线 C 相 8 个间隔管母及旁路母线 C 相 604 间隔管母存在原始裂纹，运行维护部门及时停电更换了该母线。

2. 母线膨胀受阻导致支柱绝缘子断裂，母线倒塌

一段母线跨越 2 个间隔，对于 220kV 变电站，1 个间隔 13m，2 个间隔则为 26m，一段母线长度至少应为 26m，由于每段母线长度较大，环境温度变化时会存在较大的热应力。管母线通过抱箍金具安装在支柱绝缘子顶部的托架上，一段管母跨 2 个间隔，由 4 个金具固定，各段母线之间通过柔性的伸缩节连接。GB 50149—2010《电气装置安装工程母线装置施工及验收规范》要求：母线金具的固定死点，每段应设置 1 个，并宜位于全长或两母线伸缩节中点，其余为"松"固定形式，以保证母线可在固定金具内纵向自由滑动。

在安装或运行过程中，由于管母线抱箍金具卡死，尤其是管母线两侧端部抱箍卡死固定，导致管母线纵向膨胀受阻，则在管母线热膨胀或冷收缩作用下，造成端部支柱绝缘子受力不平衡，热膨胀或冷收缩附加力矩全部加在支柱绝缘子上，导致支柱绝缘子偏斜，弯曲应力显著增加，最终导致绝缘子断裂、母线垮塌故障。

2014 年某 220kV 变电站 I 母线 C 相发生单相接地故障，I 母线 C 相东侧备用间隔母线跌落至构架上，最外侧支柱绝缘子落地，断裂成两节。检查发现故障间隔母线与支柱绝缘子连接抱箍固定方式错误，所有抱箍均是卡死固定，母线纵向受阻，导致支柱绝缘子断裂。

3. 管母线未开设排水孔，管母线内积水结冰导致体积膨胀开裂

由于管母线跨度大，在跨度间隔中间部位存在向下挠度，运行过程中，雨水冰冻天气在下挠度点容易积水，如未及时进行排水，则在寒冷冰冻天气下，积水结冰，体积膨胀导致管母线开裂。因此，室外易积水的管母线应设置排水孔，排水孔应设置在下挠度最大位置。

2008 年 1 月，南方发生严重冰冻灾害，某 220kV 变电站支撑式管母线发生大面积开裂现象，开裂部位均为每一间隔中间管母线下挠度最大位置，检查发现由于管母线内部积水结冰，体积膨胀导致母线开裂。

4. 管母线附件紧固件脱落导致母线支柱绝缘子偏斜、倒塌

支持式母线属于刚性结构，其附属件例如抱箍、托架、伸缩节、支柱绝缘子底座等需要采用紧固件连接。支持式母线跨度大，且在室外，承受风载荷大，运行过程中易造成振动，会导致螺栓松动脱离，一旦螺栓松动脱离，则造成母线脱离、倒塌。

管母线附件螺栓安装过程中存在未预紧、预紧力矩不够未紧固到位、螺帽缺失或未采取防松措施等，母线运行过程中受到风雨等外力的影响会发生振动，导致螺栓预紧力减小甚至丧失，最终螺帽松脱后螺杆掉落。

【案例 6-10】　某 220kV 变电站母线下挠、支柱绝缘子偏斜分析。

某 220kV 变电站，1999 年 1 月投运，支柱瓷瓶型号为 ZS2-220/4，管母型号为 LF21Y-ϕ100/90，直径 100mm，托架型号为 MGU-300A，母线固定金具型号为 MGG-100，伸缩节型号为 MGS-100×10。

2012 年 6 月现场检查时发现 602 间隔与 604 间隔之间的 Ⅱ 母 B 相支柱绝缘子朝 602 间隔方向发生约 15° 纵向倾斜，支柱绝缘子与托架之间的固定螺栓已脱落，造成支柱绝缘子倾斜，托架与支柱绝缘子错位，管母上下错位，基座螺栓锈蚀严重，A 相支柱绝缘子和 1 号母 B、C 相支柱绝缘子也有轻度倾斜，全站 220kV 母线下垂变形严重，基座铁板的螺孔过大，底座水平度不高，造成支柱绝缘子向外倾斜，如图 6-34~ 图 6-37 所示。

图 6-34　某 220kV 变电站 Ⅱ 母支柱绝缘子倾斜　图 6-35　B 相管母上下错位、托架固定螺栓脱落

图 6-36　220kV 母线下挠　　　　　　图 6-37　基座螺栓螺孔过大

由于固定金具全部是 MGG-100 型号，间隙部分只能靠调节螺栓实现，而螺栓未紧固又容易发生脱落。经现场检测，管母的材质是锰铝合金，强度较弱，分闸操作时在动触头的夹紧拉力长期运行作用下导致管母下垂变形，母线变形后，造成了固定抱箍一端间隙过大，另一端过紧，使得抱箍将管母卡死，管母膨胀受阻，支柱绝缘子倾斜，托架与支柱绝缘子的固定螺栓长期承受强大弯曲应力而导致断裂。支柱绝缘子加法兰的高度为 2400mm，门架抱箍的直径为 300mm，管母热胀冷缩产生的纵向推力，门架抱箍发生了旋转，造成支柱绝缘子倾斜，导致了管母上下错位。同时由于管母无法纵向热胀冷缩，加剧了弯曲变形。

重新安装紧固支柱绝缘子与托架，调整托架固定管母的抱箍松紧程度，确保每根管母中间固定，其他支撑预留膨胀间隙，保证管母能自由膨胀，并对支柱绝缘子进行超声检测合格。

第三节　耐张线夹

耐张线夹是指用于输电线路、配电的线路、配电装置的耐张杆塔导线、地线终端固定及杆塔拉线终端固定，按结构和安装方法分为压缩型、螺栓型、楔型和预绞式。用于导线的压缩型耐张线夹，一般由铝（铝合金）管与钢锚组成，钢锚用来接续和固定导线的钢芯，铝（铝合金）管用来接续导线铝（铝合金）部分，以压力使铝（铝合金）管及钢锚产生塑性变形，从而使线夹与导线结合成整体。用于地线的压缩型耐张线夹，一般由钢锚直接构成，也可以加铝保护套。压缩型线夹的安装一般有液压和爆压两种，其连接型式有环型和槽型连接两种。

螺栓型线夹是利用 U 形螺丝的垂直压力，引起压块与线夹的线槽对导线产生的摩擦力来固定导线。楔型线夹是利用楔型结构将导线、地线锁紧在线夹内。预绞式线夹是由金属预绞式及配套附件构成，将导线、地线张拉在杆塔上。

一、耐张线夹的金属技术监督要求

耐张线夹的型式和技术要求应符合 DL/T 757《耐张线夹》的要求；压缩型线夹压接工艺应符合 DL/T 5285《输变电工程架空导线（800mm² 以下）及地线液压压接工艺规程》要求，压缩型耐张线夹应使内部孔隙为最小，以防止运行中潮气侵入；钢锚材质应满足不低于 B 级钢的质量要求，压缩型耐张线夹钢锚一般应整体锻造，布氏硬度不应大于 HB156。

耐张线夹与导线、地线的连接处，应避免使用两种不同的金属，以防止不同金属间的接触腐蚀及接触电阻增加，运行温升增加导致导地线断股故障。

耐张线夹外观不应有裂纹、鼓包、烧伤、滑移或出口处断股，引流板紧固件齐备、完好、紧固力矩符合技术文件或标准要求。

二、耐张线夹典型金属失效案例

1. 钢锚材质不合格、压接工艺不当导致断裂

【案例 6-11】　某 500kV 输电线路耐张线夹钢锚断裂分析。

某 500kV 输电线路于 2016 年进行地线锈蚀隐患治理，将 CH 线夹更换为传统型耐张压接管（型号 NY-150.1BG1），2018 年 1 月发现某塔右相小号侧地线耐张线夹钢锚断裂导致线夹脱落，耐张线夹引流板保持受力，地线未掉落至地面，地线弧垂下垂后与边相导线最近距离约 2m，塔型为 5JB136，呼称高 33m，杆塔处于山顶，桩顶高程 1228m，162~163 号档距为255m，设计冰厚 30mm。地线型号 LBGJ-150-20AC，地线耐张线夹型号 NY-150.1BG1。

将耐张线夹铝套管剖开，取出断裂钢锚，发现钢锚在靠拉环端压接区域断裂，如图 6-38

所示，在断裂位置靠导线侧下约 20mm 处的压接印痕处可见微裂纹、压痕处锌层损伤，裂纹从边缘向中间及内部扩展，如图 6-39 所示，断裂截面可见清晰的裂纹扩展，如图 6-40 所示。断面存在明显缺口，为裂纹源，其表面已有红色锈迹，裂纹源两侧存在裂纹扩展的辉纹，如图 6-41 所示。

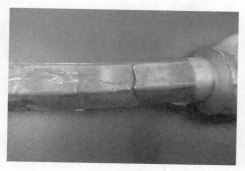

图 6-38　钢锚断裂宏观形貌

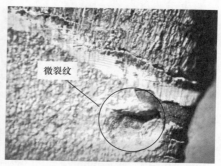

图 6-39　钢锚断裂位置附近裂纹形貌

图 6-40　钢锚断裂端面裂纹宏观形貌

图 6-41　钢锚断裂裂纹源宏观形貌

对断裂样和对照样的线夹钢锚（Q235A）的成分进行了分析，其中碳含量在 0.15%~0.22% 间，符合要求；对线夹钢锚的硬度进行了检测，未压接部位平均硬度值为 HB140，压接部位平均硬度值为 HB184。可见压接后的钢锚均出现了加工硬化，且钢锚断裂源位置硬度为 HB196，加工硬化更明显。

分别对断裂钢锚压接部位、未压接部位进行力学性能试验，裂纹源附近压接部位抗拉强度平均值为 614MPa、断后伸长率平均值为 9%，未压接部位抗拉强度平均值为 478MPa、断后伸长率为 46%。可见，钢锚压接后抗拉强度显著提升，但断后伸长率显著降低，说明压接后塑性显著下降。

断裂钢锚金相组织为 F+P，有明显的加工流线，未发现异常组织，如图 6-42 所示；在钢锚表面损伤部位处存在镀锌层开裂，基体中存在夹杂物，尺寸约为 $163\mu m \times 146\mu m$，超过了 GB/T 10561—2005《钢中非金属夹杂物含量的测量标准评级图显微检验法》中规定的 DS 类（单颗粒球状类）5 级标准 $120\mu m$ 的尺寸，夹杂物尺寸超标；孔洞周围金相组织中晶粒受到了挤压加工流线痕迹，如图 6-43 所示，说明杂质物为原材料缺陷，在压接或锻造等成型工艺前就产生。

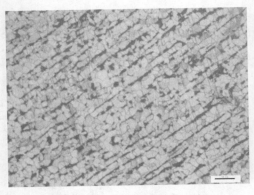 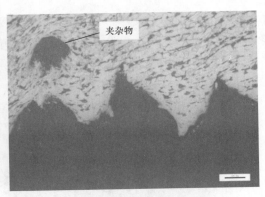

图 6-42 断裂钢锚金相组织　　　　图 6-43 断裂钢锚表面金相组织

对地线线夹钢锚质量进行检测，长度与直径均满足设计要求，中心同轴度公差测量结果显示断裂样品 AB 点差值为 3mm，如图 6-44 所示，远大于 DL/T 5285—2018《输变电工程架空导线 (800mm² 以下) 及地线液压压接工艺规程》中所规定的应小于 0.3mm，不合格。

对钢锚对边距测量，压接标准模具对边距值选择：$S=0.86D$，其中 S 为压接管六边形的对比距离，mm；D 为压接管外径，mm，取 34；S 为对边距最大允许值，$S=0.86D+0.2$，即 29.44mm。1 号样为断裂样钢锚，3 号为 34mm 模具压接的钢锚，4 号为 32mm 模具压接的钢锚。对比表 6-2 中的钢锚对边距测量结果，可知 1 号对边距偏小，数值与 32mm 模具压接的钢锚较为接近。

表 6-2　　　　　　　　　　　1~3 号样品钢锚对边距测量数据

线夹编号	钢锚对边距 S（mm）	线夹编号	钢锚对边距 S（mm）
1	$S_1=28.68$ $S_2=28.70$ $S_3=28.80$	2	未压接
3	$S_1=29.80$ $S_2=29.87$ $S_3=29.91$	4	$S_1=28.24$ $S_2=28.32$ $S_3=28.38$

对钢锚压接后变形进行测量，从图 6-45 中可以看到，压接后钢锚变形程度较大，钢锚规格为 $\phi 34$，由比例可知，压接后弯曲变形值为 27.2mm，压接管长度为 300mm，变形尺寸达到压接管长度的 9.1%，远大于 DL/T 5285—2018《输变电工程架空导线（800mm² 以下) 及地线液压压接工艺规程》中的 2% 要求。压接后，地线直径未发现明显变形，压接管端部地线表面未发现局部受损或缩径。

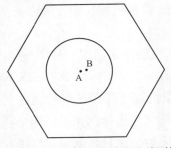 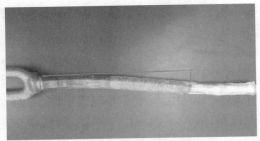

图 6-44 钢锚中心同轴度公差测量　　　图 6-45 钢锚压接后变形测量

耐张线夹型号为 NY-150.1BG1，依据电力金具手册中的设计要求，该型号钢锚破坏载荷为 250kN，地线型号为 LBGJ-150-20AC，参照 YB/T 5004—2012《镀锌钢绞线》标准要求，其最小破断拉力应不小于 174.7kN，DL/T 5285—2018《输变电工程架空导线（800mm² 以下）及地线液压压接工艺规程》中规定，线路用导地线液压连接的握着力均不应小于导地线设计使用拉断力的 95%，钢锚破坏载荷远大于导地线破断拉力，正常承力条件下，不应发生钢锚断裂事故。

钢锚中心同轴度公差超标，导致两侧壁厚不均匀，在压接中钢锚两侧变形不一致，容易造成钢锚发生弯曲变形；钢锚断口附近组织中存在尺寸超标夹杂物，破坏基体的连续性，并形成应力集中区，裂纹源附近微裂纹中存在夹杂物，截面可见清晰的裂纹扩展纹络。

宏观及微观组织检查表明，正常压接仅对钢锚表面锌层造成一定破坏，并不会对钢锚的基体组织造成影响。压接后，钢锚有明显弯曲变形，按照 DL/T 5285—2018《输变电工程架空导线（800mm² 以下）及地线液压压接工艺规程》中要求，弯曲量超过压接管长度的 2% 且有明显弯曲变形时应校直，校直过程中不应出现裂纹或应力集中，否则应重新压接。

钢锚设计材质为 Q235A，与 GB 50545—2010《110kV~750kV 架空输电线路设计规范》10.2 规定：所有杆塔结构的钢材均应满足不低于 B 级钢的质量要求不符。

综上所述，钢锚设计材质偏低，且钢锚材料中存在夹杂物，在锻造或压接过程中破裂易形成裂纹源，压接过程中过压及压接质量不合格产生裂纹是造成钢锚断裂失效主要原因。由于压接可能会使基体组织存在缺陷的钢锚产生裂纹，应加强线夹入网质量验收，并加强液压工艺过程质量控制，严格按模具标准尺寸选择，加强压接过程质量监督检查，对于钢锚制造偏心、压接后边缘表面微裂纹等应进行更换处理，对于压接变形量超标等应按规程要求进行更换或重新压接处理。

【案例 6-12】　某 500kV 输电线路耐张线夹钢锚频繁断裂原因分析。

某 500kV 输电线路于 2016 年 11 月改造，2018 年 1 月、2019 年 2 月分别发生耐张线夹钢锚断裂，耐张线夹型号分别为 NY-150.1BG1 和 NY-100.1GY，钢锚设计材质均为 Q235A，服役地域环境温度通常最冷月为 1 月，最冷达 -8℃，容易出现雨雪冰冻天气导致导线覆冰及冰灾情况。现场取样 17 根耐张线夹，对耐张线夹钢锚原材料进行了成分、硬度、拉伸、金相等试验，同时对钢锚的压接工艺进行了外观、尺寸、对边距及弯曲度检测。

化学成分分析结果表明，化学成分均符合要求。对未压接区和压接区进行硬度检测，未压接区平均硬度 120HB，符合 DL/T 757—2009《耐张线夹》标准要求。压接区平均硬度为 216HB，说明钢锚压接后出现了加工硬化。对未压接区、压接区分别进行拉伸试验，未压接区样品平均抗拉强度 424MPa，屈服强度 279MPa，断后伸长率 35%，符合 GB/T 700—2006《碳素结构钢》对 Q235A 的要求；压接区样品的平均抗拉强度 613MPa，屈服强度 539MPa，断后伸长率 9.5%，压接后钢锚的强度提高，断后延伸率降低，压接后材料硬度增加，塑性降低。金相组织分析，组织为 F+P，有明显的加工流线，为正常的锻造态 Q235，未发现异常组织。

将送检样品外层铝套管剖离，观察钢锚外表面质量，观察到钢锚存在压接定位不准、相邻压模未重叠、弯曲超标、扭曲变形等缺陷，并且钢锚压接面存在明显的台阶，压接质量差，外观不合格典型缺陷如图 6-46 所示。

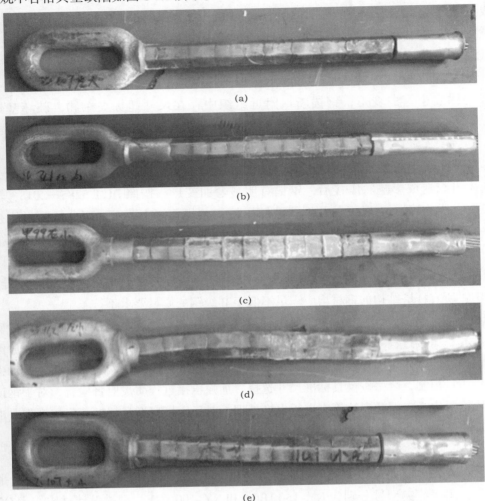

图 6-46 压接外观典型缺陷
（a）（b）压接定位不准；（c）相邻两模未重叠；（d）弯曲；（e）扭曲

钢锚对边距测量，压接标准模具对边距值：$S=0.86D$，其中 S 为压接管六边形的对边距离，mm；D 为压接管外径，mm，根据耐张线夹型号，NY-100.1GY 取 28mm，NY-80.1GY 取 24mm，NY-120.1BG-40 取 24mm，NY-150.1BG1 取 34mm；则对应的 S 分别为 24.08、20.64、20.64mm 和 29.24mm。17 个样品实测对边距中，共有 2 个线夹对边距不符合要求，对边距不合格率占抽检数量的 11.8%。

对钢锚变形量进行测量，17 个样品中，最小变形量为 0.9%，最大变形量为 7.0%，其中 14 个样品变形量大于 DL/T 5285—2018《输变电工程架空导线（800mm² 以下）及地线液压压接工艺规程》中要求的 2%，变形量不合格率高达 82.3%。

现按对边距超标，弯曲超标，扭曲，压接定位不准，相邻两模未重叠等指标对送检的 17 只金具进行归类整理，判断金具整体质量状况，在上述指标中，弯曲超标和未画压接标记不合格率最高，分别为 82.3% 和 94.1%，相邻两模未重叠的不合格率也较高，占比超过

50%，对边距和扭曲控制相对较好。金具总体质量全部不合格。

测量样品中同轴度偏差均不合格，最小的偏差为 1.4mm，最大偏差为 3.0mm，同轴度偏差为套管同轴度存在偏差超标，压接后压接存在同轴度偏差超标，如图所示 6-47 和图 6-48，同轴度偏差过大则造成局部过压过大，过压过大导致过压部分塑性显著减低、抗冲击能力降低。

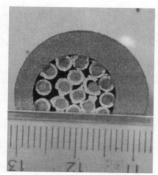

图 6-47　同轴度偏差

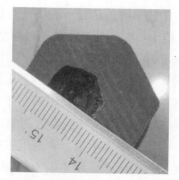

图 6-48　压接部位同轴度偏差

鉴于耐张线夹冬季服役温度经常在 0℃左右，并且需要承受脱冰跳跃的冲击载荷，加之压接质量差导致钢锚表面存在大量类似缺口形式的台阶，而 GB/T 700—2006《碳素结构钢》对 Q235A 没有冲击功的要求，特测定 Q235A 在常温和低温环境下的冲击性能和抗缺口敏感性的能力。为方便取冲击样品特在 16 号压接区取样进行冲击试验，测定 Q235A 在不同温度下的冲击性能，设定的冲击温度分别为室温（20℃），0℃，-10℃ 和 -20℃，在设定温度下的实测冲击功分别为 34.0、10.0、7.5J 和 5.0J，说明温度越低，抗冲击能力越低。

为了评估 Q235A 在低温服役环境下对缺口的敏感性，在冲击试样（4×10×55mm 非标样）上设计深度为 0、0.5、1.0mm 和 2.0mm 的 V 形缺口，测试 -10℃ 时 Q235A 的抗冲击能力。实测冲击值为 50.5、30.0、12.0J 和 2.5J。由试验结果可知：Q235A 对缺口较为敏感，缺口深度从 0mm 增加至 2.0mm 时，材料的低温冲击韧性明显降低，当缺口深度达到 2.0mm 时，材料在 -10℃ 时基本不具备承受冲击载荷的能力。

对比压接区和未压接区材料的力学性能可知，压接区的硬度、抗拉强度明显提高，断后伸长率降低，说明压接时的加工硬化效应大大改变了材料的原始性能，使材料变得硬脆，抵御冲击载荷的能力大幅降低。Q235A 作为成熟的碳素结构钢大量应用于建筑及工程结构中，但该材料本身抵御冲击能力弱，GB/T 700—2006《碳素结构钢》也未对该钢种提出冲击性能的要求。实测的 Q235A 材料不具备抵御 0℃ 以下抗冲击的能力。GB 50545—2010《110kV~750kV 架空输电线路设计规范》10.2 规定：所有杆塔结构的钢材均应满足不低于 B 级钢的质量要求，可见，钢锚设计材质为 Q235A 与设计规程要求的不低于 B 级钢的要求不符。

综上所述，由于钢锚服役地点（1 月、2 月）环境温度容易出现低于 0℃，具有覆冰自然环境条件，并且需要承受脱冰跳跃时的冲击荷载，而钢锚设计材质等级偏低，与 GB 50545—

2010《110kV~750kV 架空输电线路设计规范》规定的钢材均应满足不低于 B 级钢的质量要求不符，使材料本身并不具备在低温环境下承受冲击的能力，加之压接质量差，在钢锚表面形成了大量类似缺口的台阶，对缺口敏感增加，在低温环境温度及冲击载荷作用下发生断裂。钢锚压接质量不合格，尤其是长短模压接时所产生的过度压接压痕，会造成材料局部损伤及较严重的应力集中问题是在低温环境下发生断裂的次要因素。

2. 压接工艺不当，凸台型线夹凸台部位压接应力集中产生裂纹

【例 6-13】 某 500kV 输电线路新型地线线夹凸台部位压接裂纹。

某 500kV 输电线路于 2016 年 11 月进行了地线锈蚀隐患治理，将部分线夹改为带凸台的新型线夹，但改造后接连发生两起常规线夹钢锚断裂事故，耐张线夹型号分别为 NY-80GYT1、NY-100GYT1，线夹钢锚材质为 Q235A。

将送检 13 根样品外层铝套管剖离，钢锚外表面质量存在外表面损伤、临压模未重叠、弯曲超标、扭曲变形等缺陷，并且钢锚压接面存在明显的台阶，压接质量差，压接部位紧靠凸台时，在凸台边缘产生明显的宏观裂纹，压接部位离凸台部位超过 10mm 时，则凸台边缘无明显宏观裂纹，如图 6-49 和图 6-50 所示。

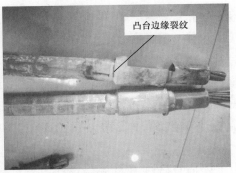

图 6-49　线夹凸台宏观形貌　　　　图 6-50　线夹凸台裂纹宏观形貌

在提供的 2 种型号的样品中各抽取一个样品进行中心同轴度公差测量，选取的样品为 2 号（NY-80GYT1）和 6 号（NY-100GYT1），测量值分别为 0.3mm 和 1.2mm，抽测的 NY-80GYT1 型号的线夹中心同轴度符合 DL/T 5285—2018《输变电工程架空导线 (800mm^2 以下) 及地线液压压接工艺规程》要求，NY-100GYT1 型号的线夹中心同轴度不符合该标准要求。

钢锚材料化学成分、力学性能符合标准要求。

压接钢锚存在对边距超标、弯曲超标、扭曲、相邻两模未重叠、表面损伤等缺陷，压接时定位错误，钢锚凸台部位压接表面存在裂纹类缺陷，运行过程中易造成应力集中，严重影响钢锚使用性能。

钢锚材质设计应符合 GB 50545—2010《110kV~750kV 架空输电线路设计规范》规定的钢材均应满足不低于 B 级钢的质量要求，应严格按 DL/T 5285—2018《输变电工程架空导线（800mm^2 以下）及地线液压压接工艺规程》施工，确保线夹压接质量，对凸台型线夹凸台部位防腐效果明显，但应严格标定压接位置，杜绝紧邻凸台部位压接，避免凸台边缘应力集中部位因压接挤压导致裂纹发生。

3. 引流板紧固件未采取防松措施，紧固件松动导致电阻增大线夹受损

【例6-14】 某500kV输电线路线夹受损和拉杆断裂原因分析。

2019年2月23日，某500kV输电线路采用B-C模式融冰，电流升至4500A时，发现某塔有电弧放电声，有一根子导线脱出，多个间隔棒受损。现场核实情况发现该塔C相大小号侧C相3号子导线（六分裂导线）各有1根导线拉杆发生断裂，大号侧6根子导线引流线夹全部烧损，小号侧引流线夹正常。

对送检的烧损样品进行宏观检查，发现存在的主要问题有：大号侧6个耐张线夹引流板均烧损严重，引流板表面存在大量白色粉末；2号子导线引流板上的螺栓未安装平垫片+弹簧垫片，其余的引流板螺栓连接均为平垫片+弹簧垫片，如图6-51所示。相对应的小号侧有拉杆断裂，2个断裂拉杆断裂面为锥形，锥形部位有明显微小裂纹，尖端有电弧灼伤痕迹，拉杆断裂属于典型的高温拉伸断口，断口形貌如图6-52所示。

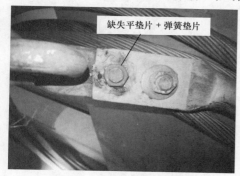

缺失平垫片+弹簧垫片

图6-51 引流板螺栓未采取防松措施

图6-52 钢锚断裂宏观形貌

对送检6根跳线上连接的12个引流板共两种规格进行尺寸复测，引流板实测分别为105×58×13mm和97×59×12mm。根据最大融冰电流4500A计算，平均分配到每根子导线上的电流为750A，标准SD 28—1982《电力金具接线端子（尺寸）》规定该电流下铝-铝引流板尺寸应为100×63×10mm，对比得知，两种规格引流板截面积分别为规定值的96%和90%，引流板截面积在融冰电流下工作时尺寸偏小。

对断裂拉杆（Q235A）和1号、2号引流板螺栓及螺帽取样进行成分分析，均符合要求。对送检的1~6号导线的耐张线夹、跳线引流板分别进行导电率测量，试验结果GB/T 5585.2—2018《电工用铜、铝及其合金母线 第2部分：铝和铝合金母线》符合标准要求。对3、4、5号子线大号侧引流板连接处的接触电阻进行测量，结果分别为1.0Ω、17.4kΩ、14.3kΩ，而导线的电阻较小且基本相等，可知3号子导线引流板连接处的电阻未因螺栓烧损而变大。

对2根断裂拉杆的尖端及中间位置取样进行金相组织分析，金相组织均为铁素体+珠光体，拉断尖端具有明显的晶粒变形，如图6-53和图6-54所示。对2号导线大号侧的1个螺栓取样进行金相组织分析，取样位置均为螺栓的中部和边缘融化部位。结果显示大号C2号螺栓中部组织为铁素体+珠光体，且有少量碳化物析出，螺栓熔融部位组织已转变为魏氏体组织，说明熔融温度高、冷却速度慢，导致魏氏体组织，如图6-55和图6-56所示。

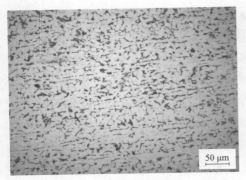

图 6-53　拉杆中部正常组织

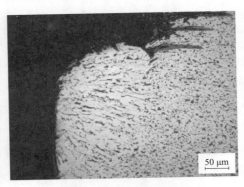

图 6-54　拉杆拉断尖端组织

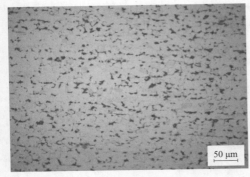

图 6-55　螺栓中部正常组织

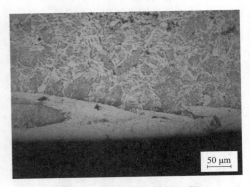

图 6-56　螺栓熔融部位组织

采用通用有限元软件 ABAQUS，建立 Q235 钢材高温拉伸失效模型，结构一共划分单元 21000 个，一端固定，一端施加位移荷载。根据 Q235 高温预拉伸结果，断裂拉杆外表面锌层状况，选定断裂温度为 600℃，600℃高温下仿真结果为失效时试件中部被拉断，局部出现颈缩现象，600℃高温下失效荷载约 36.43kN。

取 1 根与断裂拉杆具有相同规格、相同材质的新拉杆进行通流试验，如图 6-57 所示。

图 6-57　拉杆通流试验现场

初始载荷根据延长拉杆设计载荷除以安全系数，并考虑 LGJ-300/40 型子导线的破断力，设计初始载荷为 35kN。逐渐增加电流值至 850A，得到拉杆表面温度与通过电流值之间的对应关系，见表 6-3。然后再通以恒定电流 850A，逐渐增加加载力，当加载力达到 35.27kN 时拉杆发生断裂。

表 6-3　　　　　　　35kN 恒定拉力下拉杆表面温度与所通电流的对应关系

电流（A）	100	200	300	400	500	600	650	700	760	800	850
拉杆表面温度（℃）	35	82	125	199	267	375	425	490	525	540	589

通过仿真计算和通流模拟试验可以确定，拉杆断裂时，通过电流约 850A，拉杆表面温度约 600℃。

由于烧损侧 2 号子导线引流板上连接螺栓未安装平垫片 + 弹簧垫片，长期运行过程中造成 2 号子导线引流板螺栓松动，引流板处接触面积变小而电阻增大，将导致电流重新分配，当螺栓松动到一定程度时，螺栓和引流板直接产生间隙而放电，开始融化铝板和螺栓，造成连接处局部温度迅速上升，接触电阻显著增加，导致分流进一步加剧，从而导致其余螺栓连接处和金具连接处发热增加，在大电流融冰过程中导致熔融烧损。

根据实测各子导线螺栓连接处的接触电阻，结果表明 3 号子导线接触电阻远远小于其余可测子导线的接触电阻，从而导致 3 号子导线有大电流通过，使拉杆发热断裂，根据模拟通流试验和高温仿真计算，可知拉杆断裂温度约 600℃，拉杆通流 850A。当大号侧拉杆断裂后，3 号子导线不再和其余子导线并联，导致电流不能在大号侧均流，电流流经小号侧时，在小号侧重新分配金具连接处过流，造成 3 号子导线小号侧拉杆断裂。

综上所述，大号侧引流板螺栓连接未采取防松措施是导致该塔 C 相大号侧导线耐张线夹引流板烧损和大、小号侧拉杆断裂的主要原因。

4. 线夹与导线材质不一致、膨胀系数差异导致握力降低

【案例 6-15】　某 220kV 输电线路耐张线夹断裂。

某 220kV 输电线路导线于 2012 年 9 月投运，输电线路导线型号为 ACCC-360/47 型碳纤维复合导线，配套耐张线夹型号为 NY-JRLX/T 361/7.75，2014 年 9 月发生某塔 B 相导线耐张线夹断裂，故障发生时线路负荷为 560MW，该导线电流为 1396A。

耐张线夹铝管断裂，断口位于钢锚侧压接处，断口有明显的延伸及断面收缩现象，表明铝管承受荷载后断裂；耐张线夹钢锚中间外露部分（螺纹及凸台）呈红黑色，没有任何锌层，楔形夹座外表面有红黑色污渍；钢锚挂环处镀锌层破损，呈黑色，且边缘有烧融痕迹。这表明钢锚局部有导流，在大电流下发热致使中间外露部分镀锌层完全融化，挂环处黑灰色灼烧痕迹应为钢锚在导流条件下和连接端 U 形挂环之间放电造成；引流板搭接处有明显高温灼烧痕迹，局部铝材已经融化呈凹坑状，如图 6-58~ 图 6-61 所示。

图 6-58　耐张线夹钢锚侧断裂宏观形貌

图 6-59　耐张线夹铝管侧断裂宏观形貌

图 6-60　钢锚

图 6-61　引流板

楔形夹及夹座的设计材质为 1Cr18Ni9 不锈钢，铝管铝含量为 99.7%，为纯铝，材质与设计相符。解剖钢锚与铝管连接部位，铝管上压接标示线超出钢锚压接区起始端部约 15mm，说明铝管压接标示线定位错误，导致压接终端在钢锚的凸台位置；楔型夹小头侧外露于楔形夹座的长度为 3.24mm，小于 DL/T 5284—2019《碳纤维复合芯铝绞线施工工艺及验收导则》规定的 5mm 要求；常温下楔形夹与碳纤维复合芯连接强度满足要求，故障耐张线夹铝管受高温后力学性能下降，由于压接定位错误，凸台压接后局部突变导致应力集中，承载后断裂。

碳纤维复合芯的线膨胀系数为 $1.6 \times 10^{-6}/℃$，而不锈钢的线膨胀系数为 $15.5 \times 10^{-6}/℃$，线膨胀系数存在较大差异，当线夹温度升高时，造成握着力的降低，于是荷载对铝管发生转移，同样由于温度升高影响，铝管强度降低，当荷载增加到一定程度时，铝管断裂。此时电流由导线铝绞线经铝管、楔形夹座、钢锚、铝管再流向引流板，钢锚局部导流，温度急剧升高，造成表面锌层融化。当温度达到碳纤维复合芯玻璃化转变温度时，造成树脂碳化及楔形夹、楔形夹座膨胀，致使碳纤维复合芯从楔形夹中脱落。

综上所述，铝管压接标示线定位错误造成凸台压接后局部应力集中，大电流下引流板发热致使铝管、楔形夹及夹座温度升高，楔形夹与碳纤维复合芯握着力下降，铝管承载并在应力集中处断裂，钢锚局部导流，最后碳纤维复合芯从楔形夹中脱落。

预防措施：碳纤维复合芯导线线路耐张线夹、接续管的安装应符合 DL/T 5285—2018《输变电工程架空导线（800mm² 以下）及地线液压压接工艺规程》、DL/T 5284—2019《碳纤维复合材料芯架空导线施工工艺导则》要求；楔型夹及夹座材质膨胀系数应与压接导地线膨胀系数相同或接近，避免运行温升造成握着力降低。

5. 设计不当，导致压接定位错误

【案例 6-16】　某 220kV 输电线路线夹设计缺陷。

新型碳纤维复合材料合成导线具有重量轻、强度大、热稳定性好、绝缘性能好、耐腐蚀等特点，越来越广泛应在输电线路用导线，但由于复合材料芯线耐压力弱，需将传统的钢锚改为楔型线夹。某 220kV 线路施工前对耐张线夹外观进行检查，发现耐张线夹连接套、拉环、楔形内模、楔形外模、内衬管表面状况良好。对耐张线夹进行尺寸测量，如图 6-62 所示，其中连接套长度为 761mm、楔形模长度为 178mm、拉环在连接套内有效长度为 170mm、内衬管的长度为 295mm。楔形外模的左端部与内衬管右端部的间距为 118mm。耐张线夹压接示意图如图 6-63 所示，楔形外模的左端部与内衬管右端部的间距允许范围为 25~35mm，由此可见，该批次耐张线夹楔形外模的左端部与内衬管的右端部间距大于标准要求，设计不合格，且耐张线夹连接套靠近引流板端的压接定位区长度大于钢锚凹槽长度，定位的施压区已经延伸至楔形外模处，存在定位错误。

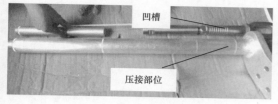

图 6-62　耐张线夹尺寸测量

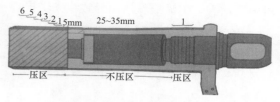

图 6-63　耐张线夹压接示意图

6.压接密封不严，导致线夹内部积水腐蚀

耐张线夹在压接过程中，由于压接工艺不当，除了产生常见的压接质量缺陷如漏电压、欠电压、变形、偏差等外，还可能存在压接密封不严导致线夹内部渗水，紧固件漏装垫片、防松螺母及预紧力矩不符合要求或未紧固等情况。

【案例 6-17】　某 500kV 输电线路耐张线夹内部积水、腐蚀情况。

某 500kV 输电线路"三跨"耐张线夹压接质量 X 射线检测中发现某塔耐张线夹内部下半侧明显存在积水及腐蚀产物现象，说明该耐张线夹存在密封不严，导致线夹内部渗水，长期运行过程中导致钢锚或钢绞线腐蚀，线夹内存在明显腐蚀产物现象，如图 6-64 所示。

图 6-64　耐张线夹内积水腐蚀

线夹内部渗水会导致压接线夹内部钢锚、导线腐蚀，引起接触电阻增大而发热，最终导致断股；内部线夹积水在寒冷地区结冰膨胀易导致线夹开裂。

7.引流板紧固件连接工艺不当，紧固件漏装、未紧固或预紧力矩不够等缺陷

【案例 6-18】　某 500kV 输电线路耐张线夹引流板紧固件漏装垫片、未紧固。

某 500kV 输电线路"三跨"耐张线夹压接质量 X 射线检测中发现某塔引流板极少量螺栓紧固存在漏装垫片、未预紧力紧固等现象，如图 6-65 所示，引流板第一个紧固件螺栓缺少 1 个接触平垫片，且防松螺帽间、螺帽与弹簧垫片间、弹簧垫片与引流板间等均存在较为明显的空隙，说明该螺栓安装及检修过程中未进行紧固或预紧力矩不够。

图 6-65　耐张线夹引流板螺栓连接缺陷

紧固件漏装垫片、防松螺母及预紧力矩不符合要求或未紧固等情况，均会造成引流板接触电阻增大，引流板发热而导致线夹受损。

第四节　线夹

一、线夹金属技术监督要求

线夹外观质量应符合 GB/T 2314、DL/T 757、DL/T 346、DL/T 347 等相关标准要求，引流板不得使用铸造材质；线夹与导地线连接处应避免采用不同金属材料造成的接触电偶腐蚀；压缩型 T 型线夹、设备线夹本体按 GB/T 1196，采用铝含量不低于 99.5% 的铝材制造，选用的挤压铝管抗拉强度应不低于 78MPa；螺栓型 T 型线夹按 GB/T 1173 标准采用 ZL102 铝硅合金制造；设备线夹选用铜材应符合 GB/T 5231 中 T2 制造；线夹压板按 GB/T 700 采用抗拉强度不低于 375MPa 的 Q235 钢板制造，适用于导线截面 250mm^2 以上的线夹、压板应采用铝合金制造。

接触金具（T 型线夹及设备线夹）握着力强度试验，其强度不应小于导地线计算拉断力的 10%。

铜铝过渡板对接焊平面错边不超过 2.0mm，厚度错边不超过 0.5mm；铜板、铝板表面应平整、光洁，局部划伤深度不大于 0.5mm；铜铝对接焊的过渡板在焊接处弯曲 180° 时，焊缝不应断裂。

铜铝过渡线夹宜采用铜铝过渡板或覆铜过渡片，不应采用铜铝对接焊接形式。对于运行的铜铝对接式线夹，不论生产厂家、投运年限、弯折角度，一律要求结合设备停电更换为铜铝复合片（冷轧）型线夹或其他运行可靠的线夹；运行中发现铜铝对接式线夹出现裂纹的，应立即安排停电更换。

钎焊型铜铝线夹外观质量不允许有起皮、起泡、裂纹、母材熔化等缺陷；钎焊接头上不允许残留钎剂；不允许存在外部未焊满、溶蚀、腐蚀斑点、外部气孔、密集型表面气孔等。钎焊内部质量应符合以下要求：焊缝内部不得有裂纹；不得有贯穿性缺陷；缺陷的面积不得超过搭接或对接面积的 25%；任意直线方向的缺陷长度不得大于搭接长度 25%。焊缝的内部无损检测应符合设计规定，当设计文件无规定时，应符合 DL/T 1622《钎焊型铜铝过渡设备线夹超声波检测导则》的规定。

金具的结构应避免积水，室外易积水的线夹应设置排水孔，400mm^2 及以上的压接型设备线夹，朝上 30°~90° 装配应钻直径 6mm 的排水孔。

新建或扩建变电站内的交流一次设备线夹不应使用螺栓连接线夹。

二、线夹典型金属失效案例

1.铜铝过渡线夹

【案例 6-19】 铜铝过渡线夹的典型案例。

铜、铝作为电网常用的载流导体，广泛应用在电网中，因此，不可避免地出现了铜、铝导体的频繁连接问题。当铜、铝导体直接连接时，这两种金属的接触面在空气中水分、二氧化碳和其他杂质的作用下极易形成电解液，从而形成的以铝为负极、铜为正极的原电池，使铝产生电化学腐蚀，造成铜、铝连接处的接触电阻增大。接触电阻的增大，运行中就会引起温度升高。高温下腐蚀氧化就会加剧，产生恶性循环，使连接质量进一步恶化，最后导致接触点温度过高甚至会发生烧毁等事故。

铜与铝连接：在干燥的室内，铜导体应搪锡。室外或空气相对湿度接近 100% 的室内，应采用铜铝过渡线夹，铜端应搪锡。与此相应，铜电缆与铝电缆连接时可采用铜铝连接管，铜电缆和铝导线连接时可采用铜铝端子，铜端应搪锡等。铜铝过渡线夹一般采用摩擦焊、闪光焊等方法，将铜板与铝板相互焊接在一起。这样形成的铜铝过渡线夹，由于其铜铝接触面是相互熔合在一起的，没有间隙，不会在间隙处滞留电解液，所以就不会产生电化学腐蚀。但是，如果焊接时焊接质量不佳，如有未焊透、未熔合、裂纹等缺陷时，在这些缺陷的缝隙里就会滞留水分等电解质，从而引起电化学腐蚀。

铜铝过渡线夹在施工、使用中，经常发生断裂事故，造成变电站设备的损坏，有时甚至会造成大面积停电等电网重特大事故。因此，应提前发现并防止变电站铜铝过渡线夹损坏断裂，避免电网事故。

铜铝过渡线夹失效主要以结构、工艺分析为主，铜铝过渡线夹的结构一般分为对接、搭接形式，如图 6-66 和图 6-67 所示。

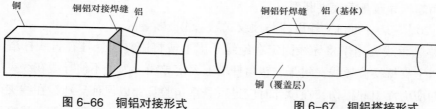

图 6-66　铜铝对接形式　　　　图 6-67　铜铝搭接形式

铜铝过渡线夹对接形式一般采用摩擦焊、闪光焊、钎焊等方法将铜板与铝板焊接在一起，形成铜铝过渡板，再在铜或铝板一边连接铜或铝导线。由于焊接工艺等原因，极易在焊接接头部位产生"未熔合""夹渣""错边"等缺陷，如图 6-68 所示为铜铝对接焊缝断开后存在明显未熔合缺陷。未熔合、夹渣等缺陷的存在阻断了两种金属的连接，引起焊接接头强度降低；运行过程中焊接缺陷易产生裂纹、扩展，最终导致线夹断裂。错边是铜板与铝板在焊接组对时没有对正，焊接后形成过渡线夹一面铜板高，而另一面铝板高的现象。这种缺陷实质上是减少了铜铝过渡线夹的截面积，从而减小了其承载能力，且在截面变化处还易形成应力集中。

施工过程中，由于安装尺寸、角度等差异，易造成过渡线夹弯折，极有可能在铝板一侧产生微裂纹，有时甚至会引起铜铝过渡线夹的焊缝开裂，如图 6-69 所示，铜铝对接焊缝弯曲后在熔合线处开裂。

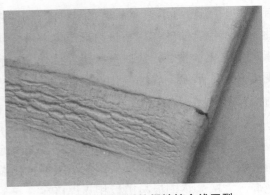

图 6-68 铜铝对接焊缝未熔合缺陷　　　图 6-69 铜铝对接焊缝熔合线开裂

对于搭接形式铜铝过渡线夹，一般采用钎焊连接方法，即采用铜覆盖在铝基体表面，主要存在钎焊裂纹、结合率问题，不符合要求的应要求重新焊接。

对接式铜铝线夹断裂的主要原因为铜铝焊接困难，易存在焊接缺陷，且没有合适的方法进行检测，安装或运行过程中容易弯曲或振动作用下导致疲劳断裂；铜铝焊缝缺陷积液造成电化学腐蚀也是造成开裂的一个重要因素。搭接式铜铝线夹钎焊相对容易，且容易检测，对焊缝质量易于控制，安装或运行过程中不易弯曲，因此，宜采用搭接式铜铝过渡线夹。

2. 悬垂角超标导致悬垂线夹断裂

【案例 6-20】 某 ±800kV 输电线路预绞式悬垂线夹断裂。

架空线路悬垂线夹用于将导线固定在绝缘子串上或将避雷线悬挂在直线杆塔上，也可用于换位杆塔上支持换位导线，耐张、转角杆塔上固定导线。为了不使导线在线夹出口处承受过高的弯曲应力而引起损伤，在设计时应进行悬垂角验算，以保证导地线在线夹两侧出口的实际悬垂角不超过规定的角度。由于预绞式悬垂线夹具有握紧力可靠、能承受高不平衡张力、避免线夹滑移、减少导地线有效应力、避免损伤等特点，广泛应用于输电线路中。预绞式金具相关标准对悬垂线夹悬垂角均有规定：单悬悬垂线夹的双侧悬垂角之和应不小于30°；双悬悬垂线夹的双侧悬垂角之和应不小于60°。

2015 年 3 月，某 ±800kV 直流输电线路检修中发现，某塔极 Ⅱ 地线后侧线夹断裂，前侧线夹损坏；极 Ⅰ 地线后侧线夹损坏如图 6-70 和图 6-71 所示。

图 6-70 极Ⅱ地线后侧线夹断裂　　　图 6-71 极Ⅰ地线后侧线夹损坏

线夹断裂所在耐张段长 1679m，设计风速 27m/s，地线型号为 LBGJ-150-20AC。地线金具组型号为 ZXD1，线夹为预绞式双垂线夹，型号为 CLS-16-150，由两个悬垂线夹组成，单线悬垂角为 10°，标称破坏载荷为 80kN，合计标称破坏载荷为 160kN。该线夹由预绞丝、橡胶衬垫、悬垂套壳和 U 形抱箍组成，预绞丝材质为 LF10 铝合金，直径 6.3mm、长度 2000mm。悬垂套壳材质为 ZL102，U 形抱箍材质为 6061 铝合金。对断裂线夹进行宏观检查，极 I 地线后侧线夹悬垂套壳后方喇叭口下部破裂，U 形抱箍未见明显变形；极 II 地线后侧线夹后方悬垂套壳喇叭口下部破裂延伸至 U 形抱箍内部，U 形抱箍呈 45° 角断裂，如图 6-72 和图 6-73 所示；极 II 地线后侧线夹后方喇叭口下部破裂，U 形抱箍未见明显变形。断口均未见明显气孔、疏松等缺陷，断口未见明显变形，呈脆性断裂。

图 6-72　悬垂套壳断裂宏观形貌

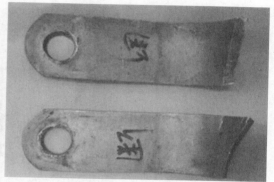

图 6-73　U 形抱箍断裂宏观形貌

对断裂的悬垂套壳、U 形抱箍进行材质、硬度、力学性能分析，均符合要求。对断裂悬垂套壳、U 形抱箍进行金相组织分析，悬垂套壳金相组织如图 6-74 所示，组织为 α 固溶体 + 共晶硅，其中白色枝晶状为初生 α 固溶体，灰色细小点状和针状的颗粒为共晶硅，为典型的变质处理组织；U 形抱箍组织为 α 固溶体 +Mg_2Si+Al_6（FeMn），其中基体为 α 固溶体，黑色颗粒为 Mg_2Si，浅灰色颗粒为 Al_6（FeMn），组织正常，如图 6-75 所示。

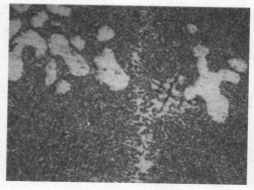

图 6-74　悬垂套壳金相组织

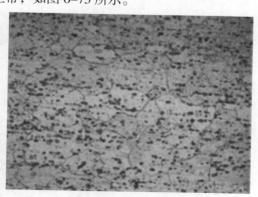

图 6-75　U 形抱箍金相组织

线夹机械强度、握力均满足标准要求。故障线路地线预绞式悬垂线夹设计的单侧悬垂角为 10°，与 DL/T 763—2013《架空线路用预绞式金具技术条件》要求的双悬垂线夹的双侧悬垂角之和不应小于 60° 的规定不符。

综上所述，由于双垂线夹悬垂角偏小，与标准要求不符，在覆冰脱冰跳跃时使地线张力达到悬垂套壳的极限破坏载荷，造成线夹断裂。应加强对线夹悬垂角检查，对不符合要求的预绞式悬垂线夹进行更换。

3. 室外线夹未开设排水孔导致鼓包开裂

【案例 6-21】 设备线夹鼓包开裂。

设备线夹主要用于引下线与电气设备的出线端子连接，架空输电线路导线主要选用钢芯铝绞线，目前，在变电站中，有较多数量的设备线夹存在鼓包开裂现象，严重影响设备安全运行。

变电站中设备线夹材质为 Al99.5，成分符合 GB 2314—2016《电力金具通用技术条件》规定的材质要求。线夹通过重熔 Al99.5 铝锭铸造加工成型，再通过机械加工，分别在线夹接头和末端沿中心线按规定尺寸要求进行镗孔，将连接导线插入其中，采用液压压接而成。运行 8 年即发生在末压区段圆柱体根部与压接区段交界处发生鼓包开裂，鼓包开裂线夹均发生在出线侧朝上，出线侧水平、向下的设备线夹均未发生鼓包开裂现象。

图 6-76　设备线夹鼓包开裂宏观形貌

鼓包开裂设备线夹类型如图 6-76 所示，鼓包位置在圆柱体根部，呈脆性开裂。横向切开线夹压接部位，发现钢芯铝绞线中钢芯、铝绞线股及与线之间均存在明显空隙，且钢芯存在明显腐蚀，如图 6-77 所示，可见，运行过程中雨水易渗入，长期积水对钢芯存在较为严重的腐蚀。对鼓包部位沿轴线纵向剖开，发现设备线夹跟导线压接开始端有一鼓包成杯状空腔，杯状空腔内未见导线压接留下来的痕迹，线夹底部未见开排水孔，如图 6-78 所示。室外易积水的线夹应设置排水孔，排水孔的直径不小于 6mm，典型结构如图 6-79 所示。

图 6-77　设备线夹压接部位钢芯铝绞线情况

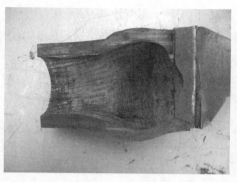
图 6-78　设备线夹鼓包开裂内腔宏观形貌

图 6-79　线夹空腔内底部开排水孔

对该设备线夹进行化学成分、力学性能分析，均符合要求。

对鼓包开裂部位进行金相分析，杯状空腔底部与侧壁交界处金相组织为柱状晶粒，且发生较大塑性变形，晶界严重弯曲，裂纹前沿有较大孔洞，应为铸造疏松，沿晶界分布，在应力作用下形成孔洞并开裂。

鼓包开裂线夹均发生在出线侧朝上，且设备线夹端头存在空腔，出线侧端头不能完全将外部环境与空腔密封，因此，雨、雪等通过出线侧顺着导线空隙渗入设备线夹底部空腔内积蓄，在低温环境温度下，空腔内积水被封闭并凝固，水结成冰产生的体积膨胀造成的应力在空腔薄弱部位产生塑性变形，导致鼓包开裂。

综上所述，设备线夹在易积水结构处未开设排水孔，线夹末端内腔由于渗水积满在低温环境温度下冰冻，且空腔根部由于铸造工艺因素导致晶粒粗大而强度降低，内腔积水结冰体积膨胀应力在空腔薄弱部位鼓包而导致开裂。

因此，应改善线夹施工工艺，采用防渗措施，压接后将出线侧及导线、线夹空腔内均封堵，防止空腔内积水；优化线夹结构，金具结构应避免积水，在空腔根部最下端开排水孔，使空腔底部开放，杜绝线夹空腔内积水。优化线夹铸造工艺，减少铸造缺陷，提高线夹铸造性能。

第五节　其他金具

金具在输变电设施中，主要用于支持、固定和连接导线、导体及绝缘子连接成串，亦用于保护导线和绝缘子。按金具的主要性能和用途，可以分为以下几类：

（1）悬吊金具，又称支持金具或悬垂线夹。主要用于悬挂导线与绝缘子串上及悬挂跳线与绝缘子串上。

（2）锚固金具，又称紧固金具或耐张线夹。主要用于紧固导线终端，使其固定在耐张绝缘子串上，也用于避雷线终端的固定及拉线的锚固。锚固金具承担导线、避雷线的全部张力，有时亦作为导电体。

（3）连接金具，又称挂线零件。主要用于绝缘子连接成串及金具与金具的连接，主要承受机械载荷。

（4）接续金具。专用于接续各种裸导线、避雷线，接续金具承担与导线相同的电气负荷，大部分接续金具承担导线或避雷线的全部张力。

（5）防护金具。用于保护导线、绝缘子等，如保护绝缘子用的均压环，防止绝缘子串上拔用的重锤及防止导线振动的防振锤、护线条等。

（6）接触金具。用于硬母线、软母线与电气设备的出线端子相连接，导线的 T 接头及不承力的并线连接等，大部分固定金具不作为导电体，仅起固定、支持和悬吊的作用，但这些金具是用于大电流，故所有元件均应无磁滞损失。

按架空电力线路金具和配电装置金具分为两大体系，共八类：

（1）悬垂线夹类，以字母 C 表示，包含固定、释放、有限握力。

（2）耐张线夹类，以字母 N 表示，包含螺栓、压缩、楔形、螺旋。

（3）连接金具类，无分类代表字母，型号首字按产品名称首字，但不与分类代表字母重复，包含球 – 窝、板 – 螺栓、链 – 环。

（4）接续金具类，以字母 J 表示，包含异形管、圆形管、螺旋线。

（5）防护金具类，以字母 F 表示，包含导线防护、绝缘防护。

（6）T 接金具类，以字母 T 表示，包含 T 接金具、设备金具、伸缩节。

（7）设备线夹类，以字母 S 表示。

（8）母线金具类，以字母 M 表示。

一、金具金属技术监督要求

金具通用技术应符合 GB/T 2314《电力金具通用技术条件》要求，制造质量应符合 DL/T 768.1 ~ 7《电力金具制造质量》的要求，机械性能试验按 GB/T 2317.1《电力金具试验方法 第 1 部分：机械试验》执行。

悬垂线夹、耐张线夹、设备线夹、T 型线夹、接续金具、连接金具应分别符合 DL/T 756《悬垂线夹》、DL/T 757《耐张线夹》、DL/T 346《设备线夹》、DL/T 347《T 型线夹》、DL/T 758《接续金具》、DL/T 759《连接金具》要求，均压环、屏蔽环和均压屏蔽环应符合 DL/T 760.3《均压环、屏蔽环和均压屏蔽环》要求，预绞式金具应符合 DL/T 763《架空线路用预绞式金具技术条件》、DL/T 766《光纤复合架空地线 (OPGW) 用预绞式金具技术条件和试验方法》要求，间隔棒、防振锤应符合 DL/T 1098《间隔棒技术条件和试验方法》、DL/T 1099《防振锤技术条件和试验方法》要求，母线固定金具应符合 DL/T 696《软母线固定金具》、DL/T 697《硬母线金具》要求。

悬式绝缘子铁帽、钢脚应分别符合 JB/T 8178《悬式绝缘子铁帽技术条件》、JB/T 9677《盘形悬式绝缘子钢脚》的规定。

接线端子板的电气接触面必须光洁，粗糙度为 12.5 μm，且平整，具有良好的电气接触性能。软母线和线夹连接应采用液压压接或螺栓连接。

金具的结构应避免积水。

材料要求：

金具的可锻铸件应符合 GB/T 9440《可锻铸铁件》规定的牌号及技术条件，球墨铸铁件应符合 GB/T 1348《球墨铸铁件》规定的牌号及技术条件。铸件表面不允许有裂纹、缩孔，重要部位（不允许降低破坏荷重的部位）不允许有气孔、渣眼、砂眼及飞边等缺陷。线夹、压板的线槽和喇叭口不允许有毛刺、锌刺等。电力金具闭口销应采用 GB/T 1220《不锈钢棒》规定的奥氏体不锈钢，推荐采用 06Cr19Ni10N。

钢制件的剪切、压型和冲孔，不允许有毛刺、开裂和叠层等缺陷。U 形螺丝的螺纹应符合粗牙普通螺纹 4 级 7H/8g。

铜、铝件表面应光滑、平整，不应有裂纹、起泡、起皮、夹渣、压折、气孔、砂眼、严重划伤及分层等缺陷，铜、铝件电气接触面不允许有碰伤、划伤、斑点、凹坑等缺陷。铜、铝件钻孔应倒棱角去刺，铸铝件不允许冲孔。拉制和挤压铝管均应进行退火处理，其布氏硬度不大于 25，退火产生的氧化色不允许存在。以铜合金材料制造的金具，其铜含量应不低于 80%；钢质接续管应选用含碳量不大于 0.15% 的优质钢，铝制压缩件应采用纯度不低于 99.5% 的铝。

金具检查要求：①零件配套齐全，规格型号与设计相符；②表面光滑，无裂纹、毛刺、伤痕、砂眼、锈蚀、滑扣等缺陷，锌层不应剥落；③线夹船型压板与导线接触面应光滑平整，悬垂线夹的转动部分应灵活；④导线切面应整齐、无毛刺，并应与线股轴线垂直，钢芯铝绞线切割铝线时，不得伤及钢芯；⑤设备入网前应对金具进行抽查，抽查比例不小于 10%，符合相应规范要求；电力金具闭口销材质检测每个厂家抽查 5 个。

10mm 及以上冰区且为 C 级及以上污区并发生过冰闪的线路，导线悬垂串宜采用 V 型、八字型、大小伞插花 I 型绝缘子串、防覆冰复合绝缘子等措施防止冰闪。

在役运行检修阶段重点监督：金具本体不得出现变形、锈蚀、烧损、裂纹、腐蚀或磨损后的安全系数小于 2.0（或低于原值的 80%）等，固定金具不得脱落、松动，接续金具不得有裂纹、径缩、鼓包、滑移、弯曲度超 2% 或出口处断股等情况，防振锤、阻尼线、间隔棒等防振金具不得发生位移、变形、脱落，屏蔽环、均压环不应出现松动、位移、断裂、变形，金具附件不得有缺失，紧固件连接不得出现松动、附件缺失、紧固力矩应符合要求。金具外观检查每 3 年进行一次，间隔棒检查投运后紧固一次、每 2 年抽查一次；在负荷较大时，直线接续金具应每 4 年抽测，不同金属接续金具及并沟线夹、跳线连接板、压接式耐张线夹每年抽测。

二、金具典型金属失效案例

1. 规格与设计不符

【案例 6-22】 某 220kV 输电线路碗头挂板型号与设计不符导致断裂。

对某 220kV 一线碗头挂板进行了金相分析，如图 6-80 所示，碗头挂板金相组织为铁素体基体＋团絮状石墨。GB 9440—2010《可锻铸铁件》中规定可锻铸铁的金相组织有：铁素体基体＋团絮状石墨，珠光体基体＋团絮状石墨，铁素体＋退火碳，珠光体＋退火碳或珠光体＋铁素体＋退火碳。可见，金相组织符合 GB 9440—2010《可锻铸铁件》标准的要求。

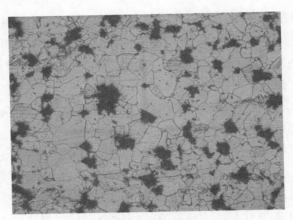

图 6-80　碗头挂板金相组织

对断裂碗头挂板进行硬度试验分析，碗头挂板的平均硬度值为 HB137，符合要求。

对 220kV 线路碗头挂板核查设计，设计规格为 WS-16，实际为 WS-10，设计载荷为 16t，实际为 10t，与设计不符。

不符合设计承载要求是碗头挂板断裂的主要原因。

【案例 6-23】　某 220kV 线挂线联板规格与设计不符导致断裂。

某 220kV 线路于 2006 年 8 月投运。线路长度为 18.02km。导线型号为 2XLGJ-630/45，地线型号为一根 OPGW-1 型复合光缆，一根为 JLB40-185。冰冻期间导线覆冰厚度为 22~25mm，地线覆冰厚度为 28~30mm。2008 年 1 月 25 日，故障跳闸，重合不成功，经查线发现，2 号耐张塔上相后串绝缘子横担侧挂线联板（型号为 Q355-26X340，材质为 Q355）断脱，绝缘子串掉落，并由跳线拉住后未坠地。挂线联板断裂存在明显塑性变形，为强力作用下拉断，如图 6-81 所示。对联板尺寸进行测量，实测厚度为 11.75/11.59mm，设计厚度应为 26mm，与设计不符。

图 6-81　挂线联板断裂宏观形貌

联板厚度达不到设计要求是断裂的主要原因；应对全线进行检查，如发现存在与设计不符的，应进行更换处理。

2. 材质不合格

【案例 6-24】　110kV 线路楔形线夹材质不合格导致断裂。

对某 110kV 线路断裂楔形线夹进行了金相分析，如图 6-82 所示，楔形线夹金相组织为珠光体＋莱氏体。GB 9440—2010《可锻铸铁件》中规定可锻铸铁的金相组织有：铁素体基体＋团絮状石墨，珠光体基体＋团絮状石墨，铁素体＋退火碳，珠光体＋退火碳或珠光体＋铁素体＋退火碳。可见，该楔形线夹金相组织不符合 GB 9440—2010《可锻铸铁件》标准的要求。

图 6-82　楔形线夹金相组织

对断裂楔形线夹进行硬度试验分析，其中楔形线夹平均硬度值为 HB164，不符合 DL/T 768.1—2017《电力金具制造质量　第 1 部分：可锻铸铁件》的不大于 HB150 要求。

可见，金相、硬度不合格，是造成楔形线夹断裂的主要原因。

【案例 6-25】　某 35kV 输电线路球头挂环组织异常导致断裂。

某 35kV 输电线路的球头挂环连续断裂 2 次，设计材质为黑心可锻铸铁。对该断裂球头挂环进行分析，发现断裂球头挂环金相组织为铁素体＋片状石墨，片状石墨在原奥氏体晶界分布，如图 6-83 所示；GB 9440—2010《可锻铸铁件》中规定黑心可锻铸铁的金相组织有：铁素体基体＋团絮状石墨，如图 6-84 所示。可见，断裂球头挂环金相组织异常。

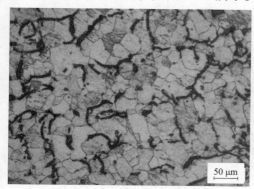

图 6-83　球头挂环金相组织

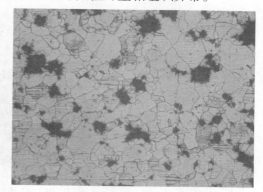

图 6-84　黑心可锻铸铁正常金相组织

综上所述，球头挂环金相组织异常，片状石墨呈晶界分布，显著减低了材料强度及塑性，在运行应力作用下导致断裂。

因而，应加强对输电线路上金具存在用材规格不符问题检查，确保实际用材规格、材质与设计一致，在新建及改造输电线路建设中，应加强材料监督，防止因错用材质、规格问题而影响今后线路安全运行。

3. 制造、加工或安装工艺不当造成缺陷

电力金具的生产厂家遍布全国，产品单元不同、品种不同，生产规模差别很大，生产能力及技术条件也各异，因而，容易产生一些因加工工艺因素而产生的质量问题。如铸造金具容易产生因铸造工艺而产生如热裂、疏松缩孔、气孔、砂眼、毛刺和夹杂等缺陷；锻造金具表面可能存在有裂纹、重皮等缺陷；锻模件的联结、接触部位可能存在错型、毛刺、叠层等缺陷；镀锌工艺也会产生表面镀锌厚度不均匀现象等；连接部位接触不良，存在发热问题，异种材料焊接质量不良容易引起咬边、裂纹、气孔、夹渣等缺陷，这些缺陷一旦位于主要受力部位，将可能影响今后金具的安全运行。

金具几何尺寸不符，则会影响机械强度。如金具加工孔槽不符合设计要求，弯曲曲率不符合要求等，均会引起金具强度降低、附加应力增加等，从而影响金具安全运行。因此，针对金具制造工艺，应该重点考虑如何检出制造过程中可能产生的内外部缺陷；针对金具结构几何特点以及受力状况，应重点加强对其表面质量及几何因素导致的应力集中部位可能造成强度降低及容易产生疲劳源的缺陷的检验。

安装过程中，金具安装不到位、偏斜等增加附加应力；接头部位接触不良或压接不到位等，金具内凹空隙或压接空隙应尽可能小，防止潮气或雨水渗入，恶化金具性能等，将可能影响金具安全运行。

因此，上述问题如果不能及时发现并彻底处理势必成为运行后事故隐患。因而应保证制造及安装质量，加强使用安装及运行等过程中的检验，杜绝超标缺陷遗留在今后的设备运行中去。

【案例 6-26】 某 500kV 输电线路球头挂环断裂。

某 500kV 输电线路某塔 A 相一个球头挂环发生断裂，并引发导线掉地事故。该球头挂环型号为 QP-21R，材料为 65Mn 钢。

图 6-85　球头挂环断裂宏观形貌

宏观检查发现，该球头挂环在颈部位置沿横断面断裂，断口齐平，未见明显的塑性变形，如图 6-85 所示。对断面宏观检查发现，断口边缘有一小块区尖端区域颜色发暗，表面光滑细腻，为裂纹源，随之区域可看到清晰的贝壳纹花样，即呈同心圆状从边缘向心部扩展的弧线。其余大块区域断口颜色鲜亮，有金属光泽，表面粗糙，呈结冰糖葫芦状。从断口的宏观形貌看，具有明显的疲劳断裂特征，小块深色区域为疲劳源和疲劳裂纹扩展区，其余断

面为裂纹瞬断区，呈脆性断裂，如图 6-86 所示。

图 6-86　球头挂环断面宏观形貌

对断裂球头挂环进行化学成分、硬度试验分析，其中化学成分符合要求，硬度为 HB280；对断裂球头挂环进行金相组织分析，组织为珠光体 + 铁素体，表面有脱碳现象。

综上所述，65Mn 钢强度高，具有一定的韧性和塑性，对表面缺口具有敏感性，尤其在表面脱碳情况下，缺口敏感性增加。球头挂环表面存在缺口，且表面脱碳，在运行应力、风振动等作用下，在缺口处产生疲劳断裂。

【案例 6-27】　某 500kV 变电站阻波器吊环加工工艺不当导致断裂。

2009 年 8 月，某 500kV 变电站 C 相阻波器靠 B 相侧吊环断裂，阻波器悬垂至临近的 A 字水泥杆，发生单相接地，C 相重合后再三跳闸。材质为 0Cr18Ni9 不锈钢，规格 ϕ17mm。

宏观检查发现，失效吊环断裂位置为焊接接头区域，沿横截面裂开，裂纹扩展导致吊环受力面减小最后发生断裂失效。同时，对其他样品外观检查发现，焊缝表面存在气孔、母材表面存在压痕、重皮等缺陷；无损检测发现所送样品中的 4 个吊环中 3 个吊环在相同部位即焊接接头区域存在环形裂纹，如图 6-87 所示。

对裂纹部位进行金相分析，组织为奥氏体，裂纹萌芽于熔合线区域，为沿晶开裂，如图 6-88 所示。

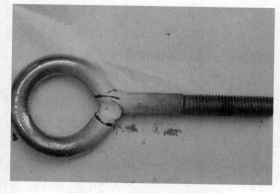

图 6-87　吊环裂纹宏观形貌

图 6-88　吊环金相组织

由于吊环弯曲成型后变形量大，且焊接时为刚性连接，焊接拘束大，导致焊后残余应力大，且焊后未重新进行固溶处理 + 稳定化处理，奥氏体不锈钢晶间腐蚀敏感性增加，在周围空气、雨水等环境下，在焊接接头薄弱部位产生晶间腐蚀裂纹。冷加工变形大、焊接等成型后未重新固溶处理，造成奥氏体不锈钢晶间腐蚀敏感性增大，是造成开裂的主要原因。因此，吊环选材应符合 GB/T 2314—2008《电力金具通用技术条件》要求，应不易出现金属材料晶粒间或应力腐蚀；焊缝采用全焊透结构，不允许有未焊透、咬边等缺陷；采用奥氏体不锈钢时，冷加工、焊接成型后应进行固溶处理。

4. 金具腐蚀与磨损问题

电力金具在大气中运行，受自然条件、附近污染程度等的影响，其腐蚀程度不一。在海洋气候及大气污染环境的影响下，腐蚀更为严重。金具腐蚀的主要原因有电解腐蚀、电化学腐蚀、钢脚氧化以及锈蚀等。

图 6-89 所示为某 500kV 输电线路绝缘子钢脚腐蚀情况，钢脚锈蚀严重，钢脚部分已经减薄严重。在役高压输电线路中，因腐蚀而造成金具减薄，从而直接影响机械强度及端部密封结构，危及金具以及输电线路的安全运行。

图 6-89　某 500kV 线路钢脚腐蚀情况

由于架空导线长期处于大气环境下，受到风、雨或雪的激励而产生弯曲振动，在线夹处及金具固接处易发生因磨损而断线和断股、金具失效等事故。金具磨损较为严重的是在悬垂绝缘子串上及悬垂地线固定件上，地线固定连接件、销－孔型铰接与链型连接件均易产生磨损。在风速增大以及铁塔跨度增大、雪、结冰情况下，磨损加剧。

金具磨损一般受到机械磨损和腐蚀磨损。当金具的内凹内表面渗入雨水或润湿气体时，从而加速腐蚀情况，腐蚀状态下表面磨损速度也会加剧。在单纯机械磨损情况下的金具也会伴随着附近空气的锈蚀，因此，金具磨损一般是腐蚀与磨损相结合。

图 6-90 所示为某 500kV 线路铰接孔磨损情况，磨损与锈蚀相结合，在磨损过程中，销孔已经变形，上线夹销子也产生一个很明显磨损减薄。可见，电力金具磨损会使零件接触区扩口，并挤出金属而零件截面减小，导致其工作截面减小和强度降低。因而，应加强电力金具磨损与防护，加强统计和研究金具机械磨损和腐蚀磨损过程，加强对区域输电线路金具磨损情况进行统计归类，以便通过统计调查磨损规律，根据线路金具元件在架空线路上的运行时间，定期拆除磨损部件，确保输电线路安全运行。

图 6-90　某 500kV 线路金具磨损情况

参考文献

[1] 王藏柱，杨晓红.输电线路导线的振动与防振 [J].电力情报，2002，（1）：69-70.

[2] 熊亮，刘纯，何德家，等.500kV 输电导线断股分析 [J].湖南电力，2009，29（2）：49-51.

[3] 黄其励，高元楷，等.电力工程师手册（电气卷）[M].北京：中国电力出版社，2002.

[4] 全国裸电线标准化技术委员会.架空绞线用镀锌钢线：GB/T 3428—2012[S].北京：中国标准出版社，2012.

[5] 张涛，高云鹏，田峰，等.500 kV 超高压输电线路架空地线频繁断股原因分析 [J].内蒙古电力技术，2019，37（1）：11-15.

[6] 易永亮，田应富，谭劲，等.500 kV 输电线路地线融冰改造后地线锈蚀分析及对策 [J].南方电网技术，2017，11（4）：23-29.

[7] 陈云.高压 XLPE 电缆缓冲层故障特征与机理 [D].华南理工大学，2019.

[8] 郭红霞.电线电缆材料：结构·性能·应用 [M].北京：机械工业出版社，2012.

[9] 冯超，李伟，曹先慧，等.220kV 电缆缓冲层烧蚀缺陷射线检测方法 [J].湖南电力，2020，40（5）：43-46.

[10] 刘凤莲，朱军，卢金奎，等.一起由接地工艺引起的 220kV 高压电缆故障分析 [J].四川电力技术，2019，42（3）：64-67.

[11] 黄锋，李婧.一起 35kV 电缆中间接头故障分析及对策研究 [J].电力与能源，2019，40（2）：165-167.

[12] 龙会国，龙毅，陈红冬.铝母线焊缝质量情况分析与对策 [J].焊接技术.2011，40（5）：56-59.

[13] 谢亿，李文波，胡加瑞，等.220kV 支持式母线隐患分析及治理措施 [J].吉林电力，2016，44（2）：52-54.

[14] 刘纯，陈红冬，欧阳克俭，等.碳纤维复合芯导线耐张线夹断裂分析 [J].中国电力.2015（10）：97-100.

[15] 胡加瑞，谢亿，刘纯，等.输电线路耐张线夹典型缺陷探析 [J].华北电力技术，2013，（4）：34-37.

[16] 吴章勤.铜铝过渡线夹的失效与检验 [J].云南电力技术，2006，（5）：30-31.

[17] 刘纯，唐远富，欧阳克俭，等.±800 kV 输电线路预绞式悬垂线夹断裂分析 [J].湖南电力.2017（2）：46-50.

[18] 徐雪霞，欧阳杰，冯砚厅，等.设备线夹开裂失效原因分析 [J].热加工工艺，2011，40（13）：160-163.

[19] 谢亿，陈军君，牟申周，等.电网铸铝件典型失效形式 [J].铸造技术，2012，33（4）：423-425.

[20] 董吉谔.电力金具手册 [M].北京：中国电力出版社，2001.

[21] 谢亿，刘纯，陈红冬，等.电网金属部件材质失效分析与策略 [J].华中电力，2012，25（3）：57-59.

附录 A 电网设备金属监督相关标准

1. 监督管理

《特种设备安全监察条例》

DL/T 1424《电网金属技术监督规程》

JB/T 3223《焊接材料质量管理规程》

《防止电力生产事故的二十五项重点要求》

Q/GDW 11717《电网设备金属技术监督导则》

Q/CSG 211006—2018《中国南方电网有限责任公司反事故措施管理办法》

国家电网运检〔2015〕556号《国家电网公司关于印发构架避雷针反事故措施及相关故障分析报告的通知》

国家电网运检〔2015〕902号《国家电网公司关于印发户外GIS设备伸缩节反事故措施和故障分析报告的通知》

2. 设计

GB50017《钢结构设计标准》

GB50009《建筑结构荷载规范》

GB50061《66kV及以下架空电力线路设计规范》

GB 50545《110kV~750kV架空输电线路设计规范》

DL/T 5092《110kV~150kV架空送电线路设计技术规程》

DL/T 5130《架空送电线路钢管杆设计技术规定》

DL/T 5154《架空输电线路杆塔结构设计技术规定》

DL/T 5219《架空输电线路基础设计技术规程》

DL/T 5220《10kV以下架空配电线路设计技术规程》

DL/T 5254《架空输电线路钢管塔设计技术规定》

DL/T 5457《变电站建筑结构设计技术规程》

3. 材料

GB 1179《铝绞线及钢芯铝绞线》

GB/T 470《锌锭》

GB/T 699《优质碳素结构钢》

GB/T 700《碳素结构钢》

GB/T 702《热轧钢棒尺寸、外形、重量及允许偏差》

GB/T 706《热轧型钢》

GB/T 709《热轧钢板和钢带的尺寸、外形、重量及允许偏差》

GB/T 1173《铸造铝合金》

GB/T 1176《铸造铜及铜合金》

GB/T 1179《圆线同心绞架空导线》

GB/T 1196《重熔用铝锭》

GB/T 1220《不锈钢棒》

GB/T 1222《弹簧钢》

GB/T 1348《球墨铸铁件》

GB/T 1591《低合金高强度结构钢》

GB/T 2040《铜及铜合金板材》

GB/T 3077《合金结构钢》

GB/T 3091《低压流体输送用焊接钢管》

GB/T 3190《变形铝及铝合金化学成分》

GB/T 3280《不锈钢冷轧钢板和钢带》

GB/T 3880.1《一般工业用铝及铝合金板、带材　第 1 部分：一般要求》

GB/T 3880.2《一般工业用铝及铝合金板、带材　第 2 部分：力学性能》

GB/T 3880.3《一般工业用铝及铝合金板、带材　第 3 部分：尺寸偏差》

GB/T 3952《电工用铜线坯》

GB/T 3953《电工圆铜线》

GB/T 3956《电缆的导体》

GB/T 4436《铝及铝合金管材外形尺寸及允许偏差》

GB/T 5231《加工铜及铜合金牌号和化学成分》

GB/T 5584.1《电工用铜、铝及其合金扁线　第 1 部分：一般规定》

GB/T 5584.2《电工用铜、铝及其合金扁线　第 2 部分：铜扁线的要求》

GB/T 5585.1《电工用铜、铝及其合金母线　第 1 部分：铜和铜合金母线》

GB/T 5585.2《电工用铜 铝及其合金母线　第 2 部分：铝和铝合金母线》

GB/T 6892《一般工业用铝及铝合金挤压型材》

GB/T 8162《结构用无缝钢管》

GB/T 9440《可锻铸铁件》

GB/T 9439《灰铸铁件》

GB/T 9799《金属及其他无机覆盖层　钢铁上经过处理的锌电镀层》

GB/T 11352《一般工程用铸造碳钢件》

GB/T 12608《热喷涂　火焰和电弧喷涂用线材、棒材和芯材　分类和供货技术条件》

GB/T 14315《电力电缆导体用　压接型铜、铝接线端子和连接管》

GB/T 15115《压铸铝合金》

GB/T 2518《连续热镀锌和锌合金镀层钢板及钢带》

GB/T 25052《连续热浸镀层钢板和钢带尺寸、外形、重量及允许偏差》

YB/T 124《铝包钢绞线》

YB/T 183《稀土锌铝合金镀层钢绞线》

YB/T 5004《镀锌钢绞线》

YS/T 454《铝及铝合金导体》

YS/T 615《导电用铜棒》

DL/T 247《输变电设备用铜包铝母线》

DL/T 832《光纤复合架空地线》

DL/T 1312《电力工程接地用铜覆钢技术条件》

4. 设备制造、安装、施工及运行检修

GB 93《标准型弹簧垫圈》

GB 3906《3.6kV～40.5kV 交流金属封闭开关设备和控制设备》

GB 50149《电气装置安装工程母线装置施工及验收规范》

GB 50169《电气装置安装工程接地装置施工及验收规范》

GB 50205《钢结构工程施工质量验收规范》

GB 50212《建筑防腐工程施工及验收规范》

GB 50233《110kV～750kV 架空输电线路施工及验收规范》

GB 50389《750kV 架空送电线路施工及验收规范》

GB 5273《高压电器端子尺寸标准化》

GB 7674《额定电压 72.5kV 及以上气体绝缘金属封闭开关设备》

GB/T 41《1 型六角螺母　C 级》

GB/T 90.1《紧固件验收检查》

GB/T 90.2《紧固件标志与包装》

GB/T 91《开口销》

GB/T 95《平垫圈　C 级》

GB/T 197《普通螺纹》

GB/T 772《高压绝缘子瓷件技术条件》

GB/T 953《等长双头螺柱　C 级》

GB/T 1000《高压线路针式瓷绝缘子尺寸与特性》

GB/T 1001.1《标称电压高于 1000V 的架空线路绝缘子　第 1 部分：交流系统用瓷或玻璃绝缘子元件　定义、试验方法和判定准则》

GB/T 3098.6《紧固件机械性能不锈钢螺栓、螺钉、螺柱》

GB/T 3103.1《紧固件公差》

DL/T 5779.1《紧固件表面缺陷　螺栓、螺钉和螺柱　一般要求》

GB/T 5779.2《紧固件表面缺陷　螺母》

GB/T 5780《六角头螺栓　C 级》

GB/T 5781《六角头螺栓　全螺纹　C 级》

GB/T 6179《1 型六角开槽螺母　C 级》

GB/T 22028《热浸镀锌螺纹》

GB/T 24588《不锈弹簧钢丝》

GB/T 28699《钢结构防护涂装通用技术条件》

GB/T 18592《金属覆盖层　钢铁制品热浸镀铝　技术条件》

GB/T 2694《输电线路铁塔制造技术条件》

GB/T 4623《环形混凝土电杆》

GB/T 5223《预应力混凝土用钢丝》

GB/T 23934《热卷圆柱螺旋压缩弹簧　技术条件》

GB/T 8320《铜钨及银钨电触头》

GB/T 8287.1《标称电压高于 1000V 系统用户内和户外支柱绝缘子　第 1 部分：瓷或玻璃绝缘子的试验》

GB/T 8287.2《标称电压高于 1000V 系统用户内和户外支柱绝缘子　第 2 部分：尺寸与特性》

GB/T 4109《交流电压高于 1000V 的绝缘套管》

GB/T 21206《线路柱式绝缘子特性》

GB/T 2314《电力金具通用技术条件》

GB/T 2315《电力金具标称破坏载荷系列及连接型式尺寸》

GB/T 2341《设备线夹》

GB/T 5075《电力金具名词术语》

JB/T 8178《悬式绝缘子铁帽技术条件》

JB/T 9677《盘形悬式绝缘子钢脚》

JB/T 9680《高压架空输电线路地线用绝缘子》

JGJ81《建筑钢结构焊接技术规程》

DL/T 134《电力金具用闭口销》

DL/T 284《输电线路杆塔及电力金具用热浸镀锌螺栓与螺母》

DL/T 342《额定电压 66kV ~ 220kV 交联聚乙烯绝缘电力电缆接头安装规程》

DL/T 344《额定电压 66kV ~ 220kV 交联聚乙烯绝缘电力电缆户外终端安装规程》

DL/T 346《设备线夹》

DL/T 347《T 型线夹》

DL/T 486《高压交流隔离开关和接地开关》

DL/T 617《气体绝缘金属封闭开关设备技术条件》

DL/T 618《气体绝缘金属封闭开关设备现场交接试验规程》

DL/T 646《输变电钢管结构制造技术条件》

DL/T 678《电力钢结构焊接通用技术条件》

DL/T 696《软母线固定金具》

DL/T 697《硬母线金具》

DL/T 741《架空送电线路运行规程》

DL/T 754《母线焊接技术规程》

DL/T 756《悬垂线夹》

DL/T 757《耐张线夹》

DL/T 758《接续金具》

DL/T 759《连接金具》

DL/T 760.3《均压环、屏蔽环和均压屏蔽环》

DL/T 763《架空线路用预绞式金具技术条件》

DL/T 764《电力金具用杆部带销孔六角头螺栓》

DL/T 768.1 ~ 7《电力金具制造质量》

DL/T 865《126kV ~ 550kV 电容式瓷套管技术规范》

DL/T 1236《输电杆塔用地脚螺栓与螺母》

DL/T 1249《架空输电线路运行状态评估技术导则》

DL/T 1315《电力工程接地装置用放热焊剂技术条件》

DL/T 1342《电气接地工程用材料及连接件》

DL/T 1453《输电线路铁塔防腐蚀保护涂装》

DL/T 5284《碳纤维复合材料芯架空导线施工工艺导则》

DL/T 5285《输变电工程架空导线 (800mm² 以下) 及地线液压压接工艺规程》

Q/GDW 11257《10kV 户外跌落式熔断器选型技术原则和检测技术规范》

Q/GDW 11651.1《变电站设备验收规范 第 1 部分：油浸式变压器（电抗器）》

Q/GDW 11651.2《变电站设备验收规范 第 2 部分：断路器》

Q/GDW 11651.4《变电站设备验收规范 第 4 部分：隔离开关》

Q/GDW 11651.5《变电站设备验收规范 第 5 部分：开关柜》

Q/GDW 11651.12《变电站设备验收规范 第 12 部分：母线及绝缘子》

Q/GDW 11651.13《变电站设备验收规范 第 13 部分：穿墙套管》

Q/GDW 11651.21《变电站设备验收规范 第 21 部分：端子箱及检修电源箱》

Q/GDW 11651.25《变电站设备验收规范 第 25 部分：构支架》

Q/GDW 11651.28《变电站设备验收规范 第 28 部分：避雷针》

5. 试验、检验检测

ISO 4628《色漆和清漆 涂层老化的评定》

GB/T 222《钢的成品化学成分允许偏差》

GB/T 228.1《金属材料 拉伸试验 第 1 部分：室温试验方法》

GB/T 229《金属材料 夏比摆锤冲击试验方法》

GB/T 230.1《金属材料 洛氏硬度试验 第 1 部分：试验方法》

GB/T 231.1《金属材料 布氏硬度试验 第 1 部分：试验方法》

GB/T 1723《涂料粘度测定法》

GB/T 1732《漆膜耐冲击测定法》

GB/T 2317.1《电力金具试验方法 第 1 部分：机械试验》

GB/T 2317.4《电力金具试验方法 第 4 部分：验收规则》

GB/T 2650《焊接接头冲击试验方法》

GB/T 2975《钢及钢产品力学性能试验取样位置及试验制备》

GB/T 32791《铜及铜合金导电率涡流测试方法》

GB/T 4334《金属和合金的腐蚀　不锈钢晶间腐蚀试验方法》

GB/T 4340.1《金属材料　维氏硬度试验　第 1 部分：试验方法》

GB/T 4956《磁性基体上非磁性覆盖层　覆盖层厚度测量　磁性法》

GB/T 5210《色漆和清漆　拉开法附着力试验》

GB/T 7998《铝合金晶间腐蚀测定方法》

GB/T 9286《色漆和清漆　漆膜的划格试验》

GB/T 8923.1《涂覆涂料前钢材表面处理　表面清洁度的目视评定　第 1 部分：未涂覆过的钢材表面和全面清除原有涂层后的钢材表面的锈蚀等级和处理等级》

GB/T 8923.2《涂覆涂料前钢材表面处理　表面清洁度的目视评定　第 2 部分：已涂覆过的钢材表面局部清除原有涂层后的处理等级》

GB/T 8923.3《涂覆涂料前钢材表面处理　表面清洁度的目视评定　第 3 部分：焊缝、边缘和其他区域的表面缺陷的处理等级》

GB/T 8923.4《涂覆涂料前钢材表面处理　表面清洁度的目视评定　第 4 部分：与高压水喷射处理有关的初始表面状态、处理等级和闪锈等级》

GB/T 10125《人造气氛腐蚀试验盐雾试验》

GB/T 11345《焊缝无损检测　超声检测技术、检测等级和评定》

GB/T 13288.1《涂覆涂料前钢材表面处理　喷射清理后的钢材表面粗糙度特性　第 1 部分：用于评定喷射清理后钢材表面粗糙度的 ISO》

GB/T 13288.2《涂覆涂料前钢材表面处理　喷射清理后的钢材表面粗糙度特性　第 2 部分：磨料喷射清理后钢材表面粗糙度等级的测定方法　比较样块法》

GB/T 13288.3《涂覆涂料前钢材表面处理　喷射清理后的钢材表面粗糙度特性　第 3 部分：ISO 表面粗糙度比较样块的校准和表面粗糙度的测定方法　显微镜调焦法》

GB/T 13288.4《涂覆涂料前钢材表面处理　喷射清理后的钢材表面粗糙度特性　第 4 部分：ISO 表面粗糙度比较样块的校准和表面粗糙度的测定方法　触针法》

GB/T 13288.5《涂覆涂料前钢材表面处理　喷射清理后的钢材表面粗糙度特性　第 5 部分：表面粗糙度的测定方法　复制带法》

GB/T 13452.2《色漆和清漆　漆膜厚度的测定》

GB/T 13912《金属覆盖面　钢铁制件浸镀锌层　技术要求及试验方法》

GB/T 17394.1《金属材料　里氏硬度试验　第 1 部分：试验方法》

GB/T 17394.2《金属材料　里氏硬度试验　第 2 部分：硬度计的检验与校准》

GB/T 17394.3《金属材料　里氏硬度试验　第 3 部分：标准硬度试块的标定》

GB/T 17394.4《金属材料　里氏硬度试验　第 4 部分：硬度值换算表》

GB/T 18570《涂覆涂料前钢材表面处理　表面清洁度的评定试验》

GB/T 19292.1《金属和合金的腐蚀　大气腐蚀性　第 1 部分：分类、测定和评估》

GB/T 19292.2《金属和合金的腐蚀　大气腐蚀性　第 2 部分：腐蚀等级的指导值》

GB/T 19292.3《金属和合金的腐蚀　大气腐蚀性　第 3 部分：影响大气腐蚀性环境参数

的测量》

GB/T 19292.4《金属和合金的腐蚀　大气腐蚀性　用于评估腐蚀性的标准试样的腐蚀速率的测定》

NB/T 47013.1《承压设备无损检测　第 1 部分：通用要求》

NB/T 47013.2《承压设备无损检测　第 2 部分：射线检测》

NB/T 47013.3《承压设备无损检测　第 3 部分：超声检测》

NB/T 47013.4《承压设备无损检测　第 4 部分：磁粉检测》

NB/T 47013.5《承压设备无损检测　第 5 部分：渗透检测》

JB/T 5108《铸造黄铜金相检验》

JB/T 8177《绝缘子金属附件热镀锌层　通用技术条件》

YS/T 814《黄铜制成品应力腐蚀试验方法》

DL/T 303《电网在役支柱瓷绝缘子及瓷套超声波检测》

DL/T 694《高温紧固螺栓超声检测技术导则》

DL/T 766《光纤复合架空地线 (OPGW) 用预绞式金具技术条件和试验方法》

DL/T 821《金属熔化焊对接接头射线检测技术和质量分级》

DL/T 1098《间隔棒技术条件和试验方法》

DL/T 1099《防振锤技术条件和试验方法》

DL/T 1622《钎焊型铜铝过渡设备线夹超声波检测导则》

DL/T 1715《铝及铝合金制电力设备对接接头超声检测方法及质量分级》

Q/GDW 11793《输电线路金具压接质量 X 射线检测技术导则》

附录 B 电网设备基建（改、扩建）阶段金属监督检验项目及要求

表 B.1　结构支撑类设备基建（改、扩建）阶段金属监督检验项目及要求

序号	设备名称	金属部件	项目	技术要求
1	角钢塔	1.1 资料（适用于本附录 B）	技术资料审查	技术文件、资料齐全，记录正确，签证完毕，应具备以下技术资料：设计图纸及设计文件、设计修改、变更技术资料，制造证明文件、制造（安装）缺陷返修记录、制造验收资料，符合国家现行标准的各项质量检验资料、抽样验验报告、高强螺栓质量保证书及抽检报告、安装记录及验收签证书、现场组合、安装及验收资料，施工质量验验及评定资料等
		1.2 塔材（角钢、联板等）	外观与规格	外观完好，无锈蚀、变形等缺陷，每种材料、型号抽查 5 件，规格符合设计要求
			化学成分和机械性能	检查高强螺栓成分和机械性能试验报告或证明书，符合设计要求
			焊接质量	主材、联板等对接焊缝应为一级焊缝，外观检查 100%，焊缝无损检测抽查 5%，焊缝质量应符合 GB/T 2694 要求
			制孔	制孔边缘无明显变形、开裂等缺陷，现场安装角钢塔不能再次钻孔和切割；抽查不少于 3 件，制造质量及尺寸偏差应符合 GB/T 2694 要求
			镀锌层	镀锌层外观质量良好，无结瘤、毛刺，多余结块，剥落和使用上有害的缺陷；镀锌层厚度（镀件厚度不小于 5mm，厚度最小值 70μm，最小平均值 86μm；镀件厚度小于 5mm，厚度最小值 55μm，最小平均值 65μm），及其抽样检测符合 GB/T 2694 要求
			试组装	符合 GB/T 2694 要求
		1.3 螺栓、螺母、螺钉（紧固件）	外观与规格	外观完好，无锈蚀、变形等缺陷，规格强度等级符合设计要求
			机械性能、镀锌层	符合 DL/T 284 要求、GB/T 3098 等标准要求；镀锌层局部厚度不低于 40μm，平均值不低于 50μm
			抗滑移系数	按 GB 50205 规定，检查高强螺栓抗抗滑移系数试验报告与复验报告
			紧固件连接	无裂纹、变形和松动，紧固件及其连接应符合设计或标准要求；抽测 5% 紧固力矩值，应符合设计或标准要求

207

续表

序号	设备名称	金属部件	项目	技术要求
1	角塔钢	1.4 地脚螺栓	外观及规格	外观完好，无锈蚀、变形等缺陷。变形等缺陷，规格强度等级符合设计要求
			机械性能及制造质量	符合 DL/T 1236 要求、GB/T3098 等标准要求
			内部质量	按 DL/T 694 进行 100% 超声检测，无裂纹类危险性缺陷
		1.5 拉线	外观	拉线无锈蚀、松泡和张力不均等现象、拉线金具齐全、无锈蚀、变形
			预应力检测	抽测 5%，预应力符合设计及规程要求
			外观与规格	外观完好，无锈蚀、变形等缺陷，每种材质、型号抽查 5 件，规格符合设计要求
2	钢管塔（杆）	2.1 管件与法兰	化学成分和机械性能	检查高强螺栓成分和机械性能试验报告或证明书，符合 DL/T 646 要求
			焊接质量	抽测 5%，符合 DL/T 646 要求，钢管环向焊缝应为一级焊缝，一级焊缝应采用全焊透结构，且焊后应进行 100% 无损检测。
			镀锌层	镀锌层外观质量良好，无结瘤、毛刺、多余结块，剥落和使用上有害的缺陷；镀锌层厚度（镀件厚度不小于 5mm，厚度最小值 70μm，最小平均值 86μm；镀件厚度小于 5mm，厚度最小值 55μm，厚度最小平均值 65μm。热喷涂锌层厚度不小于 100μm，涂层表面均匀，不允许有起皮、鼓泡、裂纹、掉块及其他影响涂层使用的缺陷，接头处不允许有高于平面 0.2mm 的锌刺、滴瘤、结块），附着力及其抽样检测符合 DL/T 646 要求
		2.2 螺栓、螺母	外观与规格	同本表 1.3 要求
			机械性能	
			抗滑移系数	
			紧固件连接	
			镀锌层	
		2.3 地脚螺栓	外观及规格	同本表 1.4 要求
			机械性能及制造质量	
			内部质量	

续表

序号	设备名称	金属部件	项目	技术要求
3	环形混凝土电杆	3.1 电杆接头、预埋件及预留孔	外观与规格	外观完好，无锈蚀、变形等缺陷，每种材质、型号抽查 5 件，规格符合 GB/T4623 及设计图纸要求
			钢圈、法兰连接焊缝	抽测 5%，符合 DL/T 646 要求，钢管环向焊缝应为一级焊缝，一级焊缝用全焊透结构，且焊后应进行 100% 无损检测；镀锌层质量应符合：镀件厚度不小于 5mm，厚度最小值 70μm，最小平均值 86μm；镀件厚度小于 5mm，厚度最小值 55μm，最小平均值 65μm。热喷涂锌层厚度不小于 100μm，涂层表面均匀，不允许有起皮、鼓泡、裂纹、掉块及其他影响涂层使用的缺陷，接头处不允许有高于平面 0.2mm 的锌刺、滴溜、滴瘤、结块
		3.2 电杆	外观与规格	符合 GB/T 4623 及设计图纸要求
			力学性能	符合 GB/T 4623 要求
			埋深	抽测 5%，符合 DL/T 5220 要求：电杆基础应结合当地的运行经验，材料来源、地质情况等条件进行设计；电杆的埋设深度应计算确定；单回路的配电线路电杆埋设深度应符合规定。
		3.3 紧固件	外观与规格	同本表 1.3 要求
			机械性能	
			镀锌层	
			抗滑移系数	
			紧固件连接	
		3.4 拉线	外观	同本表 1.5 要求
			预应力检测	
4	变电站构架、设备支架	4.1 变电站构架、设备支架	外观与规格	外观应无弯曲、裂纹、挠曲变形、焊缝开裂、防腐涂层损伤或漏涂等质量缺陷；各种构件及其组成杆件的型号、规格、数量、尺寸应符合设计要求；钢横梁、钢管杆尺寸偏差及安装偏差应符合规程要求；挠度及变形度应符合规程要求
			设计	符合现行国家标准与产品要求
			化学成分、力学性能	符合 GB/T 72694、DL/T 646 要求

续表

序号	设备名称	金属部件	项目	技术要求
4	变电站构架、设备支架	4.1 变电站构架、设备支架	焊接质量	抽查5%，符合GB 50205、JCJ 81要求
			防腐要求	应符合设计要求，当设计对漆层厚度无要求时，涂层干漆膜总厚度：室外应为150μm，室内应为125μm，其允许偏差为-25μm
			构架基础	垫铁、地脚螺栓位置正确，地脚螺栓垂直保护帽，底面与基础面紧贴、平稳牢固；底部无积水；构支架基础宜用浇筑保护帽，基础无沉降、开裂
			垂直偏差	支架杆高度不大于5m，不大于5mm；支架杆高度大于5m，不大于1/1000支架高度，且不大于20mm
			紧固件连接	安装采用螺孔，不得采用气焊或电焊割孔；同本表1.3要求
			接地装置	符合GB 50169要求，并满足：①构支架接地端子底部与保护帽顶部距离不宜小于200mm；②构支架接地端子与设备本体的接地端子方位应一致；③构支架接地色标规范，固定可靠，截面满足规程要求；④接地引下线安装应美观，无锈蚀、无破损、伤痕、断裂；⑤构支架应有两根与主地网不同干线连接的接地引下线
			排水孔	钢管构架应有排水孔，且排水孔应畅通，排水孔的开设及防腐应符合规程要求
		4.2 户（内）外密闭箱体	材质	户外：材质宜为Mn含量不大于2%的奥氏体型不锈钢（06Cr19Ni10N）或耐蚀铝合金（避免使用2系或7系铝合金）；碳素结构件外壳可采用纤维增强的环氧树脂材料。户内：敷铝锌钢板或优质防锈处理冷轧钢板
			规格	户外：厚度不应小于2mm，尺寸偏差不大于10%，箱体每面厚度抽查不少于5点；户内：公称厚度不应小于2mm，厚度偏差应符合GB/T 2518规定，如采用双层设计，其单层公称厚度不得小于1mm
		4.3 防雨罩	材质	应为06Cr19Ni10N奥氏体不锈钢或耐蚀铝合金，合金钢材质应100%进行光谱确认
			规格	厚度不应小于2mm，尺寸偏差不大于10%；当防雨罩单个面积小于1500cm²，厚度不应小于1mm；规格应符合设计或相关标准要求

续表

序号	设备名称	金属部件	项目	技术要求
4	变电站构架、设备支架	4.4 钢爬梯	设计及安装	①钢爬梯、地线柱等构件应按构架透视图位置正确安装于构架杆体上，位置朝向；②构支架爬梯门应关闭上锁，标志齐全，架构爬梯脚踏支架无弯曲破损，构支架钢爬梯应可靠接地；③对高度高且为格构式结构的构架，可结合构架形式装设护笼
5	避雷针	5.1 构架	结构与尺寸	同本表 4.1 的要求
		5.2 避雷针	结构与尺寸	符合要求，构件壁厚度不小于 3mm，针尖部分长度不宜大于 5m，钢管支架的最小直径不宜小于 150mm；避雷针整体垂直偏差不大于避雷针本体高度（不含基础立柱高度）的 1%，且不大于 35mm；侧向弯曲不大于避雷针高度的 1/1000 支架高度，且不大于 20mm
			焊接质量	所有焊缝均应采用全焊透结构，应 100% 超声检测，抽测 5%，符合 GB/T 11345 检测等级 B 级要求，GB/T 29712 规定的验收等级 2 要求
			镀锌层	表面应平滑，镀层分布均匀，无滴瘤、粗糙和锌刺，无起皮，漏镀和残留的溶剂渣；当镀件厚度不小于 5mm 时，镀层局部厚度不小于 70μm，平均厚度不小于 86μm，当镀件厚度小于 5mm 时，镀锌层局部厚度不小于 55μm，平均厚度不小于 65μm
			紧固连接	同本表 1.3 要求，且应采用双帽双垫防松措施，强风地区避雷针应适度增大钢铁材质材质的强度或规格，提高连接强度螺栓应采用 8.8 级高强度螺栓
			排水孔	钢管式避雷针针体内部采取排水措施，防止管壁锈蚀
6	绝缘子及瓷套	6.1 绝缘子及瓷套	外观与规格	釉质均匀，无划痕，磕碰，裂纹等缺陷；规格符合设计要求
			机械性能	符合设计与 GB/T 8287.1 要求
			瓷件质量	应 100% 超声波检测，抽测 20%，符合 DL/T 303 要求
		6.2 法兰	胶装	绝缘子与法兰胶装部分应用喷砂工艺，胶装处胶合剂外露表面应平整，无水泥残渣及露缝等缺陷，胶装后露砂高度 10～20mm，且不应小于 10mm，胶装处及均匀涂以防水密封胶；绝缘子及瓷套外表面及法兰封装处无裂纹，起皮，无破损，开裂等情况
			镀锌层质量	符合 JB/T 8177 要求，其中铸铁件和铸钢件镀锌层厚度不小于 60μm，钢铁件镀锌层厚度不小于 35μm

续表

序号	设备名称	金属部件	项目	技术要求
6	绝缘子及瓷套	6.3 金属附件	材质	带有螺孔的金属附件，应在螺孔内涂满防锈的润滑脂；所用连接螺栓应为不锈钢材质
			镀锌层质量	符合 JB/T 8177 要求，其中铸铁件和铸钢件镀锌层厚度不小于 60μm，其他钢件镀锌层厚度不小于 35μm
			紧固件连接	同本表 1.3 要求

表 B.2 电气类设备基建（改、扩建）阶段金属监督检验项目及要求

序号	设备名称	金属部件	项目	技术要求
1	断路器	1.1 主触头	外观与规格	外观完好，无变黑等缺陷，规格符合要求
			化学成分和硬度	材质应为牌号不低于 T2 的纯铜，其成分和硬度应符合设计及相关标准要求
			弯曲	符合设计及相关标准要求
			电导率	
			镀银层	外观质量良好，无裂纹、起泡、色斑、划伤等缺陷；镀银层厚度符合设计要求，硬度不小于 120HV
		1.2 铜钨弧触头	外观与规格	外观完好，铜钨烧结面不应有裂纹，凹面不大于 2mm；规格符合设计要求
			化学成分、金相组织、机械性能、电导率	符合 GB/T 8320 要求
		1.3 分合闸弹簧	外观与规格	表面不允许有划痕、碰磨、裂纹等缺陷；自由高度、直线度、总圈数、节距均匀度等符合设计及 GB/T 23934 要求
			永久变形、弹簧特性、表面硬度	符合 GB/T 23934 要求
			覆盖层	表面宜为磷化电泳工艺防腐处理，涂层厚度不应小于 90μm，附着力不应小于 5MPa
		1.4 操作机构（连杆、传动轴、拐臂、凸轮等）	外观与规格	表面不应有划痕、凹坑、裂纹、锈蚀、变形等缺陷
			材质、设计	材质宜为镀锌钢、不锈钢或铝合金；安全系数不低于 1.5。新采购的户外 SF₆ 断路器、互感器的充气接口及其连接口及气连接管道材质应采用黄铜
		1.5 箱体	外观与规格	符合设计要求
			设计与材质	箱体顶部应有防渗漏措施，机构箱体的材质应符合设计要求，且具有良好的防腐性能
			覆盖层	涂层厚度不应小于 120μm，附着力不应小于 5MPa

续表

序号	设备名称	金属部件	项目	技术要求
1	断路器	1.6 支座	外观与规格	无裂纹、变形、破损等缺陷；支撑钢结构件的最小厚度不应小于 8mm
			材质	支座材质应为热镀锌钢或不锈钢
			焊接质量	不应有裂纹、未焊透等缺陷
			镀锌层	钢结构件热镀锌的技术指标应符合 GB/T 2694 要求，紧固件热镀锌技术指标应符合 DL/T 284 要求；封闭箱体内机构零部件宜电镀锌，应符合 GB/T 9799 要求，机构零部件电镀锌层厚度不宜小于 18μm，紧固件电镀锌层厚度不宜小于 6μm
		1.7 紧固件	外观与规格	同表 B.1 中 1.3 要求
			材质与机械性能	外露紧固螺栓均应采用 8.8 级及以上强度热镀锌螺栓，具有防松措施；二次回路接线螺栓应无磁性，宜采用铜质或耐蚀性不低于 06Cr19Ni10N 的奥氏体不锈钢；材质与机械性能应符合设计及相关标准要求
			紧固件连接	支架或底架与基础间的垫片不宜超过 3 片，总厚度不应大于 10mm，且各垫片间应焊接牢固；同表 B.1.1.3 要求
		1.8 法兰与瓷件	同表 B1 中第 6 条	同附 B1 表 6 要求；各密封面密封胶涂抹均匀，密封面的连接螺栓应涂防水胶，密封良好，满足户内（外）使用要求
		1.9 接地装置	外观与规格	接地引下线无锈蚀、损伤、变形等缺陷，符合 GB 50169 要求；紧固螺钉或螺栓应使用热镀锌工艺，其直径应不小于 12mm；接地扁钢、镀锌扁钢截面积满足设计要求
			材质与结构	接地引下线截面不小于 4mm²；箱体之间的接地连接铜线截面不小于 4mm²；采用铜排，采用双引下线接地，且直接接入不同网格
			引线焊（压）接装配	外表面光洁、平整，无棱角缺陷、边角处不应有飞边、毛刺及裂口，无断股缺陷
2	变压器	2.1 绕组、引线	材质	抽测规组、引线材质，应分别符合 GB/T 3953、GB/T 5584.2 要求
			机械性能	符合相对应的 GB/T 3953、GB/T 5584.2 要求
			弯曲	
			电导率	符合 GB 5273 要求
		2.2 套管接线端子	外观与规格	110kV 及以上变压器套管桩头（抱箍线夹）应采用 T2 纯铜材质热挤压成型，禁止采用黄铜材质或砂铸造成型的抱箍线夹
			材质	对套管、散热片、蝶阀等其他组部件进行抽检，抽检比例不少于每批供货量的 5%
			质量抽检	

序号	设备名称	金属部件	项目	技术要求
2	变压器	2.3 分接开关传动机构	外观与规格	表面无划痕、变形、裂纹等缺陷，规格符合设计要求
			化学成分	符合设计要求
			布氏硬度	
		2.4 油箱、油枕、散热器等	外观与规格	油箱及所有附件齐全，无腐蚀及机械损伤，密封应良好；油箱盖或箱罩法兰及本体的连接螺栓应齐全，紧固良好，无渗漏；均压环表面应光滑无划痕，安装牢固且方向正确，均压环易积水部位应有排水孔；规格符合设计要求
			涂层	涂层厚度不应小于120μm，附着力不应小于5MPa
			材质	波纹散热的不锈钢芯材质为Mn含量大于2%奥氏体型不锈钢；重腐蚀环境散热片宜采用锌铝合金镀层；阀门应采用金属钢板阀
			焊接质量	无焊接、砂眼等缺陷造成漏油缺陷；变压器油箱真空度和正压力的永久变形应符合GB/T 6451的规定，不得有损伤和不允许的永久变形
		2.5 控制箱、端子箱、机构箱	外观与规格	安装牢固，封堵、密封应良好；接地良好；厚度应不小于2mm
			材质	不锈钢或转钢，不锈钢标号应不低于304，正门应具有限位功能
		2.6 紧固件	外观与规格	同表B.1中1.3要求
			镀锌层	主导电回路采用强度8.8级热镀锌螺栓，螺栓与流件紧固件面面均应有平垫圈采取防松措施；材质与机械性能应符合及相关标准要求 同附表B1中1.3要求
			材质与机械性能	圈采取弹簧垫圈等防松措施；材质选用纯铝，不可选用易老化和脆性的塑料材料
			紧固件连接	所有紧固螺栓应按力矩要求紧固，并做好防松动或位移标识；同附表B1中1.3要求
		2.7 其他	电容器	户外电容器接至汇流排的接头应采用铜质线鼻子和铜铝过渡板结合连接的方式，不应采用哈夫线夹连接；电容器接头防鸟帽应选用高温硫化复合硅橡胶材质，并可反复多次拆装
			电抗器	芯式电抗器的铁芯应由优质冷轧硅钢片制成，绕组使用铜线；平波电抗器装置用的结构应防爆，即采用非铜质或奥氏体不锈钢材质，铁芯、法兰、螺栓和螺母应采用防磁材料；干式电抗器配件的铁芯应采用防振动措施，即采用非铜质或奥氏体不锈钢材质，铁芯、法兰、螺栓和螺母应采用防磁材料；所有的金属
			母线	芯电抗器布置在户内时，应采取防振动措施；母线铜排应采用T2铜，导电率不低于97%IACS；主变压器低10kV（20kV）、10kV及20kV主变压器进线禁止侧母线连接母线桥应全部采用绝缘材料包封 使用全绝缘管状母线
			防雨罩	户外变压器的瓦斯继电器（本体、有载开关）、油流速动继电器、温度计均应装设防雨罩，防雨罩应符合附表B1中4.3要求

续表

序号	设备名称	金属部件	项目	技术要求
3	隔离开关	3.1 触头	外观与规格	符合设计要求
			化学成分和硬度	弹簧触头应为牌号不低于 T2 的纯铜；符合设计要求
			弯曲	符合设计要求
			电导率	
			镀层	触头、导电杆等接触部位应镀银，镀银层厚度不应小于 20μm，硬度不小于 120HV；动、静触指非导电接触端镀锡，镀锡层厚度不低于 12μm
			触指压力	符合设计要求
		3.2 导电杆、接线座	外观与规格	无变形、破损、裂纹等缺陷，规格符合设计要求
			化学成分	导电杆、接线板、静触头支横担等宜采用牌号为 6061、6063、6005 或其他 6 系列铝合金，且表面进行阳极板氧化处理，氧化膜不低于 6μm；继电器接线端子、紧固螺栓，压片应采用铜材质；材质及成分应符合设计及相关标准要求
			电导率	
		3.3 夹紧、复位弹簧	外观与规格	同本表 1.3 要求
			永久变形	
			弹簧特性	
			表面硬度	
			覆盖层	
		3.4 操作机构、传动机构	外观与规格	同本表 1.4 要求
			材质、设计	
			制造工艺	户外使用的连杆、拐臂等传动件应采用装配式结构，不得在施工现场进行切焊配装；不锈钢材质部件宜采用锻造工艺；操动机构垂直连杆抱箍若采用铸造铝合金，应采用压力铸造，避免砂型铸造成型；轴销和开口销的材质应为 06Cr19Ni10N 奥氏体不锈钢，户外隔离开关的销钉轴与轴套，可采用不锈钢销制镀黄铜轴配石墨复合轴套；不宜采用不锈钢销配不锈钢套或连接不得采用空心弹簧销，应采用实心卡销；双臂垂直伸缩式刀闸的传动轴套应采用 06Cr19Ni10N，所有滑动部位需采用可靠的自润滑措施
		3.5 支座	外观与规格	同本表 1.6 要求
			材质	
			镀锌层	

续表

序号	设备名称	金属部件	项目	技术要求
3	隔离开关	3.6 跌落式熔断器	材质	材质检测每批次抽查数量不少于3件，导电片应采用材质T2及以上纯铜；弹簧材质应选用不锈钢（S304），应符合GB/T 24588要求
			电导率	抽测电导率，每批次抽查数量不少于3件，T2纯铜导电率应不低于96%IACS
			镀层	抽测镀层厚度，每批次抽查数量不少于3件，导电片触头、导电接头镀锌、镀层厚度不小于80μm；要求镀银，且厚度不小于3μm；铁件均应热镀锌，镀锌层厚度残留缺陷等缺陷
4	组合电器设备（GIS或HGIS）	4.1 壳体	外观与规格	表面无毛刺、飞边、凹陷、缩孔、变形、穿透性及严重残留缺陷，规格符合设计要求；最大设计风速超过35m/s，最低温度为-30℃以下，海Ⅲ级（含Ⅲ级）等地区的变电站，新建、改扩建变电站应优先选择户内GIS或HGIS布置（沿海Ⅲ级）等
			化学成分和机械性能	壳体材质宜为5052、5083、5A05、6A02、6061等铝合金，铸造壳体部分选用ZL101；重腐蚀环境材质及机械性能符合设计及相关标准要求
			焊接质量	焊缝质量按NB/T 47013.3或DL/T 1715超声检测抽查：不同制造厂家、不同型号壳体材质按照DL/T 1715超声检测抽查，抽查比例为1个GIS，GIS壳体按照纵缝10%，环缝5%；超声检测不低于Ⅱ级合格
			静压力	符合GB 7674要求
			覆盖层	涂层厚度不应小于120μm，附着力不小于5MPa；表面无毛刺、划痕、变形、锈蚀等缺陷
		4.2 波纹管、伸缩节、法兰等	外观与规格	按变电站日温差或年组差最大值计算出壳体的变形量，应根据设计提出的变形量，并综合考虑温型伸缩节的变形量，确定伸缩节选型及设置数量；压力平衡型伸缩节时，每两个伸缩节间的母线筒长度不宜超过40m；对于补偿筒体热胀冷缩的波纹管，其法兰连接螺栓两侧应留足够的膨胀间隙，膨胀间隙100%检查
			化学成分	波纹管及法兰应为Mn含量不大于2%的奥氏体型不锈钢或铝合金；新采购的户内外GIS的充气管道及其连接管口及气管道应采用黄铜
		4.3 导线（导电杆）	焊接质量	符合设计要求
			外观与规格	表面无毛刺、划痕、变形、锈蚀等缺陷；规格符合设计要求
			化学成分	符合设计要求
			母线导电触头	镀银层厚度不应小于8μm
			焊接质量	焊接方式为氩弧焊，焊缝表面不允许出现裂纹、气孔等缺陷；导体焊缝应连进
		4.4 盆式绝缘子	外观质量	外表面光洁、平整、无孔、毛边、裂纹、附着物等缺陷
			浇注质量	射线检测无气孔、夹渣、裂纹等缺陷

续表

序号	设备名称	金属部件	项目	技术要求
4	组合电器设备（GIS 或 HGIS）	4.5 套管接线	外观与规格	同本表 2.2 要求
		4.6 支座	化学成分	
			外观与规格	同本表 1.6 要求
			焊接质量	
			镀锌层	
5	开关柜	5.1 外壳	外观与规格	表面油漆完好，无变形，裂纹等缺陷；规格符合设计要求，且厚度不小于 5mm；不得采用 GG1A 柜型 20kV 及以上绝缘件需采用双屏蔽结构；观察窗须为机械强度与外壳相当的内有接地屏蔽网的钢化玻璃或有机玻璃，严禁使用普通或有机玻璃；开关柜隔离挡板应采用阻燃绝缘材料
			化学成分	
		5.2 母线	外观与规格	导电部分铜排应全部选用 T2 铜，开关柜铜排搭接面采用压花、镀银工艺； 其余应符合 GB/T 5585.1、GB/T 5585.2 要求
			化学成分	
			机械性能	
			弯曲	
			电导率	每个厂家每种型号的开关柜不少于 1 台，导电率应大于等于 97%IACS
		5.3 梅花触头	外观与规格	触头表面光滑，无毛刺、裂纹、起泡等缺陷；规格符合设计要求
			化学成分	梅花触头材质应为牌号不低于 T2 的纯铜
			电导率	符合设计及相关标准要求
			镀银层	厚度应不小于 8μm，硬度不小于 120HV
		5.4 触头紧固弹簧	外观与规格	外观完好、节距均匀，无锈蚀、局部变形等缺陷；规格符合设计要求 应为 06Cr19Ni9、12Cr18Mn9Ni5N 等无磁不锈钢，并应符合 GB/T 24588《不锈弹簧钢丝》要求
			化学成分	
			螺栓连接	静触头连接方式宜采用多螺栓固定，内屏蔽与导电排使用等电位连接的软连接方式并通过螺栓可靠连接，螺栓与导电流件紧固应抽检 5%，紧固力矩应满足规程或厂家技术要求等防松措施；紧固力矩值应满足规值或厂家技术要求
6	接地装置	6.1 接地体、接地线	外观与规格	接地装置不应为铝制导体。中性或酸性土壤地区采用热浸镀锌钢。强碱性或钢制材料严重腐蚀土壤地区，宜采用铜质，铜覆钢，其中铜覆钢的技术指标应符合 DL/T 1312 的要求。室内变电站及地下变电站宜采用铜质材料的接地网
			材质	

续表

序号	设备名称	金属部件	项目	技术要求
6	接地装置	6.1 接地体、接地线	焊接	应采用搭接焊，扁钢搭接长度为其宽度的2倍，且至少3个棱边焊接；圆钢搭接长度为其直径的6倍；扁钢与圆钢连接时，其长度为圆钢直径的6倍。接地体引出线的垂直部分和接地装置焊接部位外侧100mm范围内应防腐处理。铜材料同或铜材料与其他金属材料的连接，不得采用热熔焊接，须采用放热焊接或电弧焊接或压接
			涂覆层	新建工程每种规格接地体抽取5件进行检测，热浸镀层厚度，最小平均值85μm；单根或绞线单股铜覆钢铜层厚度，最小值不得小于70μm，热浸镀层厚度最小值不得小于0.25mm
		6.2 紧固件	外观与规格	同表B.1中1.3要求
			镀锌层	
			螺栓连接	连接螺栓应设置防松螺帽和防松垫片，不应出现严重的锈蚀、脱落、松动现象；同附B1表1.3要求

表B.3　连接类设备基建（改、扩建）阶段金属监督检验项目及要求

序号	设备名称	金属部件	项目	技术要求
1	导地线	1.1 导地线	架空导线	符合GB/T 1179要求
			铝包钢绞线	符合YB/T 124要求
			镀锌钢绞线	符合YB/T 5004要求
			稀土锌铝合金镀层钢绞线	符合YB/T 183要求
			光纤复合架空地线（OPGW）	符合DL/T 832要求
			金具特殊要求	110kV及以上线路的导线引流线以及融冰绝缘普通地线引流线，采用螺栓型并沟线夹的应改造为液压连接等可靠连接方式；融冰绝缘OPGW应采取防盘出线并位置包缠铝包带有效的短接措施；110kV及以上运行线路的档中接头严禁采用安装两套铝合金并沟线夹等金具作为长期有效的短接措施的接续方式，应采用接续管压接连接方式；新建110kV及以上输电线路采用复合绝缘子单型时，绝缘子单型应选用双（多）串形式
			其他	重腐蚀环境架空地线宜采用铝包钢绞线；扩径导线不得有明显凹陷和变形，同一截面处损伤面积不得超过导线总截面的5%；压接部位质量抽测20%
	电力电缆	1.2 电力电缆	电缆导体	符合GB/T 3956要求
			接线端子和连接管	符合GB/T 14315要求
			制造质量	应符合相应电压等级电缆标准要求

续表

序号	设备名称	金属部件	项目	技术要求
1	导地线	1.2 电力电缆	接头安装	符合 DL/T 342 要求
			户外终端安装	符合 DL/T 344 要求
2	母线	2.1 设计	抗地震烈度设计要求	母线、构架、棒式绝缘子及基础应满足抗地震烈度设计要求，地震烈度 8 度以上不能选用支撑型母线，不能选用玻璃型绝缘子；在地震基本烈度超过 7 度的地区，屋外配电装置的电气设备之间应采用绞线或伸缩头链接
			规格设计要求	硬母线长度超过 30m 时应设置一个伸缩头，其他每隔 30 m 安装一个；同相管型母线安装处应于同一垂直面上，三相母线管段轴线应互相平行
			母线支撑设计要求	母线支撑绝缘子构架或门型构架满足母线对空距离要求，母线支撑连接处应预留足够的膨胀间隙；基础、构架达到允许安装设备的强度、高层构架的走道板、栏杆、爬梯、平台安全牢固
		2.2 母线材质	铜和铜合金母线	符合 GB/T 5585.1、GB/T 5585.2 的要求
			铝和铝合金母线	
			铜包铝母线	符合 DL/T 247 的要求
		2.3 母线制造、安装、质量	外观与规格	表面应无严重腐蚀及机械损伤且光洁平整，无裂纹、折皱、夹杂物及变形、扭曲等现象；规格符合设计要求
			挠度	①挠度允许值（当有滑动支持金具）为：$y \leq (0.5\sim1.0) D$，其中 y 为母线跨中扰度允许值（cm），D 为母线外径；如为异形管母线，则 D 取母线高度；②大容量或重要配电装置，跨中扰度允许值采用 $y \leq 0.5D$ 选择
			焊接	①焊接前应进行焊接工艺试验，焊接试验接头合格为合格；②铝及铝合金材质的管型母线、槽形母线、金属封闭母线及重型母线应采用氩弧焊；③直径大于 300mm 的对接头采用对接焊；④母线对接头焊缝应有 2~4mm 的焊脚尺寸应大于薄侧母材壁厚 2~4mm；⑤330kV 及以上电压等级焊接时，引下线采用搭接焊时，焊缝的余高应呈圆弧形，不应有毛刺，凹凸不平的缺陷；引下线表面应无可见裂纹，焊缝的长度不应小于母线宽度的 2 倍；⑥焊接头表面主要受力部位，未熔合、气孔、夹渣等缺陷；⑦重要导电部位或主要受力部位，对接焊焊头应经射线或超声抽检 5%合格

续表

序号	设备名称	金属部件	项目	技术要求
2	母线	2.3 母线制造、安装质量	母线与支柱绝缘子固定	①交流母线的固定金具或其他支持金具不应构成闭合铁磁回路；②母线在支柱绝缘子上的固定点，并一段至全长或两母线伸缩节中点，母线应设置固定死点1个，其余各段母线应能自由膨胀；③母线固定装置无棱角和毛刺；④100%检查母线膨胀间隙，母线应能自由膨胀
			母线连接端子	①母线连接接触面应保持清洁，并应涂电力复合脂；户外管母线最低端应开设排水孔，支撑式母线内部安装阻尼导线；②母线平置时，螺栓应由下往上穿，螺母应在上方，其余情况应置于维护方便；③母线接触面应连接紧密，连接螺栓应用力矩扳手紧固，力矩符合技术文件要求；④母线与螺杆形接线端子连接时，母线的孔径不应大于螺杆形接线端子直径1mm；⑤丝扣有氧化膜应除净，螺母接触面应平整，并应有锁紧螺母，但不得加装弹垫；⑥重型母线与母线之间应加铜质搪锡平垫圈，铝母线宜用铝合金螺栓、铜母线宜用铜及铝合金螺栓，紧固螺栓时应用力矩扳手，抽测5%紧固力矩值，紧固紧固力矩应符合设计或标准要求
			母线金具	表面光泽、无裂纹、伤痕、砂眼、锈蚀等，零件应配套齐全；采用带导轨的滑动支撑金具，金具设计及连接应符合要求
		2.4 金属及构件	外观与规格	金属构件防锈应彻底，防腐漆涂制应均匀，粘合应符合设计要求等缺陷，规格符合设计要求
			材质	室外金属构件应采用热镀锌制品，钢结构件热镀锌技术指标应符合GB/T 2694要求，紧固件热镀锌技术指标应符合DL/T 284要求
			螺栓连接	同附表B1中4.1要求
			外观与规格	外观应符合GB/T 2314，规格应符合设计要求
			材质	应符合DL/T 757要求，钢锚材质应满足不低于B级钢要求；引流板不得使用铸造材质；线夹与导地线连接处应避免采用不同金属材料造成的接触电偶腐蚀
3	耐张线夹	3.1 耐张线夹	握着力试验	压接前，线路用压缩型金具每种规格导地线取试样不小于3件，其握着力强度不应小于导地线设计计算拉断力的95%；变电站用耐张线夹，每种规格导地线取试样2件，其握着力强度不应小于小导地线设计计算拉断力的65%
			压接工艺及质量	抽测20%，应符合DL/T 5285要求；压接后应采取密封措施

续表

序号	设备名称	金属部件	项目	技术要求
3	耐张线夹	3.1 耐张线夹	镀锌层	符合 DL/T 768.7 要求，钢件厚度不小于 6mm，最小平均厚度为 70μm，最小厚度为 85μm；钢件厚度不小于 3mm 且小于 6mm，最小厚度为 70μm，最小平均厚度为 70μm；铸铁件厚度不小于 6mm，最小平均厚度为 70μm，铸铁件厚度小于 6mm，最小厚度为 60μm，最小平均厚度为 40μm；紧固件（含垫圈、销子等）最小平均厚度为 50μm
		3.2 紧固件	外观与规格、机械性能、镀锌层	同附表 B1 中 1.3 要求
			紧固件连接	螺栓与引流板紧固面间均应有平垫圈，螺母侧应装有弹簧垫圈或双螺母防松措施；同附表 B1 中 1.3 要求
4	线夹	4.1 铜铝过渡线夹	外观与规格	铜板、铝板表面应平整、光洁，局部划伤深度不大于 0.5mm；不允许使用铜铝对接式线夹
			材质和机械性能	材质及机械性能应符合设计及相关标准要求
			焊接质量	钎焊组件不允许有起皮、起泡、母材熔化等缺陷；钎焊接头上不允许残留钎剂；不允许存在外部未焊满、溶洞、腐蚀斑点、外部气孔、气孔等；焊缝内部不得有裂纹；不得使用有贵穿性缺陷；缺陷的面积不大于搭接面积的 25%；任意直线方向的缺陷长度不大于搭接长度 25%；焊缝内或对接面质量超声检测抽查比例为 100%
		4.2 悬垂线夹、设备线夹、T型线夹	外观与规格	外观应符合 GB/T 2314、DL/T 347 等标准要求，规格应符合设计要求；新建或改扩建变电站内的交流一次设备线夹不应使用螺栓连接线夹
			材质	应符合 DL/T 757、DL/T 346、DL/T 347 等相关标准要求；引流板不得使用铸造材质；线夹与导地线连接处应避免采用不同金属材料制造成接触电偶腐蚀
			握着力试验	接触金具（T型线夹及设备线夹）握着力应不小于设计计算拉断力的 10%
			镀锌层	符合 DL/T 768.7 要求，钢件厚度不小于 6mm，最小平均厚度为 70μm，最小厚度为 85μm；钢件厚度不小于 3mm 且小于 6mm，最小厚度为 70μm，最小平均厚度为 70μm；铸铁件厚度不小于 6mm，最小平均厚度为 70μm，铸铁件厚度小于 6mm，最小厚度为 60μm，最小平均厚度为 40μm；紧固件（含垫圈、销子等）最小平均厚度为 50μm
			压接工艺及质量	抽测 5%，应符合 DL/T 5285 要求；室外易积水的线夹应设置排水孔，400mm² 及以上的压接型线夹应钻直径 6mm 的排水孔

续表

序号	设备名称	金属部件	项目	技术要求
4	线夹	4.3 紧固件	外观与规格	同附表 B1 中 1.3 要求
			机械性能、镀锌层	
			紧固件连接	
5	金具	5.1 接续金具、连续金具、均压环、屏蔽环、均压屏蔽环、预绞式金具、间隔棒、防震锤、母线固定金具等	外观与规格	符合 GB/T 2314，合 DL/T 768.1 ~ 7、DL/T 756、DL/T 758、DL/T 759、DL/T 760.3、DL/T 763、DL/T 766、DL/T 1098、DL/T 1099、DL/T 696、DL/T 697 等标准要求、规格应符合设计要求；金具抽查比例不小于 10%，符合相应规范要求
			材质	
			握着力试验	
			镀锌层	
			其他	10mm 及以上冰区且为 C 级及以上污区并发生过冰闪的线路，导线悬垂串宜采用 V 型、八字型、大 V 伞插花 I 型绝缘子串、防覆冰复合绝缘子等措施防止冰闪
		5.2 金具紧固件	外观与规格	U 形螺丝的螺纹应符合粗牙普通螺纹 4 级 7H/8g；同本表 3.2 要求
			机械性能、镀锌层	
			紧固件连接	
		5.3 闭口销	外观与规格	外观应符合 DL/T 1343 要求；规格符合设计要求
			材质	符合 GB/T 1220《不锈钢棒》规定的不低于 06Cr19Ni10N 等级奥氏体不锈钢
			抽检	电力金具闭口销材质检测每个厂家抽查 5 个
		5.4 其他	电气连接	接线端子板的电气接触面必须光洁，粗糙度为 12.5μm，且平整，具有良好的电气性能。软母线和线夹连接应采用液压接或螺栓连接
6	悬式绝缘子	6.1 铁帽	外观与规格	符合 JB/T 8178 要求；镀锌层质量应符合 JB/T 8177 要求，其中铸铁件和铸钢件镀锌层厚度不小于 60μm，其他钢件镀锌层厚度不小于 35μm
			材质、机械性能、制造质量	
			镀锌层	
		6.2 钢脚	外观与规格	符合 JB/T 9677 要求；镀锌层质量应符合 JB/T 8177 要求，其中铸铁件和铸钢件镀锌层厚度不小于 60μm，其他钢件镀锌层厚度不小于 35μm
			材质、机械性能、制造质量	
			镀锌层	

附录 C 在役电网设备金属监督检验项目及要求

表 C.1   在役电网设备金属监督检验项目

序号	部件	试验项目	试验内容及要求	周期
1	杆塔	宏观检查	表面缺陷、腐蚀情况检查；不允许杆塔基础表面水泥脱落、钢筋外露、装配式基础锈蚀、基础周围环境发生不良变化	必要时；"三跨"区段每年至少 1 次
		腐蚀减薄测量	主材腐蚀减薄厚度不小于原规格 90%，斜材、辅材减薄厚度不小于原规格 80%；主材的 10% 受损、辅材的 30% 受损、主材螺栓或主材联板的 10% 受损，三者任意一个达到标准时进行整体更换	新建线路投运 5 年后进行一次全面检查，以后每隔 3 年检查一次；对杆塔现场防腐处理后应做检验
		倾斜度、挠度	倾斜度、挠度测量，超过 0.5%（50m 及以上铁塔）、1%（50m 以下铁塔），横担歪斜度不能超过 1%，铁塔主材相邻结点间弯曲度超过 0.2%	根据实际情况，必要时测量
2	钢管塔	宏观检查	表面缺陷、腐蚀情况检查；不允许基础表面水泥脱落、钢筋外露、装配式基础锈蚀、基础周围环境发生不良变化	必要时；"三跨"区段每年至少 1 次
		腐蚀检查	减薄厚度不小于原设计值 80%	新建线路投运 1 年后进行全面检查，以后必要时测量
		挠度	挠度测量，直线杆塔倾斜度（挠度）不超过 0.5%；直线转角钢管杆最大挠度不大于 0.7%；转角和终端钢管杆 66kV 及以下最大挠度不大于 1.5%，110~220kV 最大挠度不大于 2%；钢管塔横担外斜度不大于 0.5%	根据实际情况，必要时测量
3	混凝土电杆	宏观检查	混凝土电杆裂缝、缺陷情况检查，不允许钢筋混凝土杆保护层腐蚀脱落、钢筋外露，普通钢筋混凝土杆有纵向裂纹、横向裂纹，缝隙宽度超过 0.2mm，预应力钢筋混凝土杆有裂缝	必要时；"三跨"区段每年至少 1 次
		混凝土电杆受冻情况检查	杆内积水、冻土上拔、水泥杆排水孔检查	每年 1 次
		混凝土构件	混凝土构件缺陷检查	每年 1 次
4	拉线	外观检查	拉线断股，镀锌层锈蚀、脱落	每年 1 次
		腐蚀检查	拉线棒锈蚀后直径减少 2 ~ 4mm 或截面积减少超过设计 30%	必要时
5	金具	外观检查	金具腐蚀、磨损、裂纹、变形、附件缺失等检查	每 3 年 1 次
		防振金具检查	防振锤、阻尼线、间隔棒等不得发生位移、变形、脱落。	投运 1 年后紧固 1 次，以后每 2 年进行抽查

序号	部件	试验项目	试验内容及要求	周期
5	金具	直线接续金具	不得有裂纹、径缩、鼓包、滑移、弯曲度超2%或出口处断股	每4年抽测
		不同金属接续金具		每1年抽测
		并沟线夹、跳线连接板、压接式耐张线夹		
6	绝缘子	外观检查	不允许存在裂纹、破损、瓷釉烧坏,钢脚、钢帽、浇装水泥不得有裂纹、歪斜、变形或严重腐蚀;支柱绝缘子应无明显的倾斜,瓷件、法兰应完整无裂纹、破损,胶合处填料应完整,结合应牢固。瓷套外表面应无损伤、法兰锈蚀等现象	必要时
		金属附件检查	附件无缺失,无明显变形、裂纹、腐蚀、磨损,腐蚀或磨损减薄小于原设计值的80%	投运后5年开始抽查,以后每隔2年抽查
		支柱绝缘子、瓷套	胶合处、法兰处超声检测,应无裂纹等线性缺陷	新投运的支柱绝缘子应逐个进行超声波检测,投运后5年开始抽查,以后每隔2年抽查
7	导地线、电力电缆	外观检查	不应有毛刺、烧损、断股等现象	每2年抽查;"三跨"区段每年至少1次
		腐蚀检查	减薄强度小于原设计值的80%、导地线直径测量超过设计值8%	
		弧垂值测量	导地线弧垂不应超过设计允许偏差:110kV及以下线路为+0.6%、−2.5%,220kV及以上线路为+3.0%、−2.5%;导线相间的弧垂值不超过:110kV及以下线路为200mm,220kV及以上线路为300mm;相分裂导线同相子导线相对弧垂值不应超过:垂直排列双分裂导线100mm,其他排列形式分裂导线220kV为80mm、330kV及以上为50mm	投运1年后测量,以后必要时进行测量;"三跨"区段每年至少1次
		电缆外观检查	无破损、烧损,接地、密封完好	每2年抽查
8	变电站构架、避雷针	外观检查	钢结构件不允许存在裂纹,表面不允许存在腐蚀深度超过2mm腐蚀坑或腐蚀性穿孔、边缘缺口等	结合设备检修进行
		扰度、倾斜度测量	扰度、倾斜度应符合相关标准要求	必要时
		腐蚀减薄测量	壁厚减薄不允许超过原设计值的80%	必要时,结合检修进行
9	接地装置	外观检查	接地下引线断开或接地体接触不良	结合设备检修进行
		腐蚀检查	腐蚀截面积低于原设计值80%	
		接地电阻测量	接地装置接地电阻不应超过原设计值	每5年测量,特殊地点每2年测量

序号	部件	试验项目	试验内容及要求	周期
10	紧固件	外观检查	附件齐全，无明显腐蚀、裂纹、变形、松动，防松措施符合要求，紧固件连接符合要求；螺孔无明显变形、裂纹等	结合设备检修进行
		紧固力矩测量	紧固力矩值应符合设计或标准要求	承载为主的紧固件连接，投运1年后，必须对紧固件紧固1次，以后每次检修时必要时紧固；载流为主的紧固件连接，每次检修时测试紧固力矩
11	焊接件	外观检查	焊缝表面无裂纹、未焊满、严重腐蚀等缺陷	结合设备检修进行
		焊缝质量抽查	外观检查有怀疑时，进行焊缝表面无损检测；一级、二级焊缝内部质量抽查，表面无损检测、超声检测Ⅰ级合格	必要时
12	金属传动件（联动件、弹簧等）	外观检查	无明显表面裂纹、凹坑、划痕、腐蚀坑等缺陷	每5年检查
		弹簧性能测试	弹簧刚度值测定	
		腐蚀防护	防腐处理	
13	镀银层	外观检查	表面无裂纹、起泡、脱落、缺边、掉角、毛刺、针孔、色斑、腐蚀锈斑和划伤、碰伤等缺陷	结合设备检修进行
		硬度检查	应符合相关标准要求	
		测厚测量	应符合相关标准要求	
14	覆层、镀锌层	外观检查	表面应光洁，无明显基体腐蚀和损害零件使用性能的其他缺陷	结合设备检修进行
		厚度测量	应符合相关标准要求	